“十三五”江苏省高等学校重点教材
（编号：2020－2－056）

高职高专电子信息类系列教材

集成电路芯片测试技术

主　编　居水荣　戈益坚
副主编　朗迅科技教研团队　邰治谦
参　编　戴志强　石　兰

西安电子科技大学出版社

内 容 简 介

本书是从微电子产业实际岗位需求出发，结合作者多年企业工作经验及一线教学经验编写而成的。书中详细介绍了目前业界常见的各类集成电路芯片的测试原理、测试方法以及测试程序的编写，具体包括各类组合/时序逻辑电路测试、ADC/DAC芯片测试、存储器/微控制器测试、集成运放/电源管理芯片测试等，同时还介绍了晶圆探针台、测试机的使用。

本书可作为高职院校微电子技术专业的核心课程教材，亦可作为全国职业院校技能大赛“集成电路开发及应用”赛项的备赛训练参考教材。

图书在版编目(CIP)数据

集成电路芯片测试技术/居水荣，戈益坚主编. —西安：西安电子科技大学出版社，2021.3(2024.1重印)
ISBN 978-7-5606-5954-1

Ⅰ. ①集… Ⅱ. ①居… ②戈… Ⅲ. ①集成电路—芯片—测试—高等职业教育—教材 Ⅳ. ①TN407

中国版本图书馆CIP数据核字(2021)第014607号

策　　划 高　樱
责任编辑 马晓娟
出版发行 西安电子科技大学出版社(西安市太白南路2号)
电　　话 (029)88202421 88201467　　邮　　编 710071
网　　址 www.xduph.com　　电子邮箱 xdupfxb001@163.com
经　　销 新华书店
印刷单位 陕西博文印务有限责任公司
版　　次 2021年3月第1版 2024年1月第4次印刷
开　　本 787毫米×1092毫米 1/16 印张 13
字　　数 304千字
定　　价 35.00元
ISBN 978-7-5606-5954-1/TN
XDUP 6256001-4

前　言

近年来集成电路产业持续高速发展，晶圆测试作为集成电路产业链中的重要环节，相应测试人才的需求不断增加。从晶圆测试岗位的职责和能力要求看，高职微电子技术及相关专业的学生比较适合该岗位。相比于集成电路产业链中晶圆加工、封装等制造类人才的培养(设备投入大、环保因素限制多)，晶圆测试人才的培养相对来说容易些，因此国内有不少高职院校都在开展晶圆测试方面的人才培养工作。

江苏信息职业技术学院是国内最早开设微电子技术专业的职业院校，面向江苏省和无锡市非常完整的集成电路产业链，为地方培养集成电路产业所需要的各类人才，尤其是在晶圆测试方面，借助近年来所承建的江苏省产教深度融合实训平台，由学校和企业投入资金，建成了设备和技术水平较高的集成电路晶圆测试生产线，不断为企业培养相应岗位的人才。

2020年1月22日，教育部职业技术教育中心研究所发布了《关于确认参与1+X证书制度试点的第三批职业教育培训评价组织及职业技能等级证书的通知》，杭州朗迅科技有限公司负责“集成电路开发与测试”职业技能考核、评价与证书发放，其中包括了集成电路晶圆测试，这也表明晶圆测试人才培养在集成电路人才培养方面越来越必要和重要。

目前，集成电路晶圆测试人才培养过程中缺乏相应的教材，尤其是缺乏适合高职学生的教材，为此，本书编者在结合自身多年集成电路行业工作经历的基础上，结合过去几年“集成电路测试”课程的教学经验，将集成电路晶圆测试原理、技术等理论和当前比较热门的集成电路和半导体器件测试实例相结合，编写了本书，希望为学校培养这方面的人才提供一些参考。

本书共8章。第1章为引言，简单介绍集成电路测试原理和分类；第2章为集成电路测试技术；第3、4章介绍集成电路晶圆测试设备及晶圆测试操作规范；第5～7章分别介绍半导体分立器件、数字集成电路测试技术和模拟集成电路测试技术；第8章介绍集成电路晶圆测试虚拟仿真。

本书第1、2章全部内容和第6、7章部分内容由居水荣编写；第3～5章全部内容及第6～8章部分内容由戈益坚编写；戴志强、石兰分别编写了第6、7章的部分内容；杭州朗迅科技有限公司周文清、李浩两位工程师参与了第5～7章的实际电路和器件测试程序的编写及第8章部分内容的编写。在本书编写过程中，无锡恒芯科技有限公司的李燕文、郃治谦两位工程师提供了较大的帮助，第8章所涉及的集成电路晶圆测试虚拟仿真软件由杭州朗迅科技有限公司提供，在此一并表示感谢。

本书可作为高职院校电子、微电子类专业的核心课教材以及从事集成电路测试的广大工程师的参考书和工具书，也可作为取得“集成电路开发与测试1＋X”职业技能证书的培训和考核教材。

由于编者水平有限，加之编写时间仓促，书中难免存在疏漏、不当之处，敬请广大读者批评指正。

编　者

2020年10月

目　　录

第1章 引　言

1.1 集成电路测试在产业链中的地位

集成电路产业是信息技术产业的核心，是支撑经济社会发展和保障国家安全的战略性、基础性和先导性产业。从人们日常生活所用的高清电视、计算机、手机等电器到物联网、云计算、军工国防，集成电路芯片都在其中起着非常关键的作用。

任何产业都有其自身的结构特点与发展规律，集成电路产业也不例外。根据现代集成电路产业结构及其发展特点，其整体产业链可做如图1.1所示的划分。

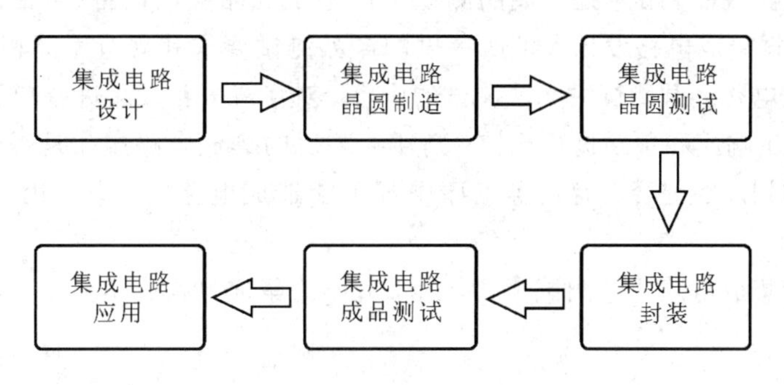

图1.1　集成电路整体产业链

从图1.1可以看出，集成电路整体产业链首先从设计开始，然后是集成电路晶圆制造；制造完成的晶圆要经过集成电路晶圆测试环节后才能进行封装；封装完成的电路需要再次经过测试，并判断合格后才能进入终端客户应用市场。可以看到在整个集成电路产业链中有集成电路晶圆测试、集成电路成品测试两个测试环节，它们在整个产业链中起着非常重要的作用。

1. 集成电路晶圆测试

所谓集成电路晶圆测试，是指晶圆测试工厂基于晶圆测试设备(包括测试机、探针台Prober)，通过制作探针卡，依据集成电路设计人员所提供的产品测试要求和规范编写相应的测试程序，对集成电路晶圆上的每一个管芯进行功能和性能方面的检测，通过对输出响应和预期进行比较，判断管芯是否合格。晶圆测试的目的是在进入集成电路封装的划片步骤前从晶圆上挑选出合格管芯，并统计出合格率、各类失效的比例，同时确定不合格管芯的位置。

图1.2(a)为集成电路晶圆测试设备，图1.2(b)为晶圆及晶圆上一颗放大的管芯。

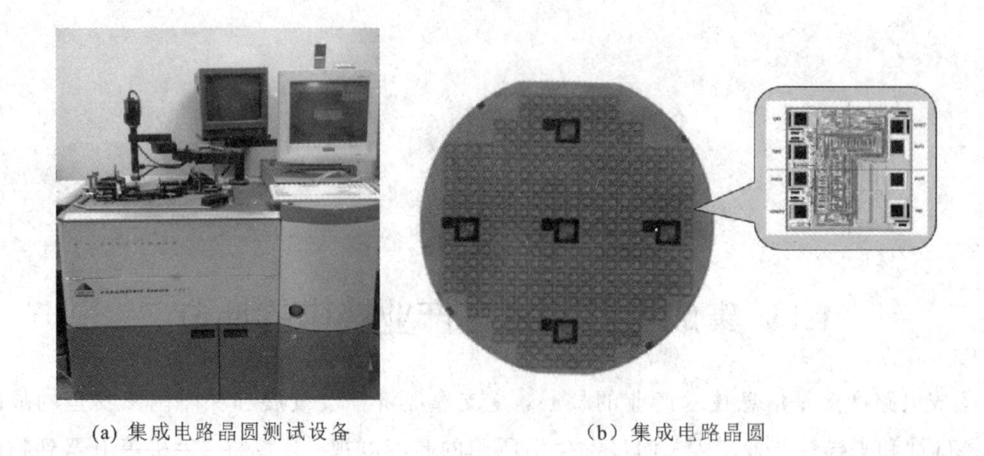

(a) 集成电路晶圆测试设备　　(b) 集成电路晶圆

图 1.2　集成电路晶圆及测试设备

2. 集成电路成品测试

所谓集成电路成品测试，是指成品测试工厂基于成品测试设备(包括测试机、分选机 Hander 等)，依据集成电路设计人员所提供的产品测试要求和规范编写相应的测试程序，重点是针对集成电路晶圆测试中无法测试的内容，对集成电路成品进行功能和性能方面的检测，通过对输出响应和预期进行比较，判断封装后的集成电路成品是否合格。在集成电路封装过程中的划片、键合、老化等工序中都可能造成电路的损坏，因此成品测试非常必要。

图 1.3(a)为集成电路成品测试车间，图 1.3(b)为集成电路成品测试主要设备分选机外形图。

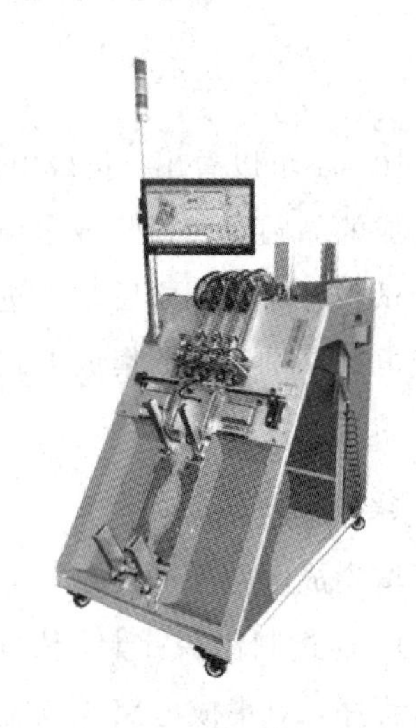

(a) 集成电路成品测试车间　　(b) 分选机

图 1.3　集成电路成品测试

目前行业内从事集成电路晶圆测试、集成电路成品测试的相关机构主要有以下三类：

(1) 专业从事集成电路晶圆、成品测试的企业，他们接受其他公司的委托，为其开发测试程序，并开展集成电路晶圆测试、成品测试业务，如江苏求是缘科技有限公司等。

(2) 集成电路设计公司中设置的测试部门，如无锡华润矽科微电子有限公司除了设计研发部门外，还有一个测试部门，为本公司产品开发测试程序，并进行晶圆和成品测试。

(3) 承担测试业务的大型封装企业，如江阴长电、南通富士通等大型封装企业，他们也承担晶圆测试、成品电路测试业务。

1.2　集成电路测试原理及其应用

1.2.1　集成电路测试原理

集成电路测试原理如图1.4所示。图中，待测电路DUT(Device Under Test)可以是集成电路晶圆，也可以是封装完成的集成电路成品电路；针对每一种DUT都要制定相应的测试规范，从而形成一组测试输入，测试输入也称为测试码或者测试生成(Test Generation)；测试系统根据测试输入生成输入定时波形，并施加到待测电路的输入引脚上，然后从待测电路的输出引脚上采样得到相应的输出波形，形成一组测试输出(或者称为测试响应)，并分析该测试响应是否完整、正确地显示了待测电路的实际输出。集成电路测试主要考虑DUT的技术规范，如电路最高时钟频率、指标精度、输入/输出引脚的数目等。另外，还要考虑测试费用、电路可靠性、测试服务能力、软件编程难易程度等。

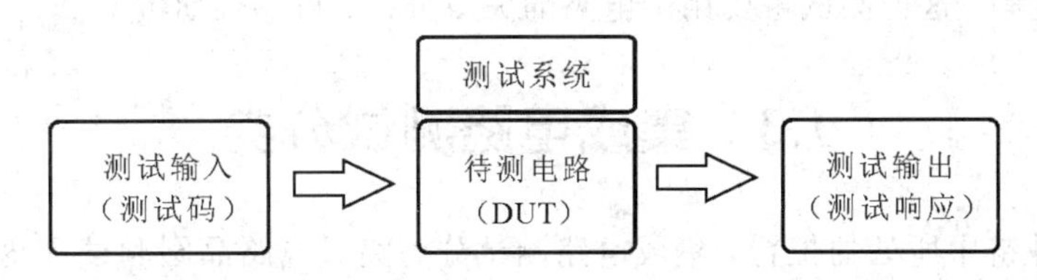

图1.4　集成电路测试原理

图1.4中的测试系统大致包括以下几部分：

(1) 测试仪：主要用来给待测电路施加输入，并采样输出。

(2) 测试界面：主要根据DUT的封装形式、最高时钟频率及测试仪的资源配置和界面板卡形式等合理地选择测试插座，并设计制作测试负载板。

(3) 测试程序：主要包括控制测试仪的指令序列，其中需要考虑待测电路的类型、物理特征、工艺、功能参数、环境特性、可靠性等。

1.2.2　集成电路测试的应用

集成电路测试是验证设计、控制工艺、管理生产、保证质量、分析失效以及指导应用等的重要手段；集成电路测试应用在集成电路开发、生产和使用的全过程。

1. 晶圆测试

根据晶圆测试结果，集成电路设计人员可以进行设计评估；集成电路工艺人员可以进行工艺的调整；集成电路生产运行管理人员可以制订生产计划；等等。

2. 成品测试

根据成品测试结果可以挑选出合格的产品；也可以根据实际测试得到的性能参数指标对产品进行分级并统计各级电路数量。一般质量管理人员监控产品的质量；生产运行管理人员控制产品的生产计划。

3. 其他阶段集成电路测试

除了以上两大类集成电路测试类型及相关应用外，在集成电路开发和生产过程中还会进行以下几种类型的测试，它们同样很重要。

(1) 抽检测试。

为了确保集成电路产品的质量，通常会对准备入库的合格电路进行抽检，以检验其是否确实达到了规定的质量要求。另外，在向客户提供批量产品前，也会根据需要进行抽检。

(2) 可靠性测试。

可靠性是指集成电路长期使用的可靠度指标，是电路在规定时间和额定条件下工作时出现故障的概率。为评估电路的可靠性，需要进行可靠性测试。通常是在高电压、大功率等外加应力情况下，测试电路的电性能参数，进而评估这些参数的变化量。

(3) 产品定型测试。

在集成电路产品设计定型、生产定型时，为全面鉴定产品的电性能所做的测试即为产品定型测试。这种测试有别于其他测试类型，主要表现在除了要测试规定环境和额定工作条件下电路的各项性能指标是否符合规范要求外，还需测试电路的允许工作范围，如工作电压、工作温度等。这种测试主要用于电路的失效分析、可靠性研究等。

1.3　集成电路测试分类

根据在产业链中所处的位置，集成电路测试分为集成电路晶圆测试和集成电路成品测试两大类。本书主要介绍集成电路晶圆测试技术。

根据目的和应用，集成电路测试分为抽样测试、可靠性测试和产品定型测试等。

根据测试的侧重内容，集成电路测试分为功能测试、性能参数测试等。

根据待测电路的类型，集成电路测试分为数字集成电路测试、模拟集成电路测试、混合信号集成电路测试以及超大规模片上系统电路(SOC)测试等。

1.4　“集成电路开发及应用”赛项简介

集成电路产业作为现代信息技术产业的基础和核心，已成为关系国民经济和社会发展全局的基础性、先导性和战略性产业，在推动国家经济发展、社会进步，提高人们生活水平以及保障国家安全等方面发挥着广泛而重要的作用，是当前国际竞争的焦点和衡量一个国家或地区现代化程度以及综合国力的重要标志之一。我国集成电路产业发展较晚，基础薄弱，一些高端芯片及测试设备严重依赖进口。我国每年消费的半导体价值超过 1 千亿美元，占全球出货总量的近 1/3，但中国半导体产业产值仅占全球的 6%～7%。近几年，在中央和地方政府的支持鼓励下，上千亿的集成电路基金投入到一些集成电路制造及生产企业当中，由于集成电路产业的特殊性，仅靠资金的支持并不能解决我国集成电路发展的瓶颈，最主要的还是人才培养与储备。虽然国内越来越多的高校都开设了相关的课程，但由于集成电路门槛高，设备复杂且昂贵，学生只能从书本上或者仿真软件上去学习，动手实践的机会比较少。在这样的大背景下，全国职业院校技能大赛"集成电路开发及应用"赛项应运而生。该赛项将理论与实践相结合，以芯片测试及典型应用电路设计为抓手，充分发挥技能大赛的引领及导向作用，推进职业院校的微电子技术专业、集成电路技术应用专业、应用电子技术专业及计算机相关专业的建设，提升学生的综合素质、团队合作精神，也进一步强化了技能大赛连接、传递产业需求和院校教学的桥梁功能。

全国职业院校技能大赛"集成电路开发及应用"赛项要求参赛选手在规定的时间内使用集成电路测试设备完成对赛项提供的芯片的测试方案设计、测试工装制作及调试、上位机芯片测试程序编写、芯片筛选、IC自动分拣系统编程及调试，完成芯片的测试工作后将好的芯片焊接到指定功能电路板上，再编写测试程序及功能验证。这其中，集成电路测试环节占了赛项内容的大部分，竞赛中需要测试的集成电路芯片种类较多，包括组合逻辑电路、时序逻辑电路、集成运放等多个种类、不同功能和参数的芯片，竞赛任务同时考察参赛学生对不同种类集成电路芯片参数的理解能力、芯片测试电路的设计能力以及C语言编程能力，对参赛学生的综合素质要求较高。本书紧扣全国职业院校技能大赛"集成电路开发及应用"赛项要求，在接下来的章节中将详细介绍赛项所涉及的各类数字及模拟芯片的测试电路设计、测试程序编写等内容。通过本书的学习，学生可进一步提升自己的动手能力，为参加技能竞赛打下扎实的基础。

第 2 章　集成电路测试技术

2.1　几个集成电路测试的重要概念

2.1.1　故障及其诊断

1. 缺陷、故障和失效

通常集成电路有正常和非正常两种工作状态。

导致集成电路处于非正常工作状态的因素包括：

(1) 设计过程中考虑不周全。

(2) 制造过程中的一些物理、化学因素。

上述造成集成电路不符合技术条件从而不能正常工作的各种因素统称为集成电路缺陷。

集成电路缺陷若导致其功能发生变化，则称为故障。

集成电路缺陷和故障是相互联系但又有一定区别的一对概念。缺陷会引发故障，如引线间不应有的短路和开路这样的物理缺陷将导致电路不能完全地按预定的要求工作，即产生故障。因此故障是表面现象，并且相对稳定，可以通过集成电路测试手段来确定，而缺陷则相对较隐蔽，并且是微观层面的，导致其查找与定位非常困难。

若故障导致集成电路无法实现其特定规范要求的功能，则称为集成电路失效。故障有可能导致集成电路失效，也有可能不失效。

2. 故障诊断

上面提到可以通过集成电路测试来确定其故障，因此集成电路测试有时也称为故障诊断。故障诊断分成故障检测和故障定位。

(1) 故障检测主要检验电路是否实现了预定的功能，是否发生了故障。

(2) 故障定位是在故障检测的基础上进一步确定发生了何种故障。

2.1.2　测试规范

集成电路的性能或特性主要取决于电路设计和制造工艺，同时还与电路的工作条件，如电源电压、环境温度等密切相关。因此，涉及产品的使用规范通常有两个：工作保证范围和工作保证特性。

工作保证范围指保证集成电路呈现最好工作特性的工作条件的允许范围，包括电源电压、环境温度和使用方法等。

工作保证特性指集成电路在工作保证范围内使用时，可以确保的特性及其变化范围。

表 2.1 和表 2.2 分别列举了一款“电压基准”电路的工作保证范围和工作保证特性。

表 2.1　工作保证范围

编　号	工作条件名称	工作条件范围	单　位
1	极限电压	−0.3～7	V
2	工作环境温度	−55～+125	℃
3	储存温度	−65～+150	℃

表 2.2　工作保证特性

符　号	参数说明	条　件	最小	典型	最大	单位
U_{OUT}	输出电压		2.940	3.0	3.062	V
初始精度					2	%
U_{LN}	线性调整率	$U_{REF}+50\ mV \leqslant U_{IN} \leqslant 5.5\ V$		120	375	μV/V
dU_{OUT}/dT	输出电压温漂	$-40℃ \leqslant T_A \leqslant 125℃$		35	100	pm/℃
I_{LOAD}	输出电流				25	mA
dU_{OUT}/dI_{LOAD}	负载调整率	$0\ mA < I_{LOAD} < 25\ mA$ $U_{IN}=U_{OUT}+500\ mV$		3	100	μV/mA
dT	热迟滞			25×10^{-6}	100×10^{-6}	
$U_{IN}-U_{OUT}$	压降			1	50	mV
I_{SC}	短路电流			45		mA
I_Q	静态电流	$-40℃ \leqslant T_A \leqslant 125℃$		42	50	μA
I_{OT}	过热电流				59	μA

从上面表格可以看出，一个电路的使用规范通常包括参数项、参数范围、测试方法等几部分。

除了上述使用规范外，还有产品批量生产时确定的规范(称为生产规范)、用户在产品设计时提出来的规范(称为用户规范)和产品进行可靠性试验所依据的规范(称为可靠性规范)等不同规范。这些规范之间的差别包括测试系统的精度、参数温度特性和参数稳定性等。

通常生产规范最严苛，使用规范次之，可靠性规范相对宽松。

2.1.3　测试方式和判断

图 1.4 中的测试系统在测试过程中，通过以下几种方式给出测试结论。

1. 测量值记录方式

这种方式只记录实际的全部或部分测试值，也可只记录失效参数，以便做后续的统计。

2. 改变输入下的测量值记录方式

这种方式是在测量值记录方式的基础上，改变输入参数，并记录相应的测试值及其对应的输入激励，以评估不同输入情况下各个参数之间的关系。

3. 合格性判断方式

采用这种方式前要先规定好各个参数的测试标准。如果实际测试值在测试标准范围内，则判断为合格品；否则判断为不合格品。这种方式主要用于生产性测试，同时做失效参数的统计。

4. 测试程序调试方式

在测试过程中一旦发现错误，需要对测试程序进行修改调试时，就需要用到这种方式。

2.1.4 测试工艺

对于集成电路晶圆测试来说，通常要经过以下几个工艺步骤。

1. 合格晶圆接收

晶圆制造厂在完成所有工艺加工步骤后产出由较大数量管芯(有时也称芯片或电路)组成的晶圆，可以是从较小的 4 英寸晶圆到目前主流的 12 英寸晶圆。

晶圆制造厂首先要进行参数测试，在参数测试合格后，晶圆制造厂将合格的晶圆和测试记录交给晶圆测试工厂。

2. 晶圆烘焙

晶圆在进行测试前通常需要放在充有氮气的烘箱内烘焙。

3. 晶圆测试

晶圆测试工厂根据产品测试规范使用如图 1.2 所示的测试设备和图 2.1 所示的探针卡板对晶圆上的每个管芯进行测试。

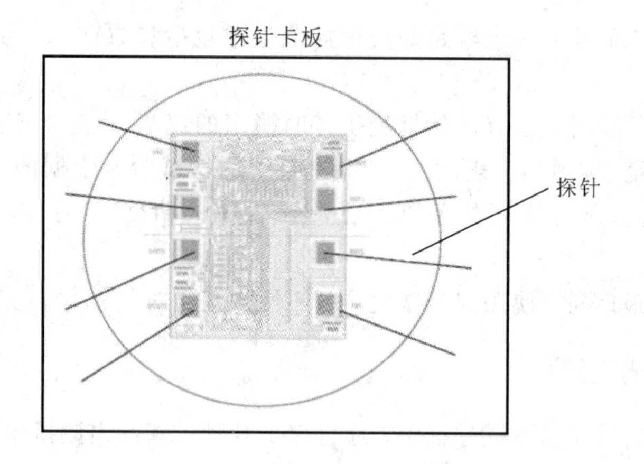

图 2.1 晶圆测试中的探针卡板

通过图 2.1 所示的探针卡板上的探针使得测试仪的测量端与管芯的被测端(压焊点)相连。探针卡板通常是在一块通用印刷电路板的中心位置开一个孔，然后在孔周围用环氧胶将探针固定，固定时要注意各针尖的坐标应该和待测电路各压焊点的坐标一一对应；最后将相应的测试外围电路安装在此通用印刷电路板上，并进行必要的连接。

测试完各项参数后，将晶圆上不合格的管芯找出，并打上标记，通常称为打点。打点的方式有两种。

1）联机打点

在晶圆测试过程中边测试边打点，直到整个晶圆测试完成。打完点的晶圆如图 2.2 所示。

图 2.2　打完点的晶圆

2）脱机打点

在晶圆测试过程中边测试边将不合格管芯的位置记录在一个被称为 MAP 图的文件中，直到整个晶圆测试完成，然后再进行打点。图 2.3 是一颗实际晶圆的 MAP 图。

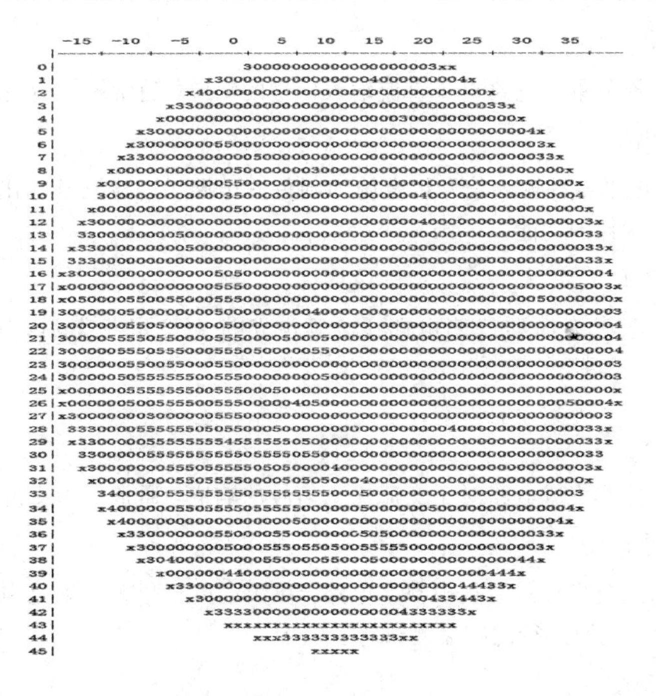

图 2.3　一颗实际晶圆的 MAP 图

图 2.3 所示的 MAP 图中，3、4、5 等数字为不同测试类别超规范的管芯标记，0 表示合格品；通常用 x 表示晶圆周边一圈的管芯，这些管芯通常也作为不合格品处理。

如果发现打完点的管芯误测了，还可以通过晶圆清洗方式将打点标记清除，然后再将晶圆进行干燥处理，重新进行测试。

打完点的标记必须经过干燥处理。

4. 晶圆检查

晶圆检查即通过显微镜等手段将测试合格而表面异常的管芯剔除。

5. 晶圆包装

完成上述步骤后的晶圆通过真空包装或者充氮包装后交给封装厂进行封装。以上测试工艺步骤中要注意以下几点：

(1) 探针卡和晶圆平行对准，以免测试过程中针脚走偏甚至偏出压焊点。

(2) 要避免探针台和测试仪之间连线过长，以免引起测试误差。

(3) 要避免探针之间的高低差太大，同时要避免探针针尖氧化，防止接触不良。

2.2 集成电路的静态和动态测试

电性能及电参数是集成电路最基本的性能指标，因此也是集成电路测试需重点关注的内容。其中，电性能主要指电路的行为能力，而电参数是电路的特征。

集成电路的电性能测试通常分成静态和动态两部分。下面将首先简单介绍这两种测试的基本概念，然后举例说明静态和动态参数的测试方法。

2.2.1 静态测试

静态测试主要检测集成电路对于直流输入信号的响应，通常称为直流测试。

1. 静态功能测试

将直流高、低电平各种输入信号组合施加到待测电路上，检测其输出端的响应，判断是否符合电路预先设计的功能。

2. 静态参数测试

将直流电压、电流施加到待测电路上，等电路进入稳定状态后，测试其直流特性参数。

2.2.2 动态测试

动态测试主要检测集成电路对于交流输入信号的响应，通常称为交流测试。

1. 动态功能测试

动态功能测试主要指针对大规模数字电路，在额定负载和频率规范内进行的电路功能测试，以及针对模拟电路进行的实装测试等。

2. 动态参数测试

动态参数测试包括数字电路的脉冲响应测试、时间参数测试等，还包括模拟电路的频率响应测试和增益、带宽等参数的测试等。

除了以上静态、动态测试外，针对一颗集成电路管芯还会进行工作范围的测试，如工作电压、工作频率等。通过这样的测试，可在产品规划书中显示该电路的实际工作范围。

2.2.3　静态参数测试

对数字集成电路来说，静态参数包括输出高低电平、输入和输出电压等；对模拟集成电路来说，静态参数主要指输入偏置、失调电压/电流等，还有就是电路的功耗等。

静态参数的测试方法不外乎两种，一种是在待测试端施加直流电压，测量该端口的直流电流；另外一种是在待测试端施加直流电流，再测量该端口的直流电压。

静态参数测试时必须确保初始值为零，另外还要保证测试的稳定性，防止自激。通过增加屏蔽、添加电容滤波等手段可以避免自激。

2.2.4　动态参数测试

表征电路动态性能的参数即为动态参数。对于数字集成电路来说，动态参数主要是指时间参数，如高/低电平持续时间、信号上升/下降时间、信号建立/保持时间、工作周期、传输延时时间等。

动态参数测试的主要方法是通过逐步改变定时信号的设置来进行动态功能测试。具体来说，就是通过形成一定格式的输入测试信号，添加到待测电路的输入端，然后在其输出端检测相应的信号，在判断动态功能是否满足预期的情况下，还可以具体给出时间参数测试值。

动态参数还可以利用时间测量仪器进行测试。

2.3　测试码生成

2.3.1　基于测试码生成的测试技术

随着集成电路设计和制造技术的发展，一个集成电路芯片上可能集成了上千万个甚至更多的元件，由于上面提到的设计和制造方面的因素，这些元件可能存在缺陷从而导致集成电路故障，因此集成电路测试的重要性不言而喻。与此同时，集成电路测试的复杂程度也越来越高，主要是因下面两个因素造成的：

(1) 测试时间的几何级增加。随着电路规模的增大，集成电路测试时间将呈现几何级数增加。例如，一个有 50 个输入端的组合电路，如果以每秒 100 万次的速度来验证该电路是否能实现其功能，需要约 31 年时间。

(2) 测试对象的非直接性。集成电路是由大量的元件组成的，这些元件都在电路内部，通常是无法直接测量这些元件的逻辑电平和性能参数的，而所谓集成电路测试只能通过待测电路的对外引脚来进行，这种非直接性将增加测试的复杂性。

为解决上述问题，人们提出了测试码的概念。我们以图 2.4 所示的数字电路为例进行说明。

图 2.4　集成电路测试原理

在图 2.4 中，如果我们能够证明待测电路中没有故障，那么该电路将实现预定功能，这时该电路输出和输入之间的关系可以表示为

$$Y_i = f_i(X_1, X_2, \cdots, X_n) \tag{2-1}$$

假设待测电路没有实现其预定的逻辑功能，那么可以判断该电路中一定有故障存在；假设在输入组合 X_1^*，X_2^*，…，X_n^* 作用下存在故障，则输入至少和一个输出之间的关系可以表示为

$$Y_j \neq f_j(X_1^*, X_2^*, \cdots, X_n^*) \tag{2-2}$$

则输入组合 X_1^*，X_2^*，…，X_n^* 可以用来检测待测电路是否存在故障，通常称为待测电路的一个测试码。用于检测待测电路的所有这样的测试码的组合就是整个电路的测试码集。

总结一下，针对待测电路可能存在的所有故障，生成可以检测它们的测试码；然后在图 1.4 所示的测试系统中将这些测试码施加到待测电路的输入端，测试其输出响应并进行分析，以确定是否存在故障。测试码生成也简称为测试生成，或者称为测试图形生成，是目前集成电路测试中最常用的技术。

2.3.2　测试码生成的方法

现代集成电路测试技术中测试码生成的方式主要有两种：

(1) 基于故障的确定性测试生成方法。

(2) 生成符合随机特征数据的测试生成方法。

这里首先介绍第一种方法，第二种方法在下一节中具体介绍。

如前所述，如果一个集成电路未能实现其全部功能，那么电路中一定存在故障；反之，如果电路中没有任何故障，那么该电路则必定实现其预期设计的功能。为此人们开始研究电路缺陷，并提出各种故障模型，其中最常用的故障模型为固定电平故障和固定开路故障两大类。下面具体介绍一下固定电平故障以及为检测这种故障而进行的测试码生成的具体方法。

所谓固定电平故障，是指导致电路中某一个节点电平为固定值的这一类故障。这是被广泛采用的故障模型，集成电路中的开路或短路等都可以等效为固定电平故障。

检测固定电平故障，即进行故障诊断，一般通过对有限数目的输入端和输出端进行测量来实现，而对于集成电路来说，通常利用计算机预先生成一个确定的测试码集，并执行测试程序，这种方法就是预定向量测试。

预定向量测试故障诊断方法根据测试码生成方法的不同，分为确定性生成、随机生成和混合生成三大类，其中确定性生成最为成熟。

确定性测试码生成方法又分为通路敏化法、因果函数法、图论法和功能验证法等。其中通路敏化法是使故障至少沿一条通路敏化，即适当选择原始输入值使故障位置的正常信号值与故障值相反。在故障情况下，随着此信号值改变，线路内至少应有一个输出端的值受其影响而改变，即敏化为故障。下面以图 2.5 所示的实际例子来说明。

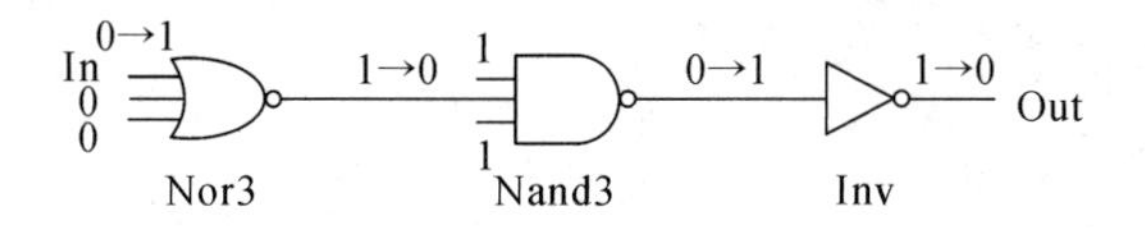

图 2.5　通路敏化法举例

图 2.5 中，从输入端 In 到输出端 Out 这两点之间信号流通的路径即为一条通路 In—Out。这条通路上有三输入端或非门 Nor3、三输入端与非门 Nand3 和反相器 Inv 等三个门电路；这三个门电路的输入端都已经添加了适当的输入电平，使得在 In 端电平的变化能引起 Out 端电平的变化，就称为通路 In—Out 被敏化了。

图 2.5 中输入端 In 电平从 0 变为 1，将导致输出端 Out 从 1 变为 0；这种电平的变化是由电路具体结构决定的，也可能是由于发生故障引起的。为了检测输入端是否发生了故障，可以通过敏化通路 In—Out，并观察 Out 端的实际电平，这就是通路敏化法进行故障诊断的方法。

总结一下：对于一个给定的故障，通过寻找一个输入组合并将之施加到电路输入端，使得故障点产生了预定的故障效应(通过该效应，使得电路中某节点的正常电平与发生故障时的不同)，并且使得该点到电路的某一个输出端之间有一条通路敏化，那么这个输入组合就是上述给定故障的一个测试码。

通过上面的分析也就很容易得到基于通路敏化进行测试码生成的具体步骤：

(1) 设置故障效应。

(2) 确定传输通路。

(3) 将该通路进行敏化。

(4) 设置电路外输入端的逻辑值。

上述各个外输入端的逻辑值就组成了一个测试码。

对于基于故障的确定性测试生成方法来说，通常要求用专门的算法对特定的故障生成测试图形，如 D 算法、PODEM 算法、FAN 算法、FASTEST 算法和 CONTEST 算法等。这种方法生成的测试图形相对来说长度短，但生成过程比较复杂，生成的测试施加也比较困难。

2.3.3　测试码生成实例

上面介绍了测试码生成的原理，实际上测试码可以在电路仿真过程中得到，下面就以具体的例子来介绍。

1. vcd 文件产生

在对数字电路进行仿真过程中可以产生一个称之为 vcd(value change dump)的文件；该文件记录了电路仿真过程中产生的输入信号、输出信号的变化。

方法是在 Verilog 仿真激励 testfixture.verilog 中加入下面一段命令：

```
initial
begin
```

```
$ dumpfile("mcusim.vcd");
$ dumpvars(2,test);
end
testfixture.template:
'timescale 1ns / 1ns
module test;
reg  h16, h20, h21, h60, h84, m2;
MCUSIM top(h16, h20, h21, h60, h84, m2);
'ifdef verilog
//please enter any additional verilog stimulus in the testfixture.verilog file
  'include "testfixture.verilog"
'endif
'ifdef veritime
// please enter any veritime stimulus in the testfixture.veritime file
  'include "testfixture.veritime"
'endif
'ifdef verifault
// please enter any verifault stimulus in the testfixture.verifault file
  'include "testfixture.verifault"
'endif
cndmodulc
```

2. 运行测试码产生工具

这里介绍的工具名称为 Viper(vector interpretation program for evaluation and reconstruction)，该工具采用单一时序设置，从所支持的三方事件记录中，依据一个选项文件，产生 TPG2 命令文件和测试向量。

Viper 输入：

(1) 三方事件记录文件，支持 Cadence 仿真工具所产生的 vcd 文件、Mentor Graphic 产生的 LOG 文件及 ViewLogic 波形文件等。

(2) 测试码周期等相关信息参数选项文件，这个文件是可选的，若没有的话可以直接在 Viper 命令运行时直接指定。

VIPER 输出：

(1) TPG2 命令文件和 TPG2 格式的测试码(也称测试向量)文件。

(2) 更新的选项文件。

(3) 报告文件等。

运行命令：viper mcusim.vcd-P 50-f MCUSIM

产生：MCUSIM.cmd，viper.options，MCUSIM.VEC，MCUSIM.RPT 等四个文件。其中，VEC 文件格式如下：

```
* Generated by VIPER Version 2.0.3.3 on Thu Jul 25 14:14:42 2016;
T'00000000011110110000000XXXXXX0'
T'00000000011110110000000XXXXXX0'
T'00000000010100110000000XXXXXX0'
```

T′000000001101101100000000XXXXXX0′
T′100000000001101010000000XXXXXX0′
T′100000000101101110000000XXXXXX0′
T′100000000101101110000000XXXXXX0′
T′100000000101101110000000XXXXXX0′
T′100000000101101110000000XXXXXX0′
T′100000000101001110000000XXXXXX0′
T′001000001101101100100000XXXXXX0′
T′001000001000110100010000 1XXXXXX0′

从上面的介绍可以看出，测试码来自仿真结果，而仿真结果又与设计者所编写的仿真激励有密切关系，因此可以说仿真激励是最终用来产生测试码的，因此激励的编写必须遵循一定的原则，这样可以避免重复工作，并且最终把设计者引向成功。下面具体列出激励编写规则：

（1）避免浪费测试周期。测试向量内存是测试资源中的一项重要的资源，很长的测试向量将花很长的时间去仿真，必将浪费测试资源，因此花少量的时间去压缩测试向量是很值得的。

（2）只使用同步的决定性的时序。某些激励依靠系统仿真产生，这样做需要冒一定的风险，因为某些系统使用异步通信手段，这样做可以把信号的转变放在多个不同向量周期的不同时间点上，许多 ASIC 测试向量产生工具不具备这种功能。

（3）把测试向量分成多个不同用途的组。测试向量通常可以分 4～40 个组，每一组包含每个器件端在每个向量周期内的值，还包含与每个端口有关的时间和波形信息。为了便于调试，每组有一个特定的功能显得非常重要，如某些组只用来检测设计中的某些特定模块，这样如果某些组失效，那么只需考虑那些特定的模块即可。

（4）驱动每个输入端。即使测试只是用来验证电路的某一部分，每个输入端还是应该有确定的值，可以是恒定的“1”或“0”，但不能处于不定状态。

（5）只使用允许的波形。

真正意义上的测试码由两部分组成：0101 码和信号时序描述。图 2.6 列出了常见的测试设备所接收的波形。

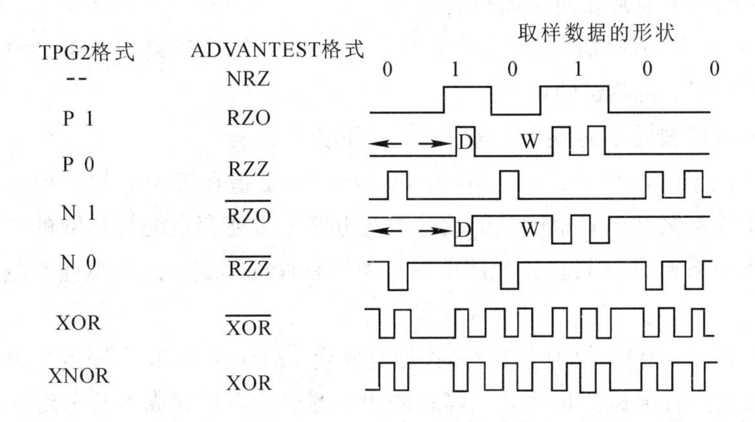

图 2.6　通常采用的输入信号波形及时间参数定义

图 2.6 中各种波形的定义如下：

① 不归零模式(NRZ)，在时钟脉冲的上升沿保存波形的“0”和“1”状态，直到下一周期的时钟上升沿。

② 归零模式(RZZ、$\overline{\text{RZZ}}$)，在时钟脉冲的上升沿保存波形，在时钟的下降沿使波形状态变为“0”。

③ 归一模式(RZO、$\overline{\text{RZO}}$)，在时钟脉冲的上升沿保存波形，在时钟的下降沿使波形状态变为“1”。对于采用归一模式定义的信号，当采样到的数据为 0 时，说明该测试周期内没有该信号出现；当采样到的数据为 1 时，说明该测试周期内有该信号出现。

④ 其他模式(XOR、$\overline{\text{XOR}}$)。

(6) 不要在一个测试向量周期内改变信号的波形。任意信号均可使用图 2.6 所列出的波形，但是在任意一个测试向量周期内，每个信号只能使用一种波形，这是 ADVANTEST 测试机的要求。

(7) 不要在一个测试向量周期内改变信号波形的时序。图 2.6 所示的波形可以用参数来设置时序或延时，但是在任意一个测试向量周期内，每个信号只能使用一种时序关系，这是测试产生 TPG2 程序的要求。

(8) 最小脉冲宽度为 10 ns。激励中的任意信号的脉宽不能小于 10 ns，这是因为 ADVANTEST测试机不能可靠地产生小于该值的脉冲。

(9) 最小测试向量周期为 25 ns。频率比此还快的测试向量不能用在 ADVANTEST 测试机上，但对于多时钟的电路来说，最小的时钟周期可为 20 ns，在这种电路中，慢时钟的周期应该为快时钟周期的整数倍。

(10) 在一个测试向量周期内，不同输入沿的最大数目为 19 个。ADVANTEST 测试机在端口间享用时序产生器，总共有 19 个时序产生器，因此以上波形的时序或延时参数在一个测试向量周期内必须限制在 19 个以内。

(11) 最多的双向驱动使能个数为 2 个。对于双向端口的输入和输出转换，ADVANTEST 测试机有两个特殊的时序产生器，因此在一个测试向量周期内，双向的转换可以发生在两个地方，其中的一个通常在向量周期的边沿。

(12) 大于 95%的故障覆盖率是推荐的，大于 90%的故障覆盖率是必须的。对于存储器模块，必须使用带自测试的模式。

上面提到故障覆盖率的概念，这里补充一下。

所谓测试故障覆盖率(test fault coverage rate)，是指在确定的故障模型下，数字电路在测试过程中能被测试向量检测到的故障数与电路中可能存在的故障数的比值。可以用故障覆盖率的大小来衡量被测芯片测试质量和测试程序的质量。故障覆盖率越高，测试结果的失误越小。

在数字电路中，最简单的门级故障模型是固定 1 (stuck-at-1)和固定 0(stuck-at-0)的单故障模型。通过运行测试向量集将故障检测出。由于受到测试成本及电路本身结构因素的影响，电路中的故障往往不能被完全检测到，需进行可测性设计，以提高电路可控性和可观测性。一般高品质电路测试故障覆盖率应在 95%以上。

2.4　伪穷举测试和伪随机测试

2.4.1　伪穷举测试

伪穷举测试是人们在研究集成电路测试技术过程中重点关注并且得到巨大进展的一种技术。

1. 伪穷举测试概念

随着集成电路规模的快速增大，2.3 节中所介绍的测试码的生成技术遇到了新的问题，即产生测试码所耗费的计算时间呈指数增长。因此即使生成了完整测试码集，也未必能够完全检测到芯片内部的缺陷，并以此判断电路是否能实现预定功能。

为解决上述问题，人们首先想到了采用“穷举测试”方法，若电路共有 2^n 个输入组合，将这 2^n 个输入组合依次施加到待测电路的输入端，然后根据输出判断是否实现了预定功能。这种“穷举测试”方法避免了产生测试码的麻烦，但最致命的问题是导致测试时间增加到了让人无法忍受的程度。

在此基础上，将待测电路划分成若干个子模块，然后分别对各个子模块进行“穷举测试”，可以大大减少总的测试次数和时间，这种方法就是目前普遍采用的“伪穷举测试”方法。

2. 伪穷举测试具体方法

根据待测电路的输出对输入的依赖关系，通常可以把待测电路分成两大类：

(1) 全局相关电路：电路至少有一个输出变量与全部输入变量都有关；

(2) 局部相关电路：电路的任何一个输出变量均只跟部分输入变量有关。

对于局部相关电路，假设其输入端数量为 n，输出端数量为 m。如果不进行电路划分直接通过输入组合进行测试，则测试次数为 2^n；如果把该电路划分成 m 个子电路，那么每一个子电路的输入端数量 n_i 肯定比 n 小，分别对这些子电路进行穷举测试，总的测试次数为

$$N = \sum_{i=1}^{m} 2^{n_i} \tag{2-3}$$

这种方法总的测试次数 N 肯定小于 2^n。

对于全局相关电路，不能按照上面的方法进行电路的划分来达到减少测试次数的目的，需要采用其他电路划分方法，这里不再详细介绍。

当然“伪穷举测试”方法也存在一些问题，除了上面提到的如何划分子电路外，如何将测试信号施加到子电路的输入端、如何检测子电路的输入等也是需要考虑的问题。

2.4.2　伪随机测试

上一节中介绍了两种测试生成方法中的一种，即基于故障确定性的测试生成方法。除此之外，还有一种不针对特定故障的方法，即生成符合随机特征数据的测试生成方法。这种方法通常由微处理器的测试软件算法或专用的片上测试电路来生成，比较容易。若有足够长的测试图形，就能够产生比较高的故障覆盖率。这种方法在内建自测试中应用广泛，下面做具体介绍。

1. 随机测试

所谓随机测试是指将一组位独立的随机序列(即测试序列$\{X_1, X_2, \cdots, X_n\}$中各变量相互独立)同时加到待测电路和参考电路的输入端，然后基于输出响应比较器，对待测电路与参考电路的输出响应进行比较；若二者一致，则称待测电路无故障，否则待测电路有故障。

在随机测试中，假设待测电路的原始输入个数为n，这种测试方法就是把变量X_i(X_i属于$\{0, 1\}$，$i=1, 2, \cdots, n$)施加到待测电路的第i个输入端。

从上面的介绍中可以看出，随机测试方法所对应的测试系统至少包含下列四部分：

(1) 随机位序列产生电路。根据给定的概率分别产生独立的随机量，生成的测试图形同时加到待测电路和参考电路的输入端上。

(2) 待测电路。

(3) 参考电路。

(4) 输出响应比较器。

对于随机测试，故障覆盖率F与测试图形长度L之间的关系可以表示为

$$F=1-\mathrm{e}^{-A\lg L}\times 100\% \tag{2-4}$$

式(2-4)中A对于每一个给定的电路来说是一个常数。

2. 伪随机测试

这种测试方法由向量生成器产生所有可能测试向量的子集，所生成的测试向量是规则的，即具有可重复性。该方法具有随机方法所有的特性，但不需要覆盖所有2^n输入组合。当然如果要取得高的故障覆盖率，同样需要长的序列。

伪随机测试方法的关键问题是：要保证满足要求的故障覆盖率；测试图形的长度该取多长比较合适；如何生成可靠且易于实现的伪随机序列等。

生成伪随机序列通常采用两种方法：

(1) 同余法；

(2) 用无输入的线性反馈寄存器构成伪随机序列生成电路。

传统结构的伪随机生成方法存在以下两个缺点：

(1) 随机测试图形大量不断变化的位码使得测试功耗大大增加；

(2) 伪随机测试中常用的是固定型故障模型，此模型难以描述CMOS深亚微米中的缺陷。这促使伪随机测试技术不断发展。

为此在内建自测试技术中出现了一种全新的测试生成电路，即输入单个位变化的伪随机测试生成电路，该电路可以同时生成检测固定型故障以及CMOS其他类型故障的测试图形。

2.5　集成电路可测性设计

从上面的介绍中可以看出，随着集成电路规模的快速增大，集成电路测试的困难和复杂度也不断增加，因此在集成电路设计阶段就要考虑测试问题，把电路设计得容易测试一些，包括缩短测试时间、简化测试设备、使本来不可测的部分能够进行检测等，从而大大降低测试成本，这就是集成电路的可测性设计。

集成电路可测性设计方法通常有两类：

(1) 针对性可测性设计方法指针对具体电路采用的一些电路结构上的设计改进方法。这种方法的优点是能够以较低的附加成本获得较高的可测性，但也有一些缺点，比如说缺少规律性，难以实现自动设计，并且对设计者的经验有较高要求。

(2) 通用性可测性设计方法指普遍适用的、从根本上改变电路的结构即采用许多标准结构和设计规则来提高电路的可测性的方法。主要包括扫描设计技术、电路内建自测试等。

下面分别以实例来介绍上述两种可测性设计方法。

2.5.1　针对性可测性设计方法

这种设计方法包括模块划分、增加控制线及观察点、消除电路中的冗余逻辑等，下面以实际电路为例具体介绍两种方法。

1. 模块划分

这种方法将一个复杂的电路划分成若干个子电路或者模块，然后通过一些附加选择逻辑，在芯片测试的不同阶段将测试信号分别选通各个小模块，从而提高电路的可测试性。

划分过程中通常采用数据总线结构和数据选择器进行。

在图 2.7 所示的一个数字调谐系统功能框图中可以清楚地看到，该芯片由 MCU、I/O 口及锁相环三大模块组成，而 MCU 部分又分成 ROM、RAM、指令译码器、程序计数器、堆栈寄存器及 ALU 等模块，通过地址总线和数据总线相互连接。对于这样的电路划分，电路的可测试性可明显提高。

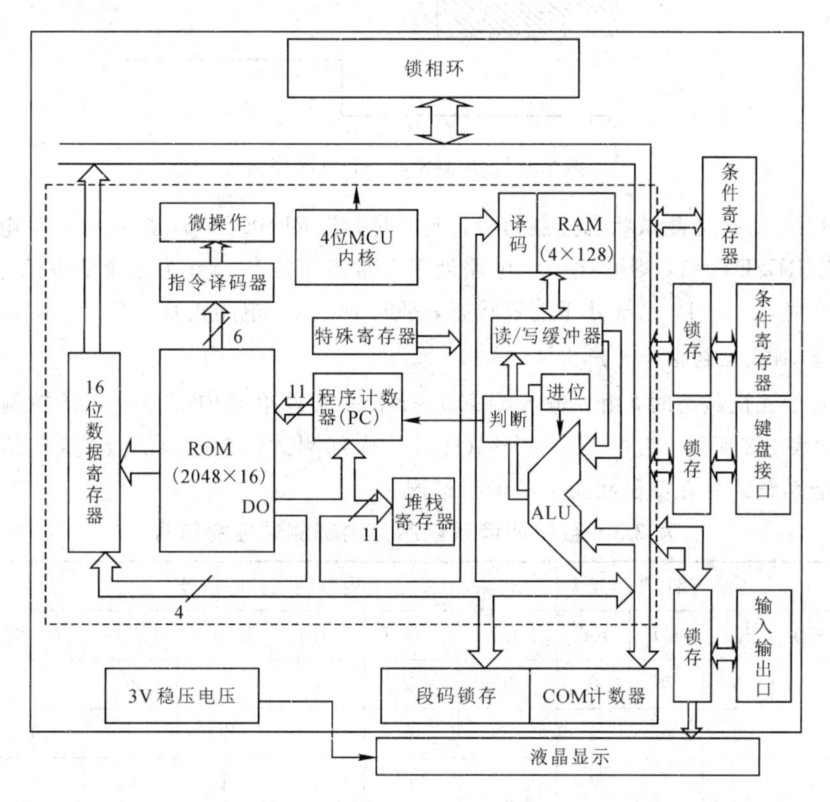

图 2.7　一个数字调谐系统的功能框图

2. 增加控制线及观察点

增加控制线和观察点的目的是使得电路内部的状态可控与可观察。

针对时序电路单元中的复位端、置位端、时钟信号等可以设置控制线，以便根据测试需要把该单元设置到相应的状态。对于电路中的一些反馈线也可以设置控制线，目的是在测试阶段将反馈逻辑断开。

由于一个集成电路的外引脚数量通常是有限的，因此在增加观察点时尽量减少外部控制点和观察点，最大限度地增加内部的控制点和观察点。通过外引脚的复用和利用数据选择器等方法可以达到增加观察点的目的。

下面具体以图 2.7 所示的数字调谐系统芯片为例，说明增加控制线及观察点的具体做法。

1) 测试状态的建立

根据该系统上电时复位输入端 RESET 的状态来决定是否进入复位状态，如图 2.8 所示。

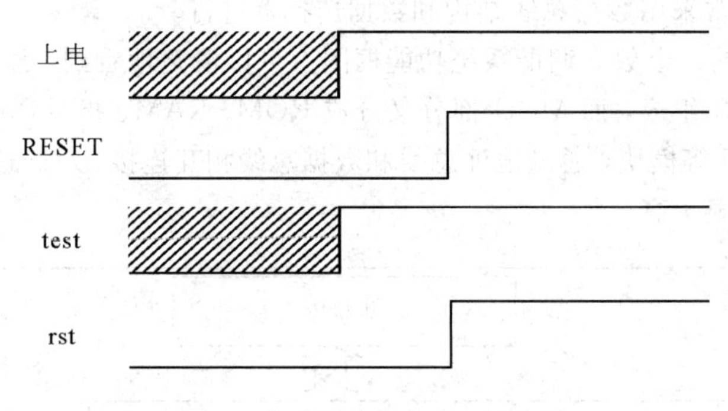

图 2.8　芯片测试状态建立时序图

图 2.8 中，test 为测试状态控制信号，上电时，若 RESET=0，则 test=1，电路处于测试状态；若 RESET=1，则 test=0，电路处于正常工作状态。rst 为系统清零信号，上电或 RESET=0 时，rst=1，系统处于清零状态，平时 rst=0，电路正常工作。

2) 内部测试控制信号的产生

芯片处于测试状态时，由外输入端 $K0 \sim K3$ 来实现电路内部多个测试控制状态信号的组合，如表 2.3 所示。表中，IO160～IO165 为内部测试状态控制信号，这些信号用来控制数字调谐系统芯片在测试状态下的运行情况。

表 2.3　数字调谐系统芯片内部测试控制信号

输入端				内部测试控制信号					
*K*3	*K*2	*K*1	*K*0	IO160	IO161	IO162	IO163	IO164	IO165
0	0	0	0	0	1	1	0	0	1
0	0	0	1	0	1	1	0	1	1
0	0	1	0	0	1	1	1	0	0
0	0	1	1	1	0	0	0	0	0

续表

输入端				内部测试控制信号					
$K3$	$K2$	$K1$	$K0$	IO160	IO161	IO162	IO163	IO164	IO165
0	1	0	0	0	1	1	0	0	1
0	1	0	1	0	1	1	0	1	1
0	1	1	0	0	1	1	1	0	0
0	1	1	1	1	0	1	0	0	0
1	0	0	0	0	1	1	0	0	1
1	0	0	1	0	1	1	0	1	1
1	0	1	0	0	1	1	1	0	0
1	0	1	1	1	1	0	0	0	0
1	1	0	0	0	1	1	0	0	1
1	1	0	1	0	1	1	0	1	1
1	1	1	0	0	1	1	0	1	1
1	1	1	1	1	1	1	0	0	0
工作状态				0	1	1	0	0	0

3）内部测试控制信号控制产生测试时序信号

上面产生的内部测试状态控制信号的第一个作用是产生测试时序信号，这些时序信号直接控制指令的外部输入、ROM 内容及程序计数器（PC）内容的输出检测等，测试数据流程如图 2.9 所示。

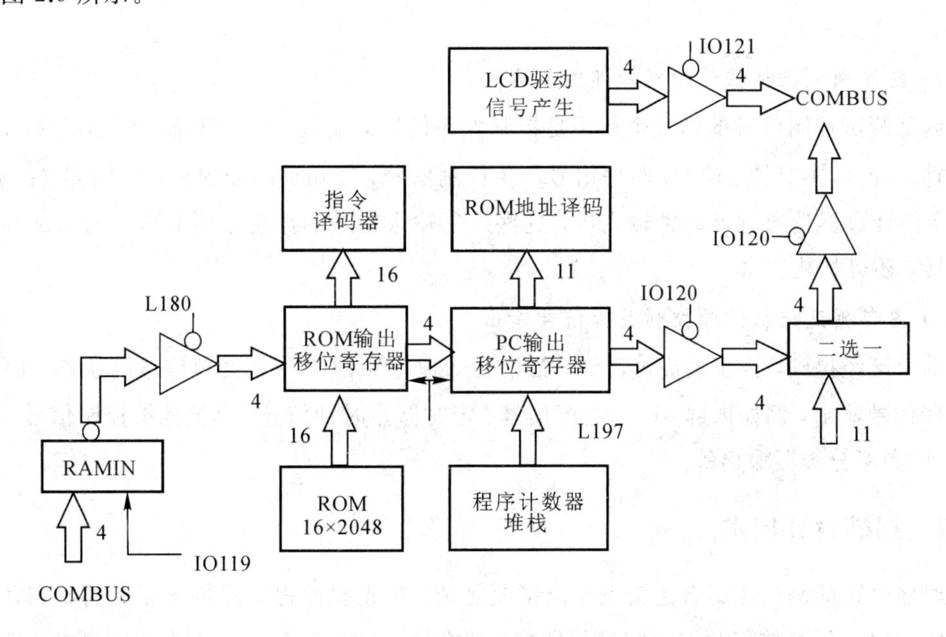

图 2.9　测试数据流程图

有了测试状态控制信号和时序信号，测试工作便可进行，图 2.10 是测试仿真波形。

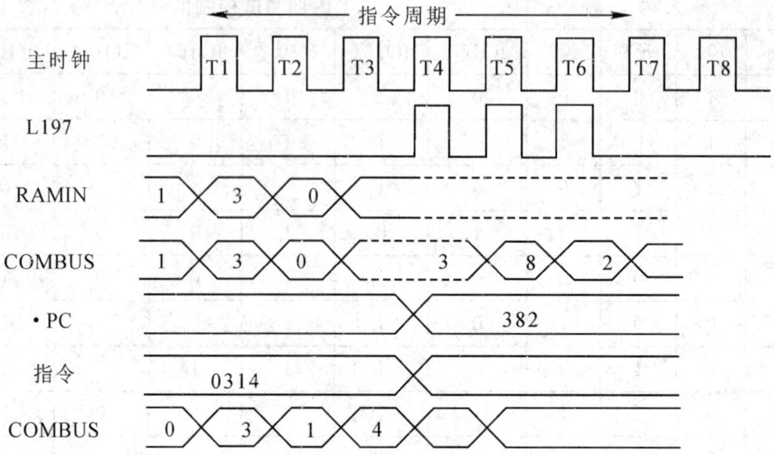

图 2.10 测试仿真波形

在图 2.10 中 T1 节拍，写入 RAM 的数据 RAMIN 可以从 COM1～COM4 四个输出端输出，由于芯片大部分指令的执行结果均送入 RAM，因此，此节拍就可用来检查每条指令执行结果是否正确。

在 T2～T4 节拍，程序计数器 PC 的内容在移位脉冲 L197 作用下，分三次从 COM1～COM4 读出。T2：PC10～PC7；T3：PC6～PC3；T4：PC2～PC0，最低位补上 H。

在 T5～T8 节拍，指令分四次（先高位，后低位）从 COM1～COM4 移入 ROM 输出移位寄存器。另外，在这些控制信号作用下，ROM 的内容也可从 COM1～COM4 输出。

4）内部测试控制信号控制外部信号输入

内部测试控制信号的第二个作用是控制外部信号的输入，这些外部信号包括测试时序主时钟、MCU 主时钟、MCU 时序信号产生控制信号、锁相环部分的相位比较器 f_R/f_S 输入、条件计数器选通脉冲时钟输入等。这些外部输入信号的作用是使电路中的测试部分状态翻转，还可加快测试。

5）内部测试控制信号控制关键信号输出

前面已经提到，为了提高可测性，常常要知道电路内部一些关键信号的状态，因此要将这些信号输出，例如内部 MCU 时序信号、定时器主时钟信号、晶振停振控制信号、程控分频器/参考分频器输出等。

2.5.2 扫描设计技术

时序电路的测试比组合逻辑电路测试要复杂。首先要使得电路进入相应的状态，然后通过施加输入信号使得状态之间进行转换，并在输出端检测是否进入了相应状态，且能够进行预期的转换。

为达上述目的，在只增加少数输入、输出端的前提下，能够控制和观察电路内部各触发器的状态，比较有效的方法是采用扫描设计技术。这种方法通过把内部各触发器的状态送到一个移位寄存器，以便观察；同时又可以把移位寄存器的状态送回触发器，从而实现对各触发器的控制。

对于采用扫描设计技术的待测电路来说，其工作状态分为正常工作和移位寄存器工作两种方式。最常见的扫描设计实现方式是采用数据选择器，这样可以把时序电路的测试转换为组合电路的测试，降低了时序电路测试的复杂性。

采用扫描设计技术的可测性设计方法很多，如扫描路径法、电平相关扫描技术、边界扫描技术等，这些方法在相关的书籍中都有详细介绍，这里忽略。下面举例来介绍两种与微控制器测试相关的方法。

1. 随机存取扫描

这种方法与扫描路径法、电平相关扫描技术的目标相同，即对电路内部的记忆元件具有完整的可控制性和可观察性，不同之处是不需引入移位寄存器，而需引入地址可编程模块，使得内部所有记忆元件可以被唯一地选择，以便对记忆元件状态进行控制和观察，而这种地址可编程的机理同 RAM 相似。图 2.11 给出了使用随机存取扫描方法的系统组态的全局示意图，包含 Y 地址、X 地址、译码器、地址可编程的存储元件、系统时钟以及清零功能等部分，同样有扫描数据输入端、扫描数据输出端以及扫描时钟，另外还需有一个门来产生置位功能。随机存取扫描方法使得系统中所有的记忆元件可控制和可观察。在组合逻辑的网络中，也可用这种方法，只要在每个观察点增加一个门和地址。

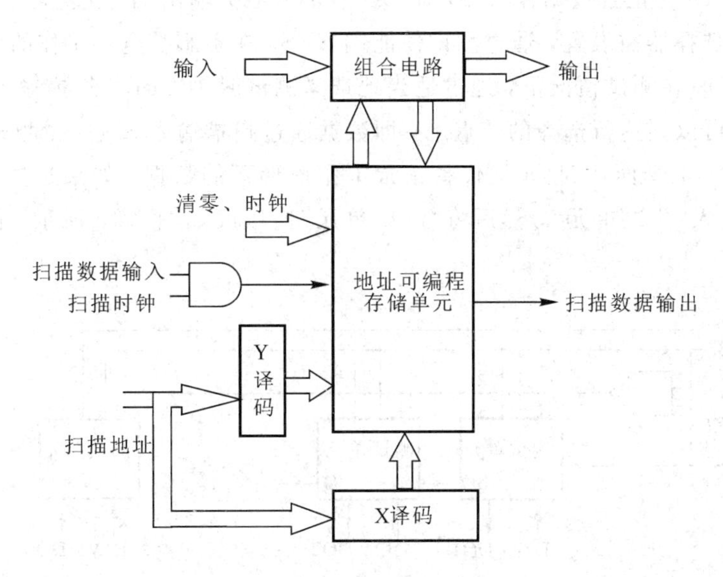

图 2.11　随机存取扫描全局组态

2. 减少干扰扫描路径方法

扫描(以及与扫描有关的)方法对于全局的结构化测试产生和测试技术具有一定的优点，只是采用这种方法将增加产品的成本，而对于扫描设计所需的很长的测试时序也将增加测试时间，这也将影响产品的上量。基于扫描的设计方法中必须附加的逻辑也需要 CAE 工具付出昂贵的费用自动将扫描链综合到设计中。基于以上原因，许多扫描设计方法，如同针对性(ad-hoc)可测性设计原则一样，尽管被大家所熟知并且也广泛地讨论，但是并没有被广泛采用。联想到基本的可测性准则包括模块划分、增加控制点及观察点等，可以得出这么一个结论，一种全结构化方法看起来是可以实现的，但并不是必须的，这就导致了减少干扰扫描路径方法的出现。

使用减少干扰扫描路径方法，电路中关键的控制和观察点可以被唯一地确认，并且通过使用一个可测性单元(“测试单元”)，该观察点就可被控制和观察，然后这些测试单元串行连接起来，同扫描链很相似，从而允许测试状态下电路中关键单元的节点之间的信息传递。与全扫描技术相比，使用这种方法只需增加很少的 I/O 端和芯片费用。为可测性设计所需加入的“测试单元”如图 2.12 所示。

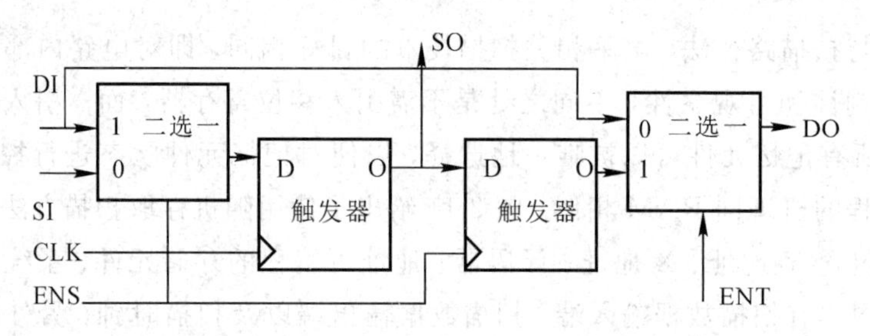

图 2.12 可测性设计所需插入的测试单元

图 2.12 中 DI 为正常数据输入端，而 DO 为正常数据输出端。在正常工作状态下，图中右边的多路选择器被设置，通过测试使能端 ENS，在不影响电路工作的情况下，DI 数据直接到达 DO。在测试情况下，通过适当地选择测试时钟 CLK，扫描输入 SI 和扫描使能 ENS，数据可以到达所选择的节点上，即数据通过扫描输入 SI 进入“测试单元”，通过测试使能端 ENT，继而达到 DO，代替正常工作情形下的数据。如果是想观察，那么通过 SI 端数据进入“测试单元”，然后将“测试单元”连接成如图 2.13 所示，便可接下来做观察。

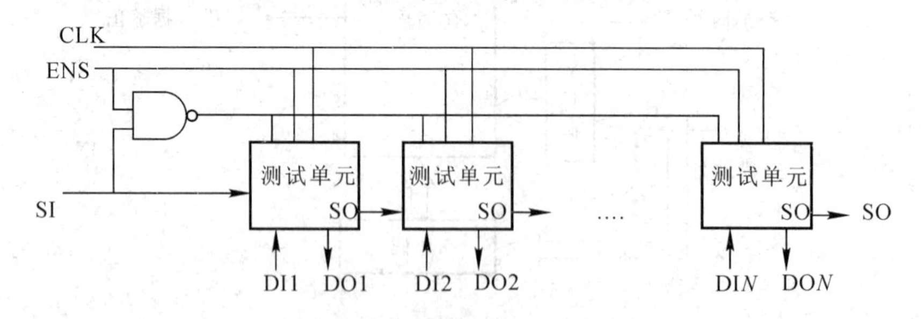

图 2.13 芯片层次上测试单元的连接

图 2.13 中，ENT 端可由 ENS 和 SI 得到，这样可减少 I/O 个数，从而使得这种方法所需的 I/O 个数不多于其他方法。

减少干扰扫描路径方法无需引入门延时即可达到其他可测性设计方法所能达到的效

率，这在实际电路中已经得到了验证。举个例子，一个 20 000 门的电路，包含了 900 个边沿触发和 35 个电平触发的触发器，不需要扫描，通过使用 38 个“测试单元”，即不到 4％的成本增加，可以达到 97％的故障覆盖率，并且花费较少的人力和 CPU 时间。

2.5.3　内建自测试技术

内建自测试技术(Build-In Self Test)是将测试激励产生和测试结果检测放在同一芯片内部的技术，利用该技术，只要有一个检测结果输出线引到芯片输出脚，就可判断芯片是否有故障，也可以在芯片中增加故障校正电路，来自动修正电路中的某些故障。

内建自测试技术有两个阶段，首先是将测试信号发生器产生的测试序列加到待测电路，再由测试结果分析器检查待测电路的输出，从而判断是否有故障出现。

利用内建自测试技术可以大大提高测试效率，使用也很方便，但这种技术的一个明显缺点是增加芯片面积，因此这种技术通常只用在具有大量重复结构的电路如存储器电路中。图 2.7 所示的数字调谐系统芯片的 ROM 就采用了这种技术来设计。图 2.14 是这种 ROM 的结构框图。

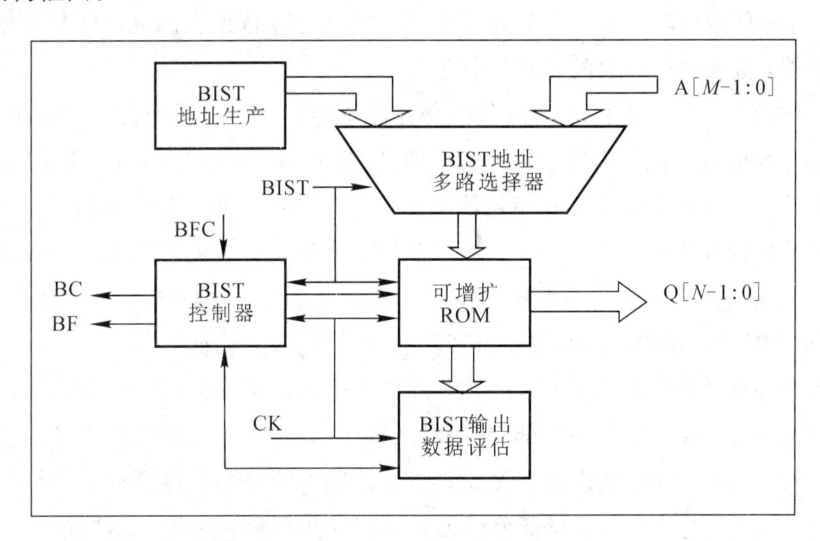

图 2.14　数字调谐系统芯片中带自测试 ROM 的结构框图

图 2.14 中，CK 为时钟；A[M－1：0]为地址输入；Q[N－1：0]为数据输出；BIST 为自测试模式控制信号；BFC 为自测试标志检测信号；BC 为自测试完成指示信号；BF 为自测试标志。自测试状态下的时序如图 2.15 所示。

在图 2.15 中的时间段 D，输出信号 BF 若为 1，就表示该 ROM 有故障；在 E 时刻，BFC 跳变为 1，导致 BF 为 1，用来检测 BF 输出端的 stuck-at-0 故障。

这种带自测试的 ROM 采用的算法是穷举测试图形生成和特征分析技术的结合，采用这样的算法可以使故障覆盖率在 99％以上。

特征分析通常作为几种测试方法的附件，包括电路内部的及功能上的，以及用于数据压缩技术，它不是单独存在的一种测试技术。数据压缩是通过以下方法在特征分析器中实

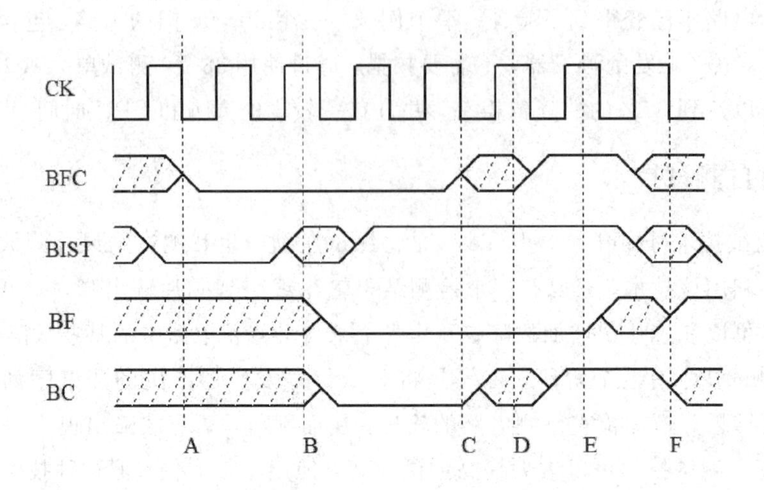

图 2.15　自测试状态下的时序图

现的，在电路控制的时序窗口内，对于每个电路时钟周期，采样作为数据输入的逻辑测试点。在特征分析器内一般都有一个 16 位反馈移位寄存器，依据在此之前的与数据有关的寄存器反馈条件，数据可以真值的补码形式进入。

在一个测试窗口中，对于一个 16 位的寄存器总共有 65 536 种可能的状态可以被设置，这些状态经过编码以 4 位十六进制数表示，即"特征"(signature)。每个"特征"就是一个特征值，表示了一个特定电路节点在指定测试间隔中的与时间相关的逻辑行为，该特定电路节点行为上的任何改变都将产生一个新的"特征"，来指示可能的电路功能的不正常，因此一个节点上的逻辑状态的改变都需要产生一个有意义的"特征"。依据所选择的压缩算法，超过 65 536 个时钟周期的测试间隔还可产生有效的重复的"特征"。

在开始、结束以及时钟信号有效时，串行数据进入该寄存器，只要对该移位寄存器产生了足够多的测试图形，那么剩余部分一样能够唯一地定义节点的状态和时间信息。

特征分析有以下好处：实现高速测试；许多情况下能快速产生程序；大量的响应数据可被压缩；可用于大生产测试。特征分析也有一些应用限制：在做可测性设计时必须非常仔细地考虑；在反馈循环以及总线结构中诊断方法很少。

2.6　集成电路晶圆测试常规项目

不同类型集成电路，其测试项目肯定是不同的，但不管是哪种类型的集成电路，通常都有一些常规的测试项目，本节具体介绍这些项目的测试方法。在具体介绍之前，先给出图 2.16 所示的集成电路常规测试步骤。

1. Continuity_Test( )(接触测试)

目的：检查电路插座和测试仪的 DUB 板之间的焊接是否开路或短路，保证各项测试的正确进行；检查输入输出脚的保护管情况。

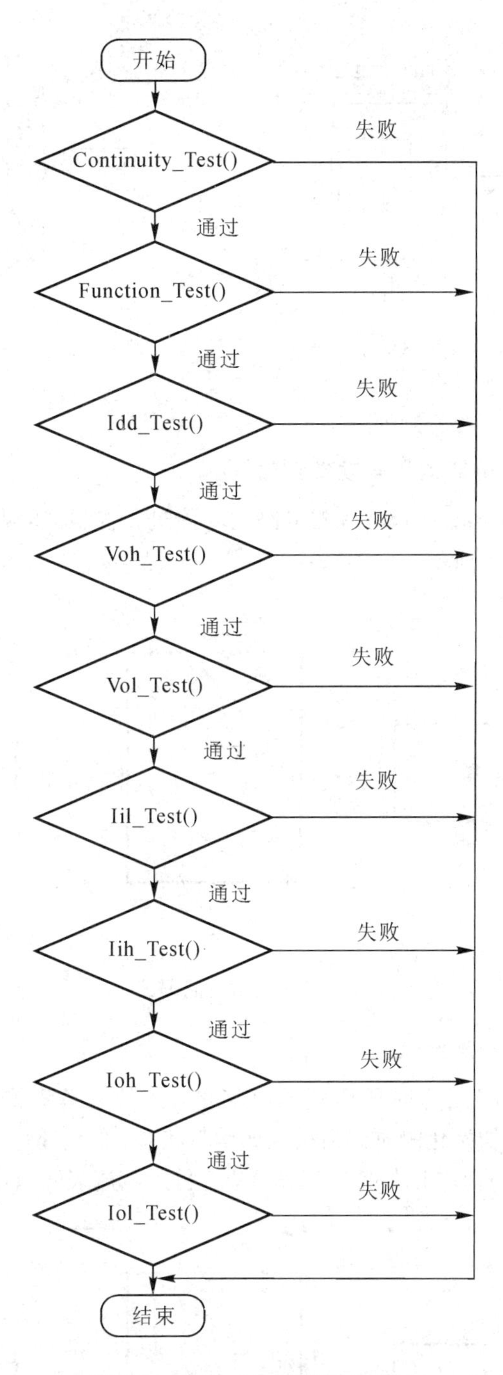

图 2.16　集成电路常规测试步骤

方法：

(1) 芯片电源脚 VDD 置 0 V，对每个引脚加入－100 μA 电流，测试每个引脚的输出电压；典型测试值为－623.5 mV，测试规范为－300 mV～－1500 mV，如图 2.17(a)所示。

(2) 芯片电源脚 VDD 置 0 V，对每个引脚加入＋100 μA 电流，测试每个引脚的输出电压；典型测试值为 585 mV，测试规范为 300 mV～1500 mV，如图 2.17(b)所示。

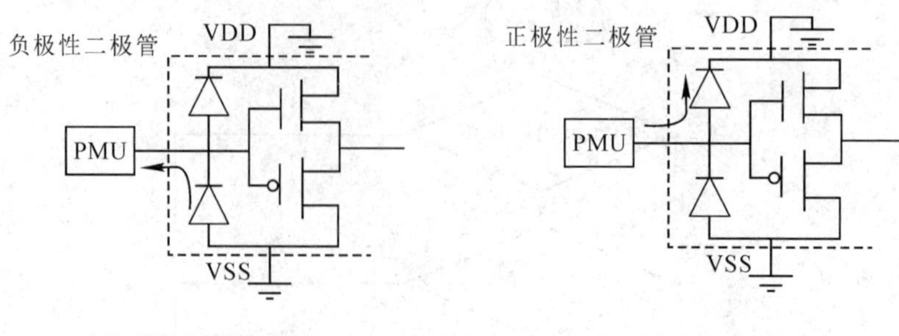

图 2.17 接触测试

2. Function_Test()(电路的逻辑功能测试)

利用测试图形(Test Pattern)对待测电路的功能进行测试，电路的电源、地之间加待测电路电源 DPS，如图 2.18 所示。

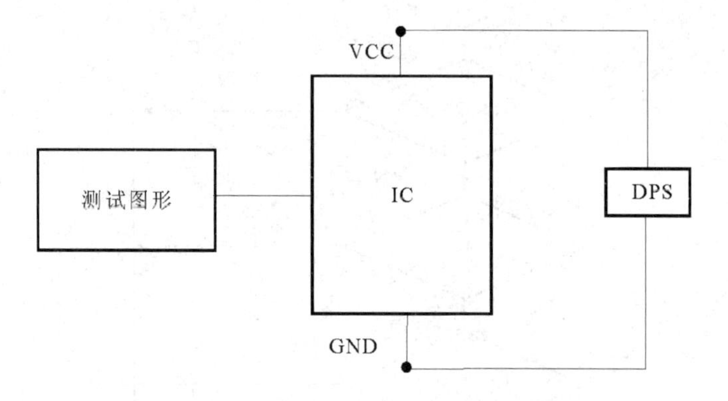

图 2.18 逻辑功能测试

3. Idd_Test()(器件电流测试)

这个项目主要测试 IC 工作时所消耗的电流量，一般有静态测量和动态测量两种。前者是让待测 IC 执行一段初始化测试码后进入无动作状态，然后用电流表测量电流值；后者是让 IC 一直循环式执行测试码，以保持在工作状态，再用电流表测量电流值，如图 2.19 所示。

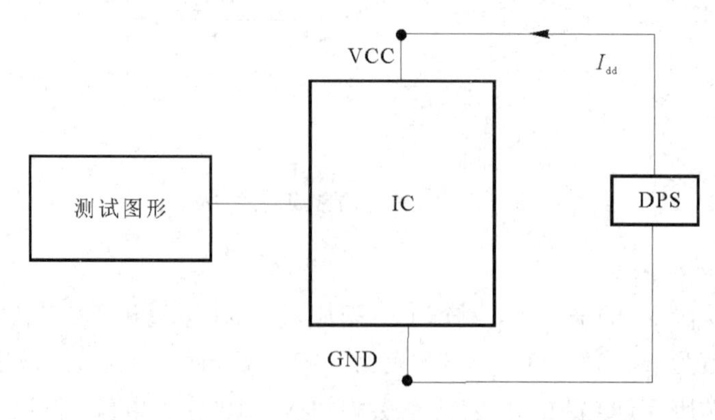

图 2.19 器件电流测试

4. Voh_Test( )(输出高电平电压测试)

这项测试目的是测量 IC 输出电压值，以确保该电路能够有效推动下一级负载。具体方法是芯片电源脚置 VDD，地脚接零电平，在电路正常工作后等待电路的输出端处于高电平状态时测试输出引脚电压值，如图 2.20 所示。

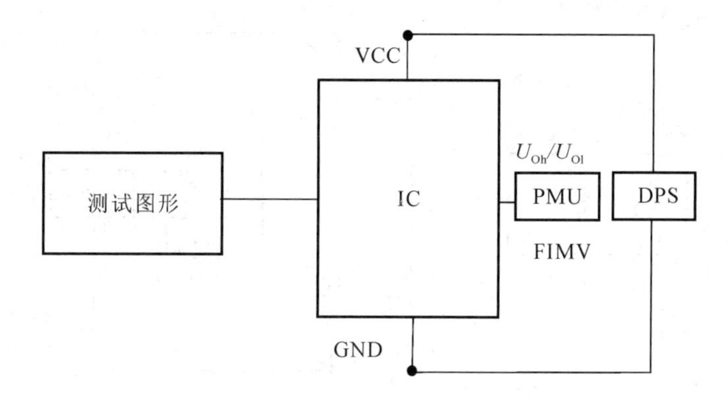

图 2.20　输出高/低电平电压测试

5. Vol_Test( )(输出低电平电压测试)

这项测试目的是测量 IC 输出电压值，以确保该电路能够有效推动下一级负载。具体方法是芯片电源脚置 VDD，地脚接零电平，在电路正常工作后等待电路的输出端处于低电平状态时测试输出引脚电压值，如图 2.20 所示。

6. Iil_Test( )(输入低电平漏电流测试)

该项目检查输入引脚低电平漏电流。测试方法是芯片电源脚置 VDD，地脚接零电平，除待测引脚外的其他所有输入引脚接 VDD，待测引脚接零电平，测试输入引脚的电流(依次对每个输入引脚进行测试)，如图 2.21 所示。

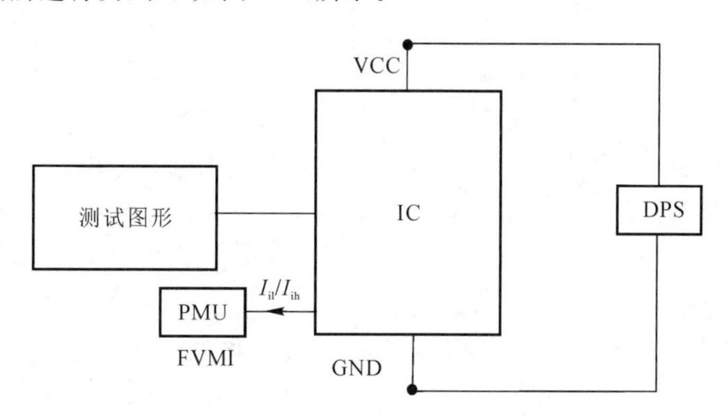

图 2.21　输入低/高电平漏电流测试

7. Iih_Test( )(输入高电平漏电流测试)

该项目检查输入引脚高电平漏电流。测试方法是芯片电源脚置 VDD，地脚接零电平，除待测引脚外的其他所有输入引脚接零电平，待测引脚接 VDD，测试输入引脚的电流(依次对每个输入引脚进行测试)，如图 2.21 所示。

8. Ioh_Test()（输出高电平驱动电流测试）

该项测试目的是测量 IC 可输出电流值，以确保该 IC 能够有效推动下一级的负载。方法是芯片电源脚置 VDD，地脚接零电平，在电路正常工作后等待电路的输出端处于高电平状态时，加特定的电压，测量输出引脚的最大驱动电流，如图 2.22 所示。

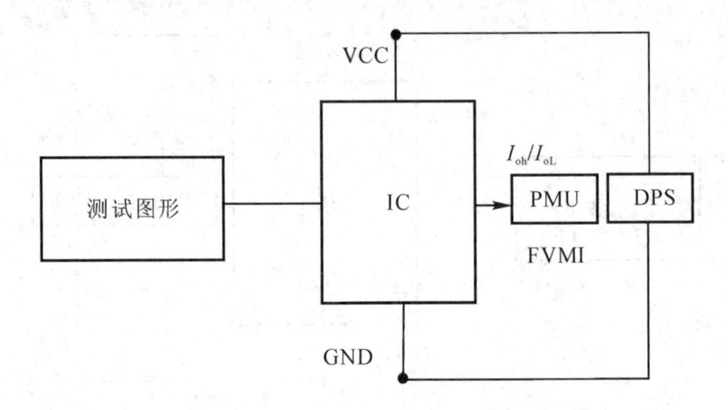

图 2.22　输出高/低电平驱动电流测试

9. Iol_Test()（输出低电平驱动电流测试）

该项测试目的是测量 IC 可输出电流值，以确保该 IC 能够有效推动下一级的负载。方法是芯片电源脚置 VDD，地脚接零电平，在电路正常工作后等待电路的输出端处于低电平状态时，加特定的电压，测量输出引脚的最大驱动电流，如图 2.22 所示。

第 3 章　集成电路晶圆测试设备

3.1　集成电路晶圆测试环境

净化室，也称为无尘车间、无尘室。净化室是指将一定空间范围内空气中的微粒子、有害空气、细菌等污染物通过空气过滤系统进行过滤，并将室内温度、洁净度、室内压力、气体流速与气体分布、噪音振动及照明、静电控制在某一范围之内而特别设计的房间，不论净化室外的空气环境如何变化，净化室内均能够维持设定的洁净度、温湿度及气压等环境参数。净化室内的洁净程度通常是通过空气洁净度等级来衡量，空气洁净度等级主要是依据每立方米空气中直径大于划分标准的粒子数量来规定的，用于半导体生产的净化室的净化级别主要包括一级、十级、百级、千级、万级、十万级、一百万级等，以上每种净化级别中每立方米空气中允许存在的颗粒数量如表 3.1 所示。

表 3.1　洁净室洁净度等级

空气洁净度等级	大于或等于表中颗粒直径的最大浓度限值(pc/m³)					
	0.1 μm	0.2 μm	0.3 μm	0.5 μm	1 μm	5 μm
1	10	2				
2	100	24	10	4		
3(一级)	1000	237	102	35	8	
4(十级)	10 000	2370	1020	352	83	
5(百级)	100 000	23 700	10 200	3520	832	29
6(千级)	1 000 000	237 000	102 000	35 200	8320	293
7(万级)				352 000	83 200	2930
8(十万级)				3 520 000	832 000	29 300
9(一百万级)				35 200 000	8 320 000	293 000

在集成电路晶圆的制造过程中，晶圆容易受到灰尘粒子、金属离子、细菌等污染物的影响而破坏集成电路表面结构，从而影响电路的电学性能。在晶圆测试过程中，由于尚未封装，晶圆表面只覆盖有一层钝化层，对外界污染物的抵抗能力有限。因此晶圆测试必须在至少为万级的净化室内进行。对净化室的洁净度控制非常重要，洁净室的洁净度控制不好，会导致室内颗粒物增加，从而影响测试时的良品率和稳定性，严重时甚至会导致探针测试卡的损坏、晶圆的报废，带来较大的损失。

工作人员是净化室内的最大的污染源，当人们说话、咳嗽、打喷嚏时，大量的颗粒被释放到环境中，人体的头发、眉毛、胡须等在运动时也会释放出大量的颗粒，这些颗粒的大小一般是微米级的。这些颗粒附着在晶圆和设备表面会使产品受到污染，因此，要控制净化室内的颗粒污染，最重要的任务是控制人体引入的污染。

为了严格控制人体引入的净化室污染，工作人员在进入净化室前首先要进行洗手，然后要穿着静化服、戴口罩、手套、发套等防护设备。在穿着净化服时要注意规范，确保没有头发漏在净化服外面，口罩严密遮住口鼻，手套覆盖住手腕皮肤等。正确的净化服着装规范如图 3.1 所示。

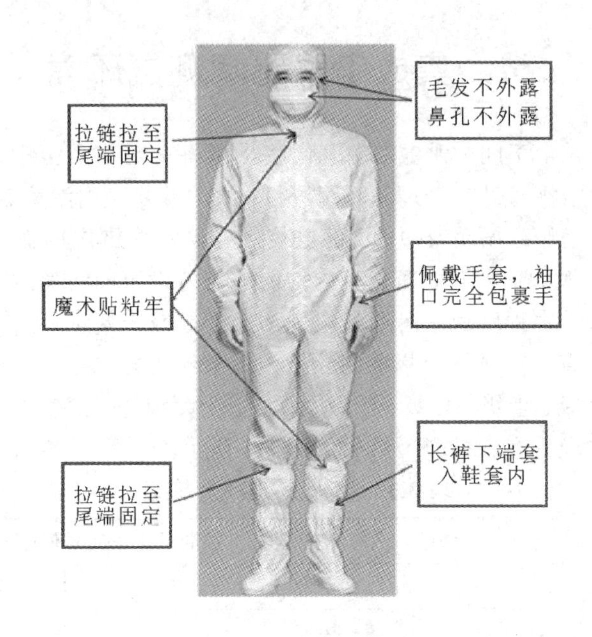

图 3.1 净化服穿戴规范

净化服穿戴完毕，再进入风淋室进行 20 s 的风淋，当人体通过风淋室时，25 m/s 以上的高风速洁净空气喷射人体表面，吹走人体表面大部分的颗粒物，确保人体进入净化室后的洁净度。进入净化室以后工作人员严格禁止使用手机；尽量减少剧烈运动；不得随意触摸工作台或倚靠在工作台上；接触晶圆产品必须使用吸笔或晶圆镊子，不得直接用手接触产品；口罩、手套每隔一段时间必须更换，净化服每天需要清洗。通过以上管控措施，可大大减少净化室内的污染物，降低晶圆在测试过程中被玷污的风险。

除了对净化室内洁净度需要严格管控以外，对净化室内工作人员的防静电保护工作同样非常重要。静电即物体表面过剩或不足的静止电荷。在日常生活中，人体表面会积累大量的静电，这些静电如果不经过处理，会对集成电路晶圆产生非常大的危害。由于集成电路中的元件尺寸面积减小，耐压降低，使得元件耐静电冲击能力减弱，因此静电放电(electro static discharge，ESD)成为集成电路的致命杀手。静电放电的电流与静电电荷量成正比，静电放电能量会击穿集成电路表面的元器件，造成不可逆性的损坏，降低集成电路晶圆测试的成品率。人体是引入静电的重要来源，例如工作人员从乙烯基的工厂地板上走过，地面和鞋子之间发生摩擦产生大量静电，或在工作中在工作台上自然移动摩擦也会产生大量静电，这些静电可高达几千伏，若得不到及时处理，非常容易损坏集成电路。因此，作为主要的 ESD 危害来源，所有进入晶圆测试车间的工作人员必须佩戴防静电腕带，确保腕带接地良好，穿上特制的防静电净化服，防止人体表面静电积累。测试车间内的工作台、测试设备等也必须接地，防止 ESD 发生。车间内待测和已测的集成电路晶圆，必须严格采用防静电材料进行包装保护。

综上所述，集成电路晶圆测试车间的洁净度管理和防静电管理在整个晶圆测试的工艺过程中非常重要。没有净化室，就无法进行生产，如果净化室内的洁净度管理控制不好，会导致晶圆的失效或报废；防静电管理不好，也会导致晶圆的失效或报废，带来严重的经济损失。所以一定要高度重视晶圆测试环境晶圆测试车间的洁净度管控和防静电管控工作。

3.2　自动测试机简介

自动测试机(automatic test equipment，ATE)的基本功能是驱动输入和监控被测设备(device under test，DUT)的输出。ATE 对 DUT 施加测试向量，并分析来自 DUT 的响应，同时判断 DUT 上的产品是否合格。ATE 一般由三个部分组成：上位机、主机、测试探头。上位机一般为一个中央 UNIX 工作站或 PC 机，上位机是用户操作 ATE 的界面，测试工程师可以在上位机上使用 ATE 开发商提供的软件工具调试测试程序，在生产过程中，测试人员可以使用上位机控制 ATE 的运作。主机内部主要包括电源、测试设备以及一个或多个 CPU。电源负责给 ATE 的测试设备以及上位机供电，测试设备则提供测试向量并对测试响应进行分析，ATE 内置的一个或多个 CPU 用以提供独立的测试功能，以减少上位机的压力。ATE 还包含一个或多个测试探头，每一个测试探头均包含独立的 DUT 测试缓存器，测试探头通过连接外部测试分选设备，例如探针台或分选机等，使自动测试机可以实现对晶圆或成品 IC 的自动化测试。接下来以 CTA8280 工业级测试机和 LK8820 集成电路开发教学平台为例，介绍一下 ATE 的结构。

3.2.1　CTA8280 测试系统

CTA8280 为杭州长川科技推出的，以测试量产 IC 产品为目标的高性能集成电路测试机，可适应于 IC 的晶圆测试以及成品测试。CTA8280 测试系统是由工控机、主机、DUT 盒、测试终端接口、GPIB 接口等几部分构成，CTA8280 测试机的外观如图 3.2 所示。

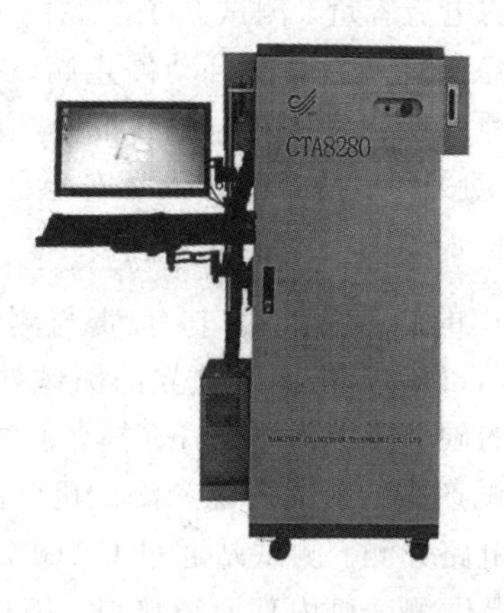

图 3.2　CTA8280 测试机外观

CTA8280 测试机由不同的电源模块和信号模块组成，可以根据用户产品测试的实际需求选择合适的模块，各电源模块和信号模块在主机内部可自由插入槽位，插入后软件会自动识别并加以控制，测试机开机后可以通过操作软件查看系统的实际配置情况，CTA8280 测试机内部结构及模块组成如图 3.3 所示。

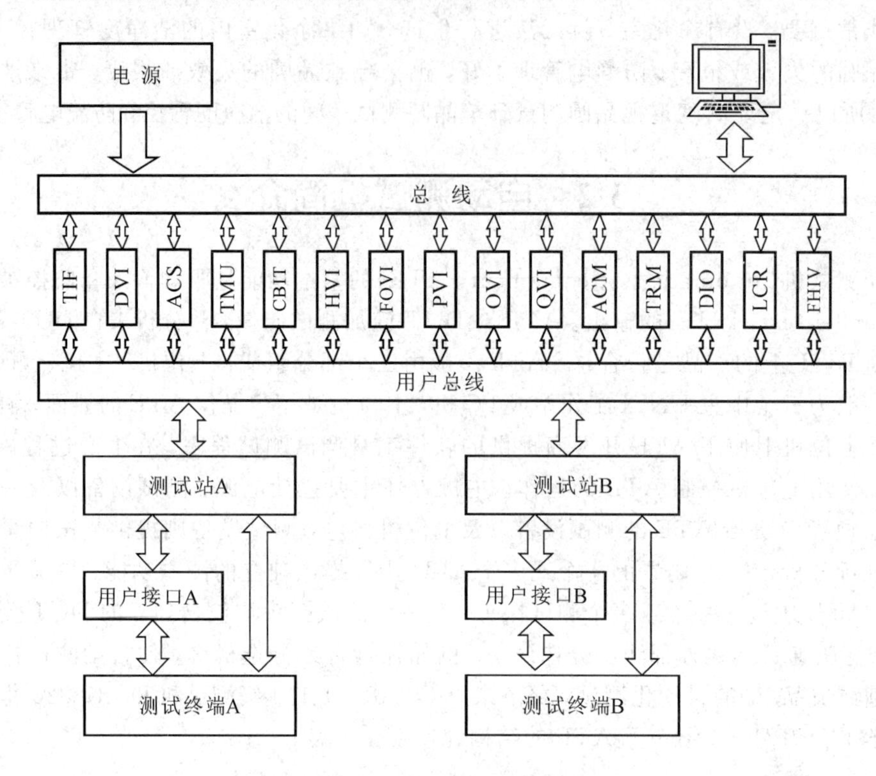

图 3.3 CTA8280 测试机内部结构

接下来简单介绍一下 CTA8280 测试系统内部的主要单元以及常用模块。

1. 电源单元

CTA8280 测试系统内置专用电源，可为测试机提供±5 V、±12 V、±15 V、±24 V、±55 V 直流电源，最大 40 A 的电流容量。测试系统电源由上位机的软件打开，主机上配有的复位按钮，可在必要时紧急关闭电源，并自动停止测试。电源还设有自动保护功能，当电源出现过载或输出短路时系统会自动关闭电源并报警，当作业人员违规带电插拔测试机中的 PCB 板时，系统也会自动关闭电源以保护人身安全。

2. 测试站

测试站是测试机提供给用户的测试总线接口，负责与测试主机内部各测试模块相连，提供用户不同的测试功能。CAT8280 提供两个独立的测试站，分别被称为测试站 A 和测试站 B，A 站 B 站共享测试机的硬件资源，可按需选择各自的测试产品进行测试。在同一个测试站中，用户可根据被测试产品的所需资源和测试机已配有的硬件资源，选择多个电路并行测试，最多可设计 8 个电路并测。测试站通过 CABLE 线与 DUT 盒相连，DUT 盒上配有 6 个 96 芯插座为用户提供测试机内部资源接口，用户可根据这些资源设计测试总线，方便管理 DUT 卡的开发设计。

3. TIF 测试接口模块

TIF 测试接口模块主要用于完成测试终端间的信息传递以及系统模拟量的数据采集工作，测试机内部至少需要配置一块，该模块可提供高精度模拟电压测量单元，可实现对测试系统的模拟信号采集，通过软件对测量模式的选择，可测量单端信号、差分信号。

4. DVI 双路电压电流源模块

DVI 单元有两路完全独立的电压电流源，可提供精密四象限恒压、恒流、测压、测流通道。DVI 单元可提供的电压的范围为－50 V～＋50 V，电流最大范围为－2 A～2 A，DVI 模块的主要技术指标如表 3.2 所示。

表 3.2　DVI 模块主要技术指标

模块通道数	2
最大配置模块数	8
电源工作方式	四象限：PV＋、PV－、PI＋、PI－
测量工作方式	四象限：MV＋、MV－、MI＋、MI－
电压范围	±50 V
电流范围	±2000 mA
电压量程(自动选择)	±50 V、±25 V、±10 V、±5 V、±2.5 V、±1 V
电流量程(自动选择)	±2 A、±1 A、±400 mA、±100 mA、±50 mA、±20 mA、±10 mA、±5 mA、±2 mA、±1 mA、±100 μA、±10 μA
驱动分辨率	16 bit
测量分辨率	16 bit
电压电流钳位分辨率	16 bit
电压驱动精度	±0.05%
电流驱动精度	±0.1%
电压测量精度	±0.05%
电流测量精度	±0.1%
电压钳位精度	±0.25%
电流钳位精度	±0.25%

5. TMU 四路时间测量模块

TMU 模块有四路独立的时间测量单元，时间测量单元设有输入阻抗匹配、触发电平设置、测量时钟设置、测量模式设置等功能，可测量信号的频率、周期、高电平宽度、低电平宽度、上升沿时间、下降沿时间等参数，时间测量的最高分辨率为 100 pS。TMU 模块的主要技术指标如表 3.3 所示。

表 3.3 TMU 模块主要技术指标

模块通道数	4
最大配置模块数	2
输入信号电压范围	±10 V～±50 V
输入阻抗	50 Ω～1 MΩ
触发电平范围	±10 V～±50 V
触发电平分辨率	16 bit
输入信号频率范围	0.1 Hz～10 MHz
时间测量精度	2 ns
测量分辨率	100 ps
计数时钟	100 MHz
触发电平精度	0.4%(10 V)，0.5%(50 V)

3.2.2 LK8820 测试机

LK8820 测试机是由杭州朗迅科技有限公司研发并推出的面向集成电路教育的工业级集成电路测试教学仪器。该测试机由控制系统、接口与通信模块、参考电压与电压测量模块、四象限电源模块、数字功能引脚模块、模拟功能模块、模拟开关与时间测量模块组成，可实现集成电路芯片测试、板级电路测试、电子技术学习与电路辅助设计。通过本教学仪器进行典型集成电路芯片测试以及应用电路的设计，电路板的焊接和调试，培养学生的实践应用能力，该设备操作界面友好，适合于高职院校使用。

LK8820 测试机由不同的电源模块和信号模块组成，可以根据用户产品的实际测试需求选择适合的模块及数量，各模块在机架内插入槽位不受限制，插入后软件自动识别并加以控制，LK8820 测试机内部结构及模块组成如图 3.4 所示。

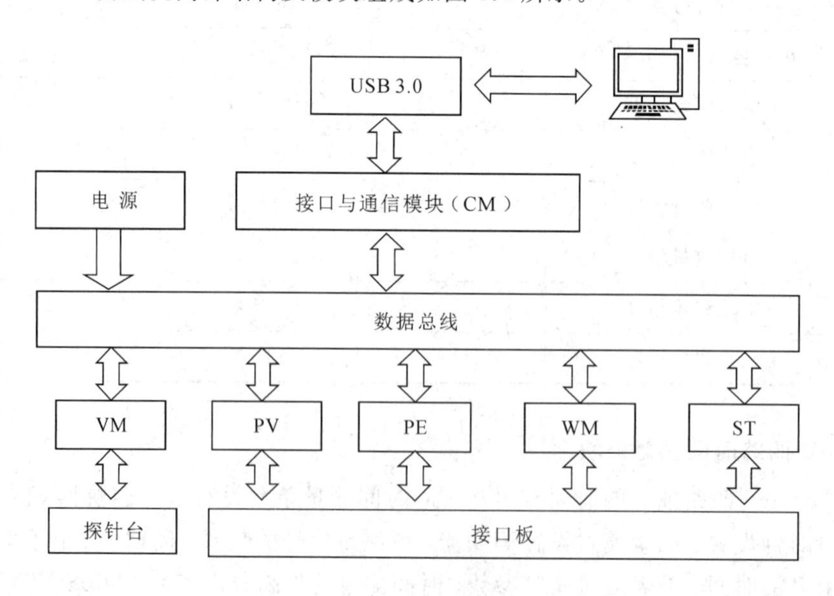

图 3.4 LK8820 测试机内部结构

接下来简单介绍 LK8820 测试机内部的主要单元以及常用模块。

1. LK8820 测试机电源

LK8820 测试机电源是经过专门设计的专用电源，为测试机提供+5 V、+12 V、±24 V、±36 V 等电源，电源开启时短时交流电流会达到 25 A～30 A，因此桥架上开关电流容量至少 40 A。

LK8820 测试机电源完全由测试机软件控制和监控，并具备以下特性：

(1) 由测试机软件打开和关闭电源；

(2) 测试机软件退出时自动关闭电源；

(3) 按动面板上的复位按钮时可紧急关闭电源，并自动停止测试；

(4) 电源出现过载或输出短路时自动关闭电源，并报警；

(5) 电源交流输入断电时自动关闭电源，并报警；

(6) 带电插拔测试机中的 PCB 板(严禁这样操作)时，自动关闭电源；

(7) 电源自动关闭并报警后，需要按动面板上的复位按钮才能重新开启电源。

2. 接口与通信模块(CM)

接口与通信模块(简称 CM 板)，可完成数据通信、电源状态指示、LED 灯控制、软启动继电器控制等功能。CM 板的主要技术指标如表 3.4 所示。

表 3.4　CM 板主要技术指标

参数名称	技 术 指 标
通信方式	USB3.0
电源指示	6 路电源指示灯
接口	LED 灯控制接口、电源控制接口

3. 参考电压与电压测量模块(VM)

参考电压与电压测量模块可提供四个参考电压，四个参考电压可通过程序设定，分别为输入高电平(VIH)、输入低电平(VIL)、输出高电平(VOH)、输出低电平(VOL)。具备电压测量功能，测量范围－30 V～+30 V。VM 板的主要技术指标如表 3.5 所示。

表 3.5　VM 板主要技术指标

参数名称	技术指标
参考电压范围	－10 V～+10 V
参考电压精度	±10 mV
参考电压分辨率	16 bit
驱动电平	U_{IH}、U_{IL}
比较电平	U_{OH}、U_{OL}
电压测量范围	－30 V～+30 V
电压测量精度	±0.05%
电压测量分辨率	16 bit
分选机接口	TTL 电平

4. 四象限电源模块(PV)

四象限电源模块可输出四路电压电流源，提供精密四象限恒压、恒流、测压、测流通道。电压最大范围－30 V～＋30 V，电流最大范围－500 mA～＋500 mA。可根据用户需求扩展至两个四象限电源模块(8 通道)，用于满足 64 脚以下芯片测试需求。PV 板的主要技术指标如表 3.6 所示。

表 3.6 PV 板主要技术指标

参数名称	技术指标
模块通道数	4
最大配置模块数	2
电源工作模式	四象限：PV＋、PV－、PI＋、PI－
测量工作模式	四象限：MV＋、MV－、MI＋、MI－
电压范围	－30 V～＋30 V
电流范围	－500 mA～＋500 mA
电流挡位	1 μA、10 μA、100 μA、1 mA、10 mA、100 mA，500 mA
电压驱动精度	±0.05%
电流驱动精度	±0.1%
驱动分辨率	16 bit

5. 数字功能引脚模块(PE)

数字功能引脚模块是实现数字功能测试的核心，能给被测电路提供输入信号，测试被测电路的输出状态。数字功能引脚模块提供 16 个引脚通道，可根据用户需求扩展至 4 个数字功能引脚模块(64 通道)，用于满足 64 脚以下芯片测试需求。PE 板的主要技术指标如表 3.7 所示。

表 3.7 PE 板主要技术指标

参数名称	技术指标
模块通道数	16
最大配置模块数	4
驱动电平	U_{IH}、U_{IL}
比较电平	U_{OH}、U_{OL}
驱动电压范围	－10 V～＋10 V
比较电压范围	－10 V～＋10 V
PMU 通道	8

6. 模拟开关与时间测量模块(ST)

模拟开关与时间测量模块功能主要有 16 个用户继电器、128 个光继电器矩阵开关、1 kHz～1 MHz 用户时钟信号、TMU 测试功能。可根据用户需求扩展至两个模拟开关与时间测量模块，用于满足 64 脚以下芯片测试需求。ST 板的主要技术指标如表 3.8 所示。

表 3.8　ST 板主要技术指标

参数名称	技 术 指 标
最大配置模块数	2
模拟开关	8×16 光继电器矩阵开关
用户继电器	16
用户时钟信号	1 kHz～1 MHz
TMU 通道数	1
输入信号电压范围	−10 V～+10 V
输入阻抗	50 Ω/1 MΩ
触发电平范围	−10 V～+10 V
触发电平精度	0.4%
触发电平分辨率	16 bit
时间测量精度	20 ns
测量分辨率	10 ns
计数时钟	100 MHz

7. 模拟功能模块(WM)

模拟功能模块是测试机实现交流信号测试的，主要功能是提供交流信号输出与交流信号测量功能，可输出波形有正弦波、三角波、锯齿波，能测量交流信号的有效值、总谐波失真度。WM 板的主要技术指标如表 3.9 所示。

表 3.9　WM 板主要技术指标

参数名称	技 术 指 标
模块通道数	两路信号源、两路交流表
最大配置模块数	2
交流输出波形	正弦波、三角波、锯齿波
交流驱动分辨率	16 bit
交流驱动精度	±0.1%
偏置电压范围	−10 V～+10 V
交流最大峰-峰值	+20 V
交流输出滤波器	LPF(10 kHz)、LPF(100 kHz)、ALL PASS
测量信号种类	交流信号有效值、总谐波失真度
测量量程	−10 V～+10 V
测量采样点	10～1024
低速采样速率	100 kHz
低速采样分辨率	16 bit
低速采样精度	±0.05%

续表

参数名称	技 术 指 标
低速偏置电压范围	−10 V～+10 V
高速采样速率	10 MHz
高速分辨率	12 bit
高速精度	±0.2%

3.3　探针台、探针卡简介

(1) 探针台(wafer prober)是 ATE 对集成电路芯片进行测试时用于移动晶圆的机械装置。在晶圆测试准备前，探针台与晶圆探针卡(prober card)相连，晶圆则放置在探针卡下方的工作台上，同时确保探针卡上的探针与晶圆表面 Pad 接触良好。在进行晶圆测试时，当探针台监测到探针卡与芯片 Pad 接触良好时，探针台会发送信号告知 ATE 已做好测试准备，然后 ATE 会进行一系列的电学参数测试，当晶圆上的一颗芯片完成电学参数测试以后，ATE 会发出指令要求探针台移动晶圆，以便测试下一颗芯片。ATE 和探针台之间的通信协议保证 ATE 只会在芯片位置正确以后才会开始进行测试，同时也确保探针台不会在测试时移动晶圆。

目前业界常见全自动探针台品牌有 TSK、TEL。TSK 代表机台有 UF200SA 等，TEL 代表机台有 P8 等。TEL P8 探针台如图 3.5 所示，TEL P8 探针台能在特定的设定下按照规定的行程进行移动，XY 轴采用低惯性步进电机，在运行过程中极大地减少了误差，Z 轴行程可达 95 mm 精度控制在 2 μm 内，极大地保证了针压的稳定性；它的载片台能承载厚度在 180 μm～1000 μm 的 4 英寸～8 英寸晶圆，单 SITE(管芯/芯片)尺寸可测范围在 300 μm～76 000 μm，即最小尺寸 300 μm×300 μm；机器本身最多能容下两个晶舟盒(每个晶舟盒能容载晶圆 25 片)，共 50 片晶圆；台盘可选配可控变温功能，温度范围在−10℃～+150℃，能满足一些特定要求的测试。P8 探针台拥有先进的视觉系统，在特定的设置下它能够自动调节灯光镜头焦距找到特征点，并确定晶圆芯片的位置生成坐标，自动生成圆片的 MAP 图，计算出待测芯片的数量。后续可根据实际要求对 MAP 图进行修改。

图 3.5　TEL P8 探针台

(2) 探针卡是连接晶圆和探针台的重要装置，一种常见的探针卡如图 3.6 所示。探针卡主要由印刷电路板(printed circuit board，PCB)、探针、固定环组成，PCB 板主要用于承载探针，为确保探针针距不发生较大位移，根据应用环境选用不同的材料，包括金属片、陶瓷片、环氧树脂等将探针固定于 PCB 上，该固定材料称为固定环。探针卡一般可分为刀片式探针卡、环氧树脂探针卡、垂直探针卡三大类，针对不同的应用需求，选择合适的探针卡非常重要。

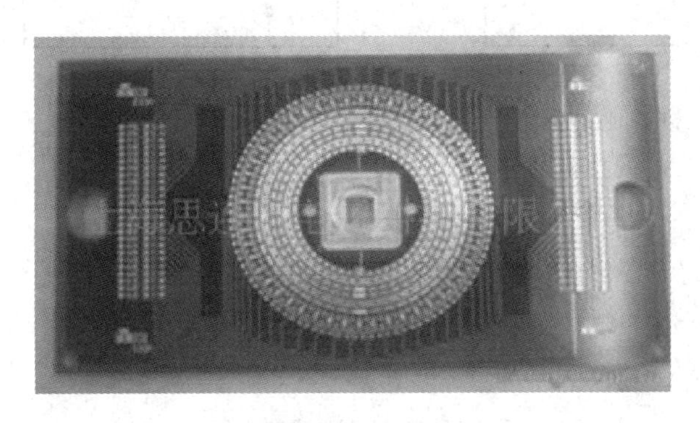

图 3.6　探针卡

3.4　辅助测试仪器简介

在集成电路晶圆测试生产过程中，当测试仪出现故障或未及时校准的时候，晶圆的测试参数往往会存在偏差，这个时候就需要用到一些辅助测试仪器对晶圆的测试参数进行校验，以确保测试结果的准确性。目前晶圆测试生产过程中常用的辅助仪器有示波器以及高精度数字万用表，接下来对这两种测试仪器进行简单介绍。

3.4.1　示波器

示波器是能够把电信号的变化规律转换成可直接观察其波形的电子仪器，并且根据信号的波形可对信号的多种参数进行测量，例如信号的电压幅度、周期、频率、相位差、脉冲宽度等。

示波器可分为模拟示波器和数字示波器，模拟示波器一般用于测试要求实时显示并且变化很快的信号，而数字示波器一般用于测试周期性较强的信号。数字示波器内置的 CPU 或者专门的数字信号处理器可以处理分析信号，并可以保存波形等，对信号的分析处理有很大的帮助，随着数字技术的不断发展，数字示波器的性能不断提升，因此，目前数字示波器被广泛应用于工业生产以及教学科研过程中，成为示波器中的主流产品。

数字示波器的工作原理如图 3.7 所示，当示波器的探头接到待测电路上时，探头对信号进行采样，垂直系统控制调整采样信号的衰减和放大，接着在采样系统中对信号进行模拟-数字转换，将连续的模拟信号变成离散的点，在这个过程中，水平系统的时基决定了采样率的水平，例如某数字示波器的最大采样速率为 5 GSa/s，说明该示波器的最快每秒钟采样 5×10^9 数据点，这些经过采样量化的波形点被保存到存储器中，存储波形点的长度，通常称为存储长度。触发系统决定了存储器中波形点的开始和结束点的位置，存储器里面的波形最终传送到显示系统中进行显示。

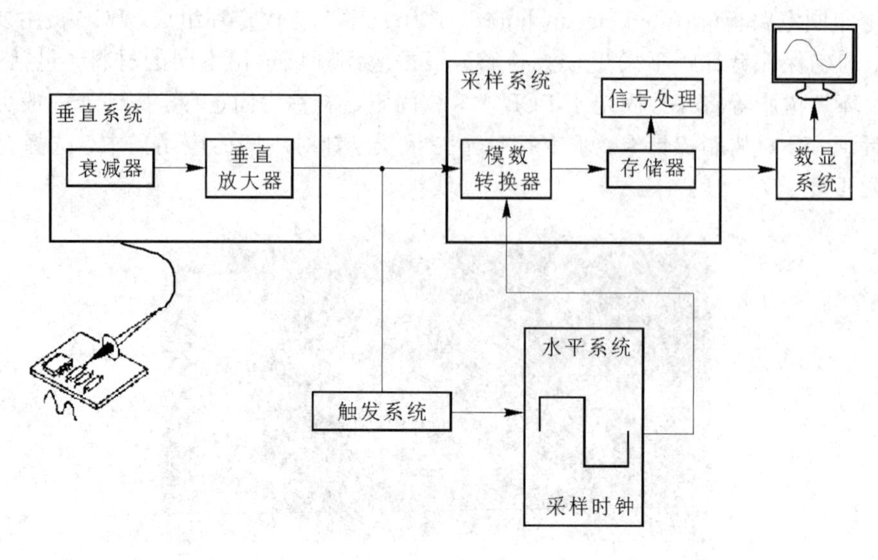

图 3.7 数字示波器工作原理

一种常见的数字示波器的功能面板如图 3.8 所示，该功能面板主要可分为四个部分：垂直控制、水平控制、触发控制以及功能按键。垂直控制功能主要包括调整波形沿垂直方向移动、调节垂直方向基本电压挡位。水平控制功能主要包括调整波形沿水平方向移动、调节水平方向基本时间挡位。触发控制功能可以自由选择自动、正常、单次等不同的触发方式，同时为了使输出波形能够稳定显示，可调节触发电平旋钮来调节触发电平值，使触发点处在波形显示范围内。而功能按键区域主要包括显示通道选择按键、屏幕拷贝功能按键、自动测量按键、数据存储和调出按键、采样方式设置按键、运行控制按键等常用功能按键。

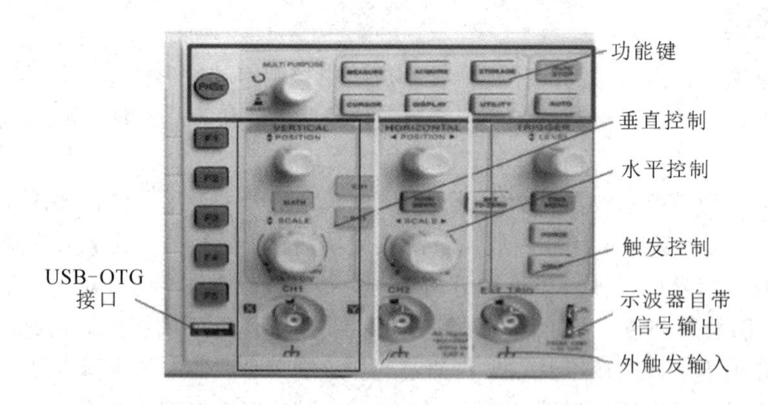

图 3.8 数字示波器功能面板

3.4.2 数字万用表

数字万用表是一种将所测得的电压、电流、电阻、电容、二极管正向导通压降等模拟量转换为数字量，由液晶显示面板显示测量值的数字化测量仪表，随着微电子技术和数字技术的迅猛发展，数字万用表已取代传统的指针式万用表，被广泛运用于工业生产、科研活动过程中。

数字万用表的基本结构如图3.9所示，数字万用表工作时，测量表头将输入信号进行模数转换，并经过译码、驱动电路，最后在液晶屏中显示出测量的值。由于集成电路的性能参数测试要求非常精确，因此在集成电路晶圆测试过程中使用的为高精度的台式数字万用表，如图3.10所示。该万用表相较于市面上常见的手持式万用表，具有精确度高、电流电压量程范围大、频率响应快等优势。以目前常用的一款GDM－8341台式数字万用表为例，该万用表的DCV精确度高达0.012％，最大测量电流范围为10 A，最大测量电压范围为1000 V，频率响应为100 kHz。

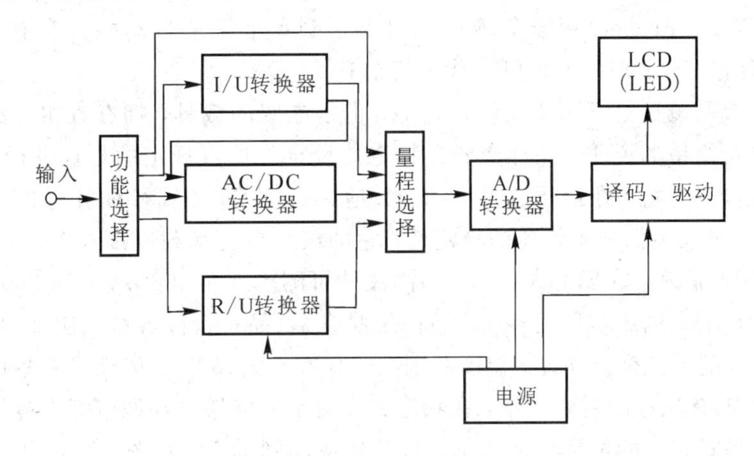

图3.9　数字万用表结构

图3.10　高精度台式数字万用表

数字万用表在集成电路晶圆测试过程中，主要使用其直流电压测试功能测试芯片的输出电压，并将该电压值与测试机测试出的电压值进行比对，从而确认测试机的测试值是否精确。

第 4 章　集成电路晶圆测试操作规范

4.1　探针台操作简介

探针台(Wafer Prober)用于集成电路晶圆测试，常见全自动探针台有 TSK、TEL。TSK 代表机台有 UF200SA 等，TEL 代表机台有 P8 等。

探针台是晶圆测试必不可少的设备之一，也是晶圆的载具，拥有着相当高的精度，现对 TEL P8 进行简单的说明。探针台能在特定的设定下按照规定的行程进行移动，其 XY 轴采用低惯性步进电机，在运行过程中可极大地减小误差，Z 轴行程可达 95 mm，精度控制在 2 μm 内，极大地保证了针压的稳定性；它的载片台能承载厚度在 180 μm～1000 μm 的4 英寸～8英寸晶圆，单 SITE(管芯/芯片)尺寸可测范围在 300 μm～76 000 μm，既最小尺寸 300×300 μm；机器本身最多能容下两个晶舟盒(晶舟盒能容载晶圆 25 片)，共 50 片晶圆；台盘可选配可控变温功能，温度范围在－10℃～＋150℃，能满足一些特定要求的测试。P8 探针台拥有先进的视觉系统，在特定的设置下它能够自动调节灯光镜头焦距找到特征点，并确定晶圆芯片的位置生成坐标，自动生成晶圆的 MAP 图，计算出待测芯片的数量。后续可根据实际要求对 MAP 图进行修改。

下面介绍 P8 探针台的日常使用操作流程。

目前常见的 P8 探针台支持两种电压标准：交流 110 V 和交流 220 V，机台背面电源开关上面有提示，使用前需要看清楚，由交流 220 V 供电的设备可接市电，由交流 110 V 供电的设备需采用 220 V 转 110 V 变压器后使用。确保电源接好后，将机台背后电闸合上，等待几秒，探针台正面绿色电源指示灯亮起，如图 4.1 所示。然后按下开机按钮(ON)，屏幕会随着几声滴滴声后逐渐亮起，等待机台加载系统，如图 4.2 所示。系统加载完成后弹出“Initial Selections”界面，如图 4.3 所示，点击“Initialize”系统初始化按钮，等待探针台对每个零部件进行自检回零点作业，自检结束弹出“Main Menu”主页面，如图 4.4 所示。

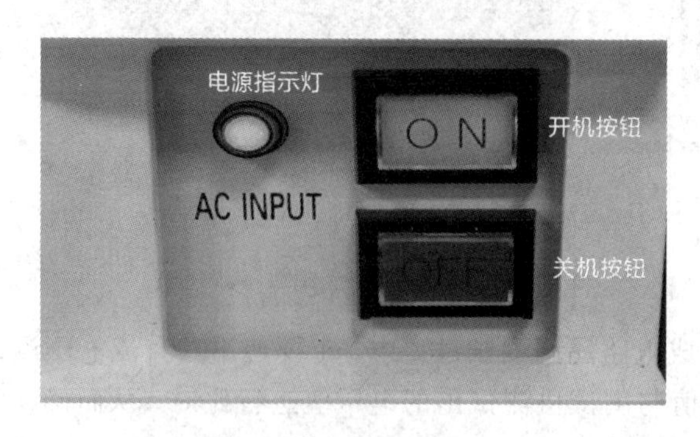

图 4.1　TEL P8 探针台开机按钮

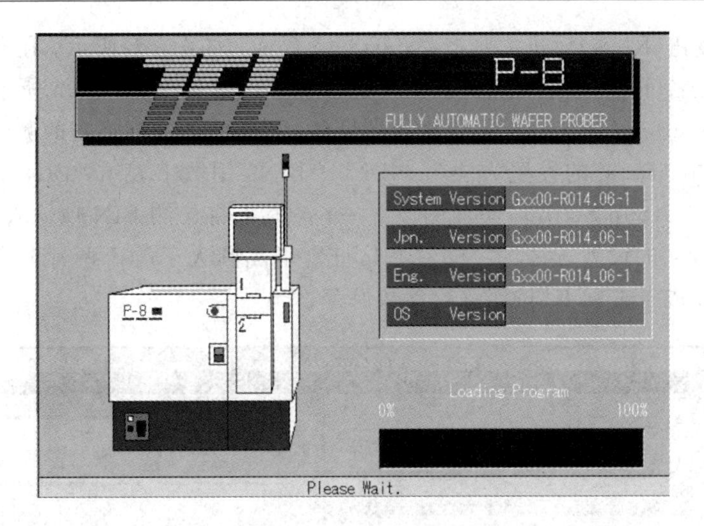

图 4.2　TEL P8 探针台加载系统界面

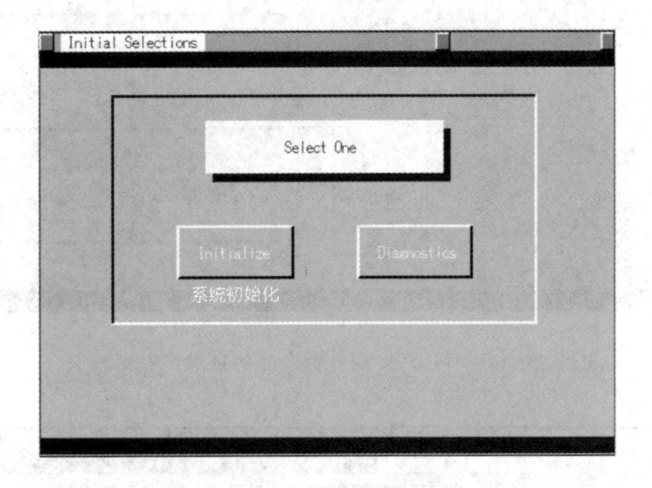

图 4.3　TEL P8 探针台系统初始化界面

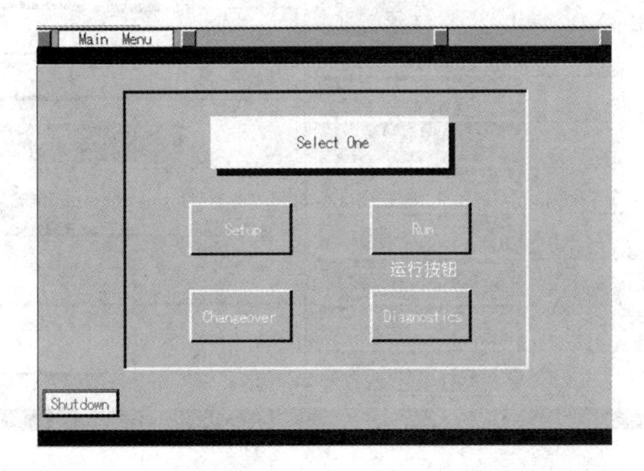

图 4.4　TEL P8 探针台主界面

点击运行按钮(RUN)后进入到产品信息录入界面，如图 4.5 所示。在左侧选项栏中选择待测产品流程名(Device)后，点击右侧按钮“Set Lot”，进入如图 4.6 所示的批号信息录入界面。在“Cassettel LotName”位置输入批号名，再在右侧选择适当的测试模式，如图4.7所示。“Desig BIN Data”的设置方法为：BIN0～BIN9 用数字表示，BIN10 之后用字母表示，需要与“BIN Group Setting”里面的设置一一对应，将待测 BIN 项输入对应位置即可。“Additional Tests”的设置方法为：机台上晶舟盒里晶圆大于等于两片时即可设置，如图4.8所示，设置完成点击“OK”按钮进行参数保存。

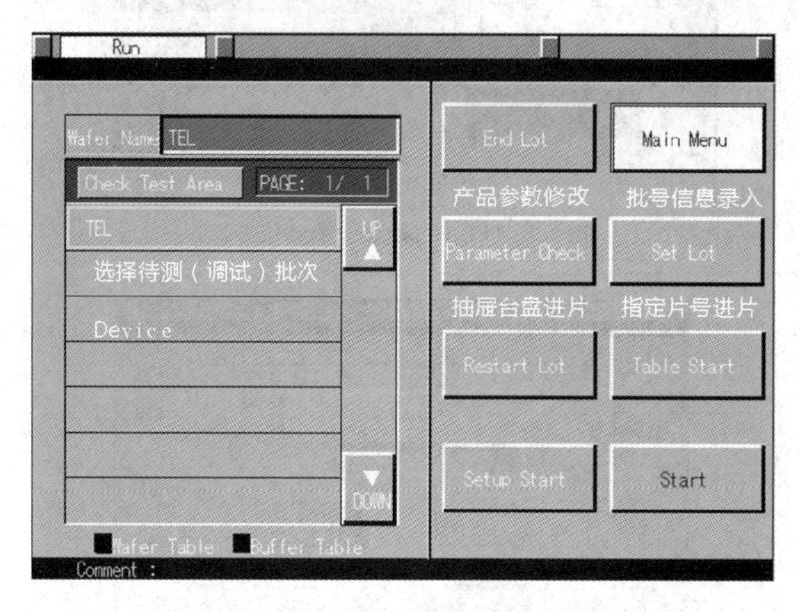

图 4.5　TEL P8 探针台产品信息录入界面

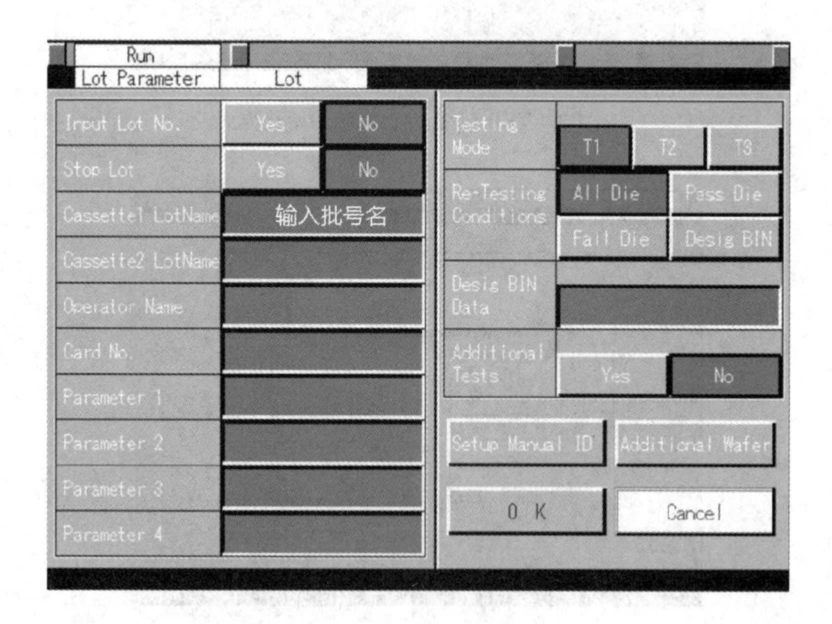

图 4.6　TEL P8 批号信息录入界面

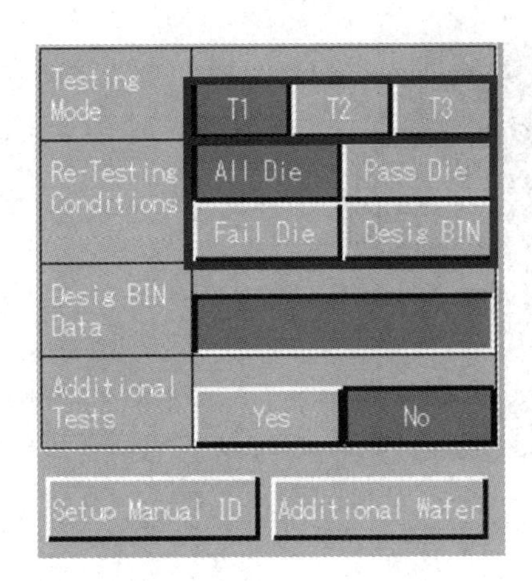

- Testing Mode: 测试模式选择，默认为 T1。
- Re-Testing Conditins:All Die 为测试全部芯片，默认设置；Pass Die 为测试好的芯片，即测良品；Fail Die为测试坏的芯片，即测坏品;Desig BIN 为指定BIN项测试。
- Desig BIN Data：指定BIN项设置。
- Additional Tests：指定片号的测试，如需使用,将按钮Yes按下，点击Additional Wafer进行待测片号的选择。

图 4.7　TEL P8 测试模式选择界面

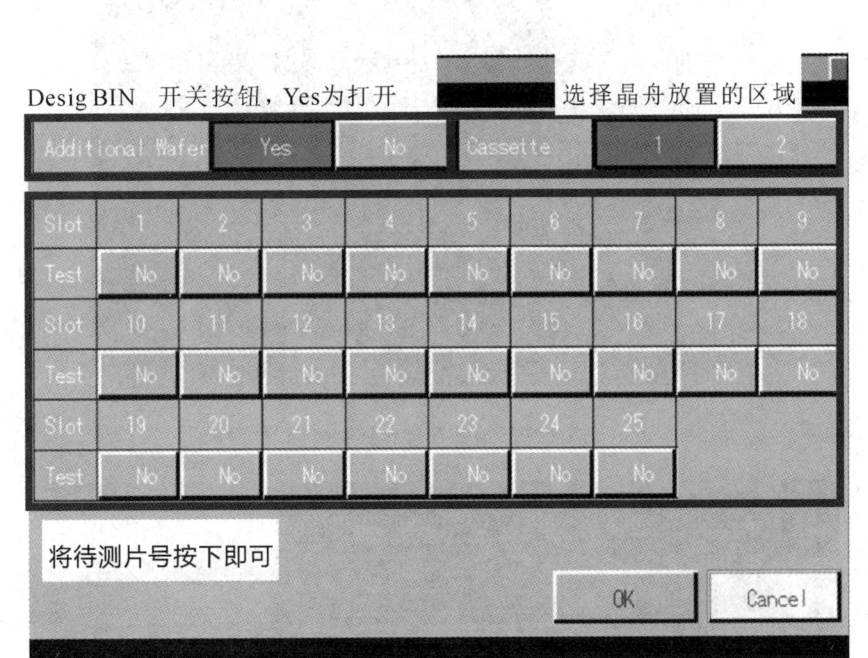

图 4.8　TEL P8 Additional Tests 设置界面

输入确认后，点击“OK”按钮将弹出窗口询问：“Is it OK to change the setting value?”点击“Yes”按钮回到“RUN”界面。在“RUN”界面也可点击“Restart Lot”选择指定片号进入，参数选择完毕后，点击“Start”按钮进行进片作业。载片台摄像头会自动升起寻找探针卡针尖，找不到针尖会自动报错。此时看好探针卡方向，取下探针卡保护盖板，将探针卡装入探针台，如图 4.9 所示。将绿色光标移到第一根针的针尖处，并按“OK”按钮，如图 4.10 所示。探针台自动找到针尖后，会自动移动到第二根针的针尖处，重复第一根针的步骤直到完成自动对针动作。完成对针后，晶圆经过机械手臂被送到载片台上，系统做晶圆扫描动作。做完扫描动作后，探针台会出现“Stopped at Refere Die”提示按“OK”按钮，上片完成，如图 4.11 所示。点击“Contact Check”进入接触检查界面，如图 4.12 所示。

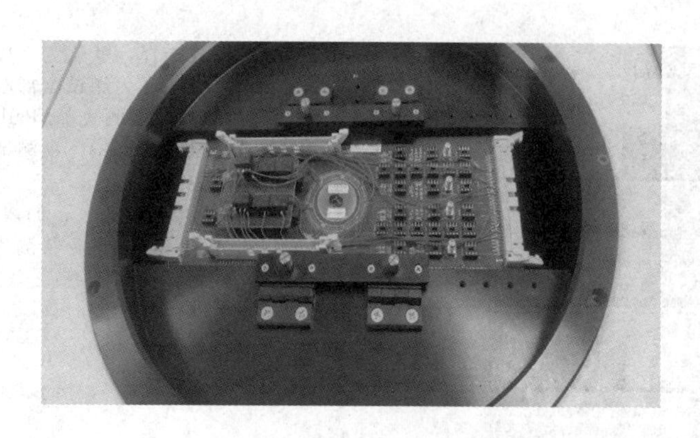

图 4.9　探针卡装入探针台

图 4.10　探针台寻找针尖界面

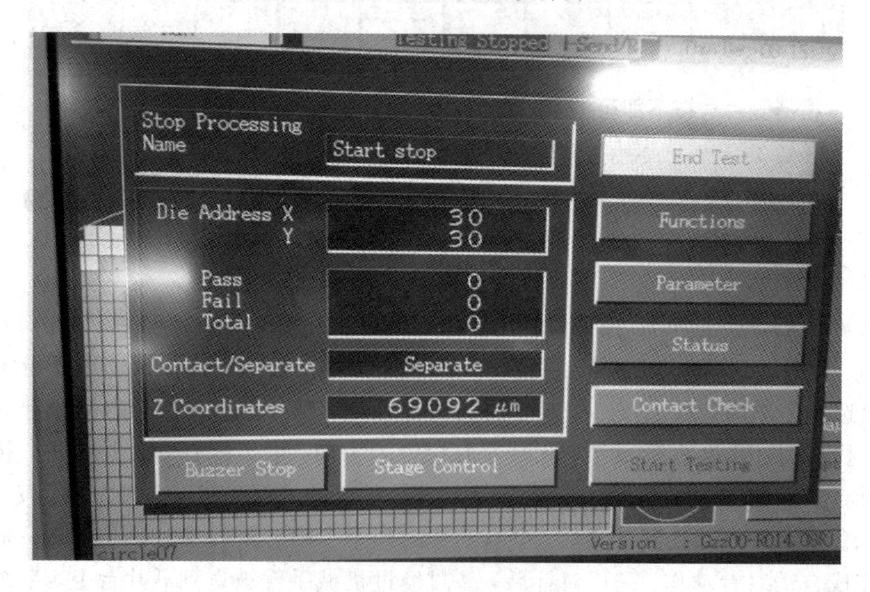

图 4.11　上片完成界面

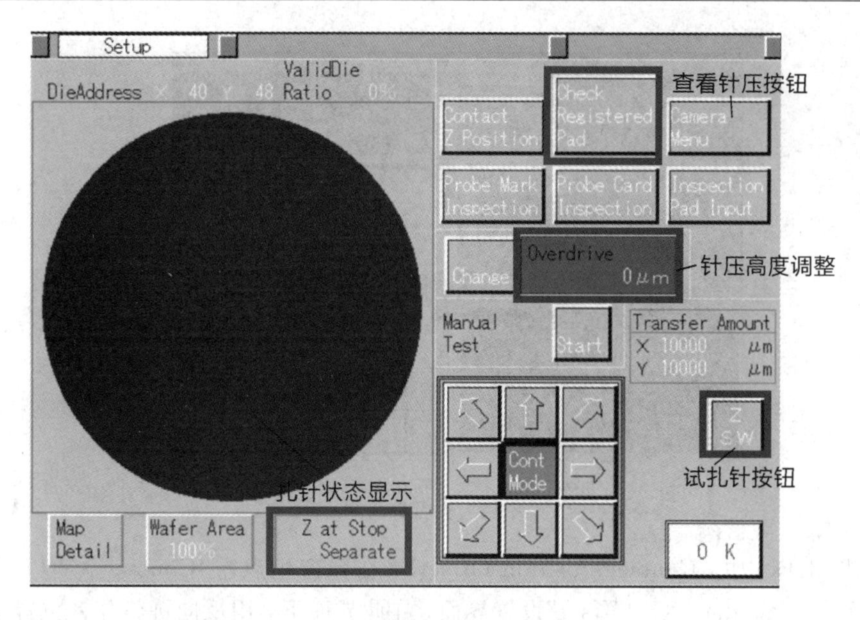

图 4.12　接触检查界面

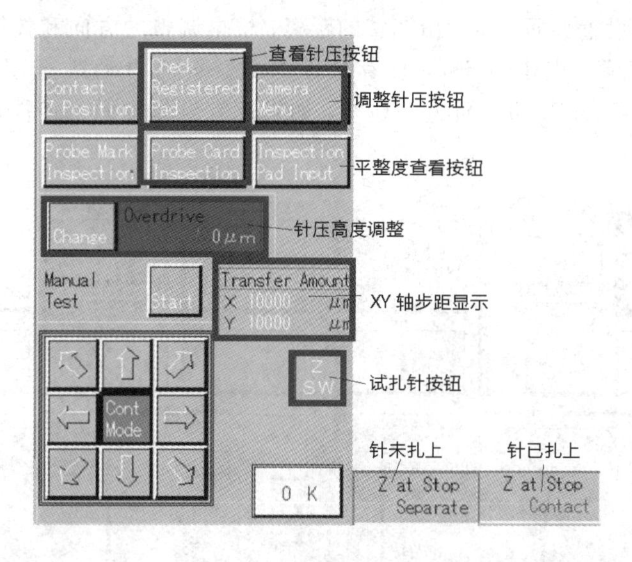

图 4.13　针压设置界面

晶圆进入机台后，要先进行试扎针作业，确保扎针高度在适当的范围内，作业方法为：在如图 4.13 所示的针压设置界面点击针压高度调整按钮“Change”，将扎针高度调整为 0 μm，点击试扎针按钮“ZSW”，此时扎针状态显示为 Contact，再次点击“ZSW”按钮，此时针抬起，显示 Separate。点击“Check Registered Pad”，在跳出的对话框中点击“Check Registered Pads”，进入如图 4.14 所示的查看针迹画面。绿色光标停在第一根针对应的 Pad 上，观察是否有针迹，点击“Next Pad”，将移动模式改成 Scan，用方向按钮移动位置，查看每个 Pad 是否有针迹，查看结束后按“OK”返回上一界面。如果没有针迹，则逐步增加 10 μm 进行试验，直到针迹合适为止；如遇针迹偏移情况，则点击图 4.13 中的“Camera Menu”调整针压按钮进行针压的调整。

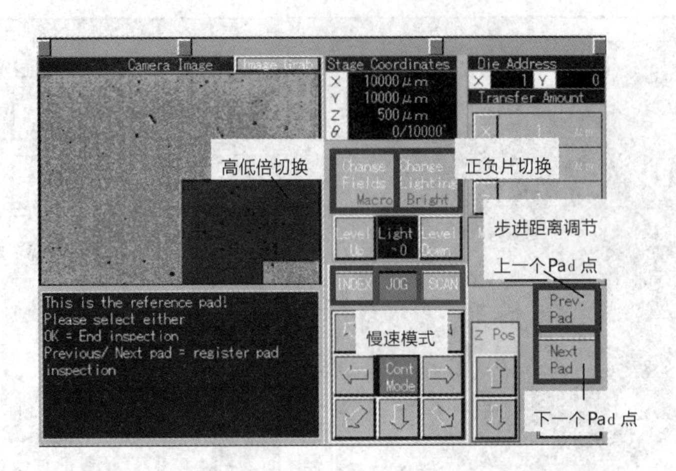

图 4.14　查看针迹界面

点击图 4.15 中的“Contact Position Offset”，在弹窗里点击“Contact XY Offset”进入图 4.16 所示的“Contact XY Offset”设置界面，在此界面下，用反向键将扎针位置调整至合适位置，点击“OK”跳出如图 4.17 所示的弹窗“Teach preset amount?” 点“Yes”，弹出如图 4.18 所示距离调整设置界面，显示出调整的距离，根据调整的方向和按键数看数值是否偏差太大，若数值正常，点击“OK”，保存修改参数。页面自动跳至图 4.15 位置，点击“Contact Down Position”，进行针迹的检查，如果还有误差按照上述操作继续调整，直至针迹合适为止。

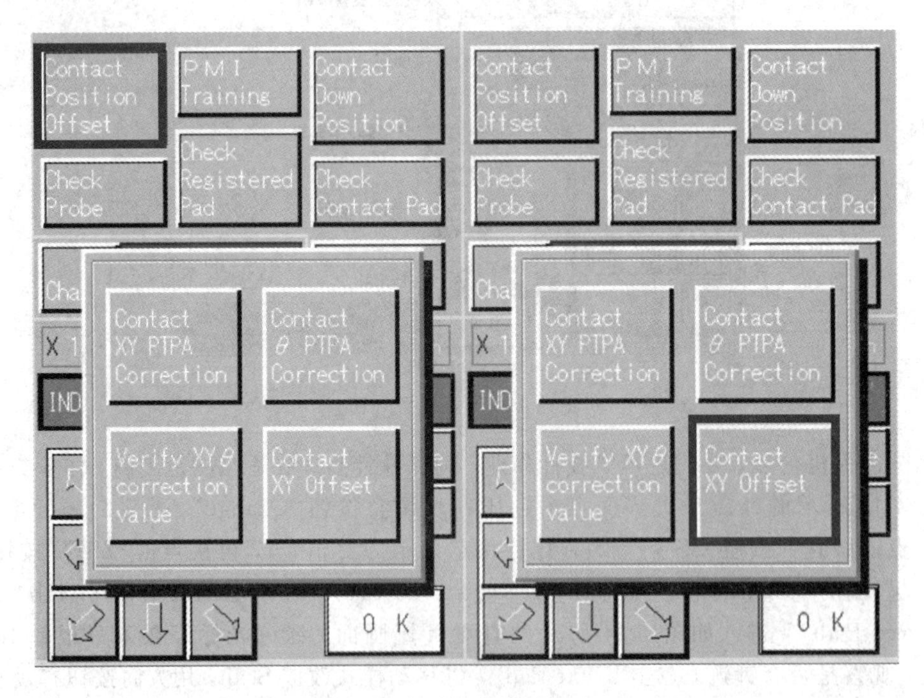

图 4.15　扎针位置调整界面

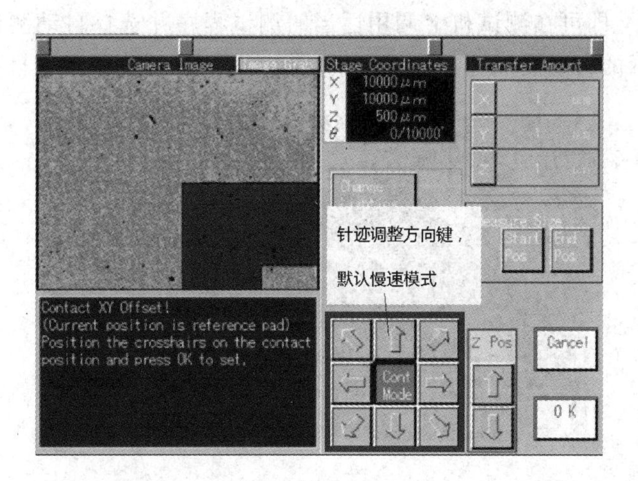

图 4.16　“Contact XY Offset”设置界面

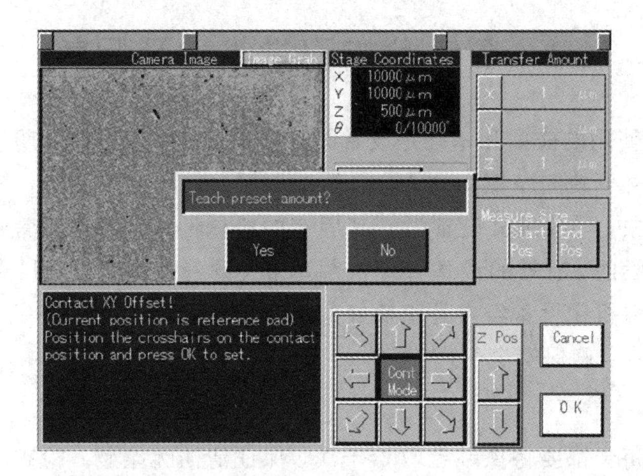

图 4.17　确认界面

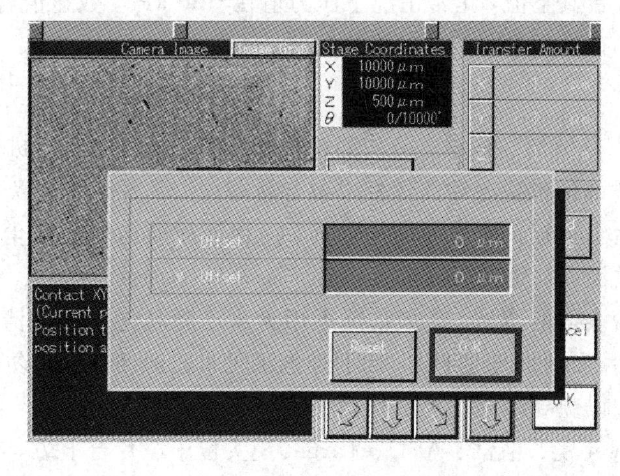

图 4.18　距离调整设置界面

距离设置完毕，即可在测试机上调用适当的测试程序并选择自动测试模式，在机台上点击如图 4.19 所示的自动测试选择界面上的“Start Testing”按钮进行自动测试 。

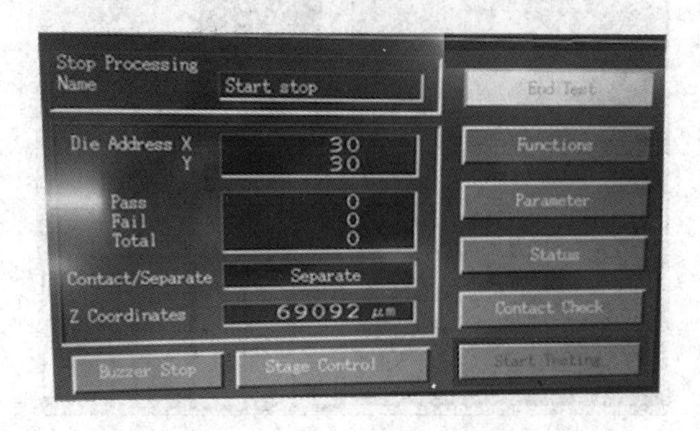

图 4.19　自动测试选择界面

4.2　探针台的日常维护及保养

机械设备正常使用的前提和基础是设备的日常维护和保养。在长期使用过程中会出现机械部件磨损，丝杠导轨间摩擦力增大，气缸皮圈受损、气密性变差，传感器使用年限超限，气管老化等现象，导致机械设备失去其固有的机械性能，无法正常运行。因此我们必须建立合理的，科学的，有效的设备管理机制，加大设备管理力度，科学合理制定设备维护保养计划，以确保机械设备经常处于良好的运行状态，减少故障停机率，延长设备使用寿命，降低维修成本，确保安全生产。

1. 日常维护

使用过程中，每天都要将探针台收拾干净，保证清洁无杂物；检查探针台接地，有无松动，若有，及时接好；检查探针台风扇运转是否正常，是否有异响，若有及时报备，维修；检查并记录探针台真空值，正常情况下压力值在－50 kPa，数显值若相差过大，需要检查真空泵的真空值，确认问题，并及时维修。

2. 季度保养

季度保养的重点是清洁和润滑。清洁部位包括台盘表面，镜头，机械手臂等与晶圆密切接触的部件；润滑部位包括各轴的丝杠以及导轨部件。保养操作有以下六个步骤：

(1) 打开探针台上盖板，清除可见灰尘异物，保证作业区域无灰尘无异物。保养操作期间，请确保电源关断，以免发生意外。

(2) 卡盘载片台表面的清洁，一般情况下用无水乙醇和无尘布来清洁。但如若探针台用于测试敏感性芯片(如带背银晶圆)，就不能使用无水乙醇清洁；切勿用手及其他异物直接触碰卡盘 Chuck，以免导致划伤及二次污染。

(3) ASU、Target 镜头清洁：ASU、Target 镜头位于载片台上方，Target 镜头由两枚镜头组成，一枚高倍，一枚低倍，用无水乙醇和无尘布进行清洁，切勿用手及其他异物直接触碰，以免导致镜头污染及划伤。

(4) 机械手臂清洁：探针台机械手臂的结构如图 4.20 所示，机械手臂主要与晶圆接触的部件有 Sub－Chuck 载片台，Upper Pincette，Lower Pincette，检查是否有沾污异物，并用无水乙醇，无尘布对其进行清洁，切勿用手及其他异物触碰，以免导致划伤。

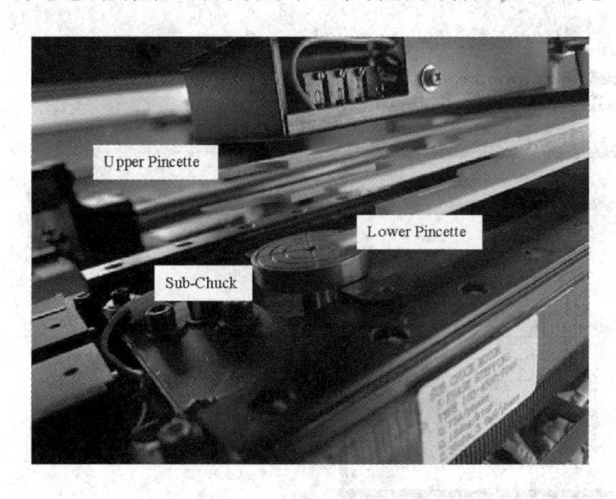

图 4.20　探针台机械手臂

(5) 机械手臂 Loader 传送轴保养：检查 Upper Pincette，Lower Pincette 皮带是否过松老化。将 Upper Pincette，Lower Pincette，Sub-Chuck 载片台，Elevator 导轨上发黄的脏油擦拭掉，再适量涂抹专用润滑硅脂，切勿涂抹过多会导致运行中油脂飞溅，从而沾污晶圆。

(6) X/Y/Z/θ 轴保养：在探针台控制屏上控制各轴的移动，用无尘布将丝杆导轨上发黄的脏油擦拭掉，涂抹专用润滑硅脂，注意适量涂抹，切勿涂抹过多会导致运行中油脂飞溅，从而沾污晶圆。

4.3　测试机操作说明

4.3.1　CTA8280 测试机操作说明

双击桌面上 CTA8280F.exe 软件快捷方式，弹出图 4.21 的测试机登录界面，点击用户名(Username)的下拉菜单，可看到 3 个初始账号(admin，engineer，operator)，各个账号的初始登录密码与账号名一致。输入账号密码，然后点击“OK”，即可登录。

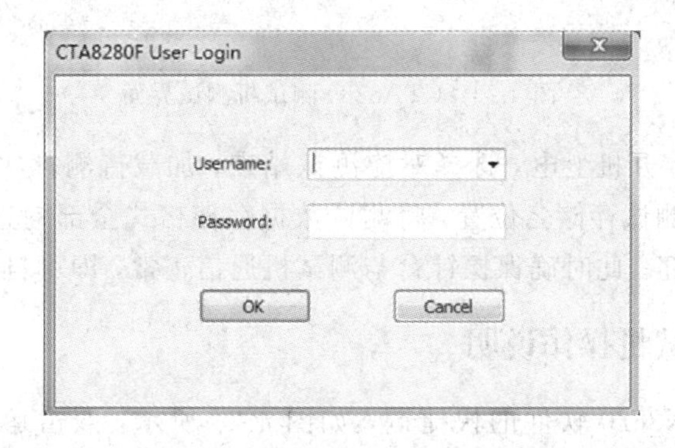

图 4.21　CTA8280 测试机登录界面

成功登录后会跳至CTA8280主界面，如图4.22所示，该页面分为3个区域，分别是菜单栏、工具栏及测试界面。我们在工具栏点击Power按钮进行测试机上电操作，选择对应测试站点。在测试界面区域调用适当的测试程式，以及功能性的一些操作，如图4.23所示。

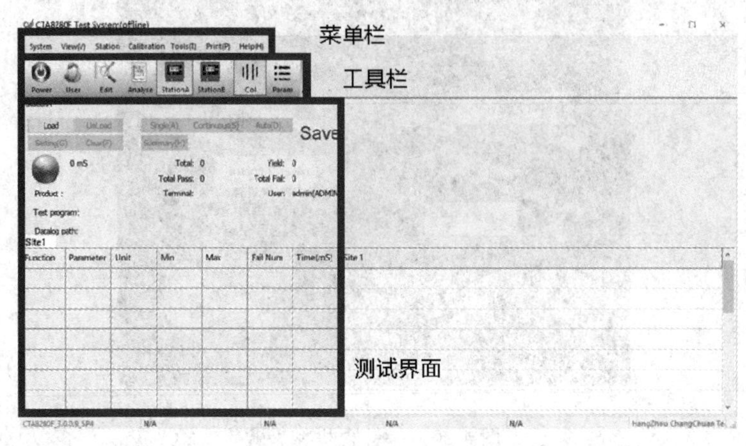

图4.22　CTA8280测试机主界面

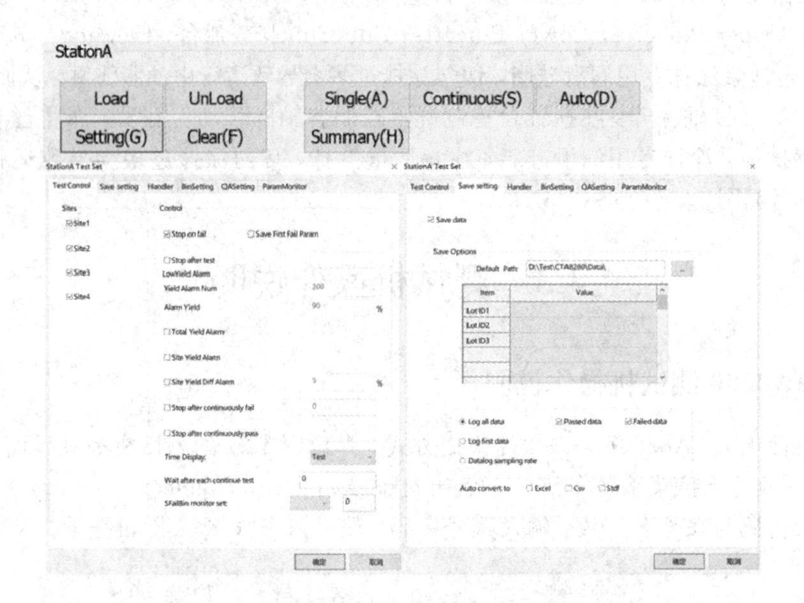

图4.23　CTA8280测试机测试界面

日常使用时，只需开机上电，选择对应测试站点，加载待测批次晶圆测试程序；在设置里将批号名添加至测试存储名位置，将测试数据存储格式全部勾选，保存确定；在测试界面点击自动测试按钮。此时确保探针台与测试机通信正常，即可自动加载测试。

4.3.2　LK8820测试机操作说明

在桌面上生成LK8820软件的快捷键，如图4.24所示，双击运行，打开测试机系统软件。

用户在如图 4.25 所示的登录信息输入框中输入对应的用户名和密码，点击“登录”按钮。如在后台本地数据库中查到相应的信息，完成登录进入系统主界面，如图 4.26 所示。系统主界面左侧为功能栏，八个功能按钮分别对应设备设置、芯片测试、数据显示、云平台、日志管理、用户设置、分选测试、系统退出等功能。

图 4.24　LK8820 测试机快捷图标

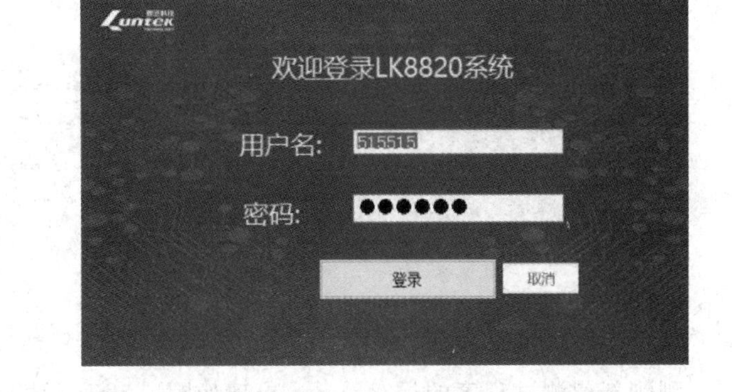

图 4.25　LK8820 测试机登录信息输入框

图 4.26　LK8820 测试机系统主界面

在系统主界面点击左侧“芯片测试”，打开芯片测试功能窗口，如图 4.27 所示。

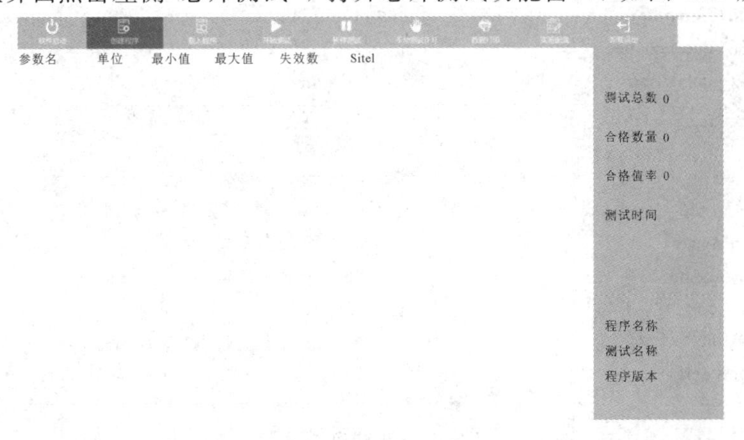

图 4.27　LK8820 测试机芯片测试功能窗口

在芯片测试功能窗口点击“创建程序”按钮，进入新建程序窗口，如图 4.28 所示，输入程序名，点击“程序路径”选择按钮，弹出浏览文件夹对话框，选择本地硬盘的一个目录作为新建测试程序的保存路径。

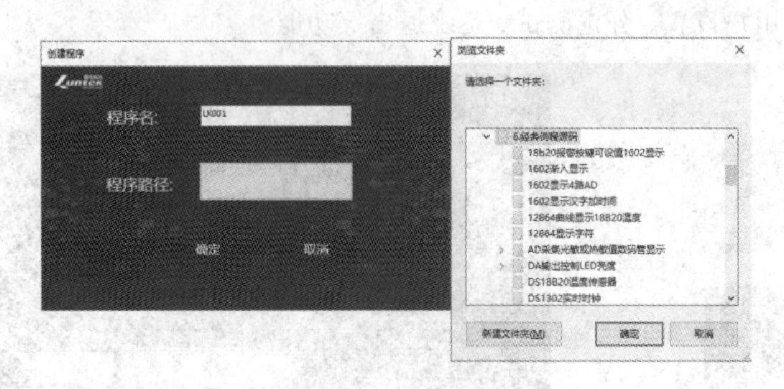

图 4.28　LK8820 测试机新建测试程序窗口

打开刚刚新建测试程序的保存路径，出现如图 4.29 所示的测试程序文件夹，在文件夹下选择后缀名为.sln 的文件，双击打开。

inc	2020/4/1 星期三 ...	文件夹	
include_cpp	2020/4/1 星期三 ...	文件夹	
ipch	2020/4/1 星期三 ...	文件夹	
res	2020/4/1 星期三 ...	文件夹	
x64	2020/4/2 星期四 ...	文件夹	
CyAPI.h	2020/3/9 星期一 ...	C/C++ Header	20 KB
CyAPI.lib	2014/12/23 星期...	Altium Library	118 KB
CyApiDll.h	2020/4/6 星期一 ...	C/C++ Header	4 KB
CyApiDll.lib	2020/4/7 星期二 ...	Altium Library	16 KB
GK0817.cpp	2019/10/9 星期...	C++ Source	2 KB
GK0817.def	2020/4/7 星期二 ...	Export Definition...	2 KB
GK0817.h	2019/10/9 星期...	C/C++ Header	1 KB
GK0817.rc	2019/10/9 星期...	Resource Script	1 KB
GK0817.sdf	2020/4/7 星期二 ...	SQL Server Com...	75,648 KB
GK0817.sln	2019/10/9 星期...	Microsoft Visual...	2 KB
GK0817.vcxproj	2020/4/7 星期二 ...	VC++ Project	11 KB
GK0817.vcxproj.user	2020/3/12 星期...	Visual Studio Pr...	1 KB
J8820_luntek.cpp	2020/4/7 星期二 ...	C++ Source	2 KB
libxl.dll	2019/10/9 星期...	应用程序扩展	1 KB
libxl.h	2019/10/9 星期...	C/C++ Header	2 KB
libxl.lib	2019/4/25 星期...	Altium Library	125 KB
printfout.h	2020/4/7 星期二 ...	C/C++ Header	8 KB
ReadMe.txt	2019/10/9 星期...	文本文档	3 KB
Resource.h	2019/10/9 星期...	C/C++ Header	1 KB
stdafx.cpp	2019/10/9 星期...	C++ Source	1 KB
stdafx.h	2020/4/1 星期三 ...	C/C++ Header	2 KB
targetver.h	2019/10/9 星期...	C/C++ Header	1 KB

图 4.29　LK8820 测试机测试程序文件夹

打开测试程序后，先等待编译器加载程序，程序加载就绪后，在“解决方案资源管理器”页面会看到如图 4.30 所示的文件结构，其中 J8820_luntek.cpp 文件为我们需要编辑的测试程序文件。

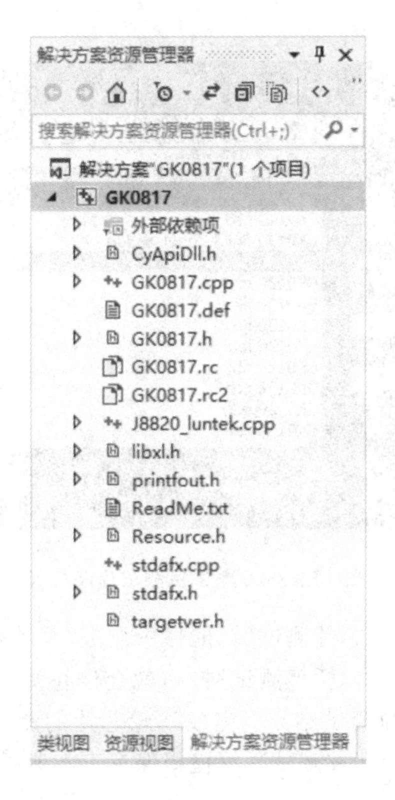

图 4.30　LK8820 测试机测试程序结构

双击 J8820_luntek.cpp 文件，在主程序函数 J8820_luntek()中完成测试代码的编写，测试代码编写完成后点击“生成”→“重新生成解决方案”完成测试程序代码的编译，编译成功后出现如图 4.31 所示的提示。

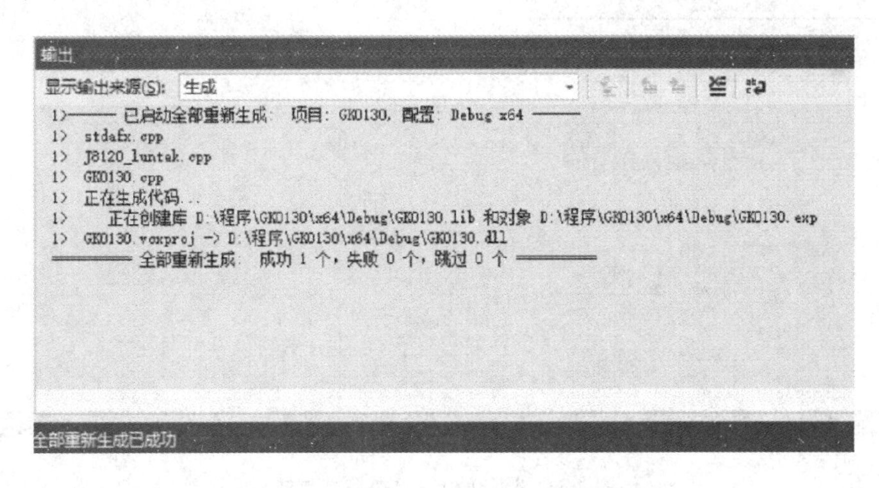

图 4.31　LK8820 测试程序编译成功提示

测试程序编写完成后，在“芯片测试”界面点击“载入程序”按钮，进入测试程序载入界面，如图 4.32 所示。在用户完成测试程序的编写和编译工作后，系统会生成一个可链接的.dll文件，在测试程序路径下找到该文件，点击“确定”完成载入程序的操作。

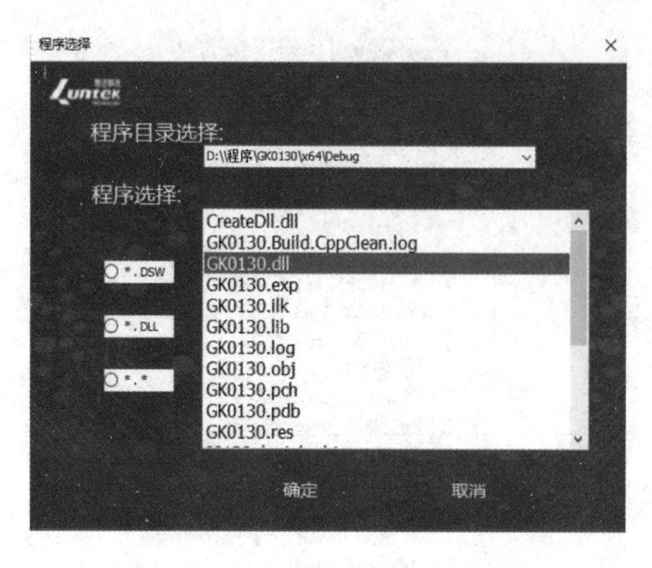

图 4.32　LK8820 测试机测试程序载入界面

完成测试程序载入后，在“芯片测试”功能栏中点击“手动测试”按钮，“手动测试”按钮按下后就能进行连续测试，点击“暂停测试”按钮就会停止测试。每一次测试完成之后，会将屏幕刷新，显示出新一轮的测试结果。完成一轮芯片的测试后，若需要保存测试数据，则点击“数据打印”按钮，自动生成测试数据模板保存于本地硬盘，如图 4.33 所示。

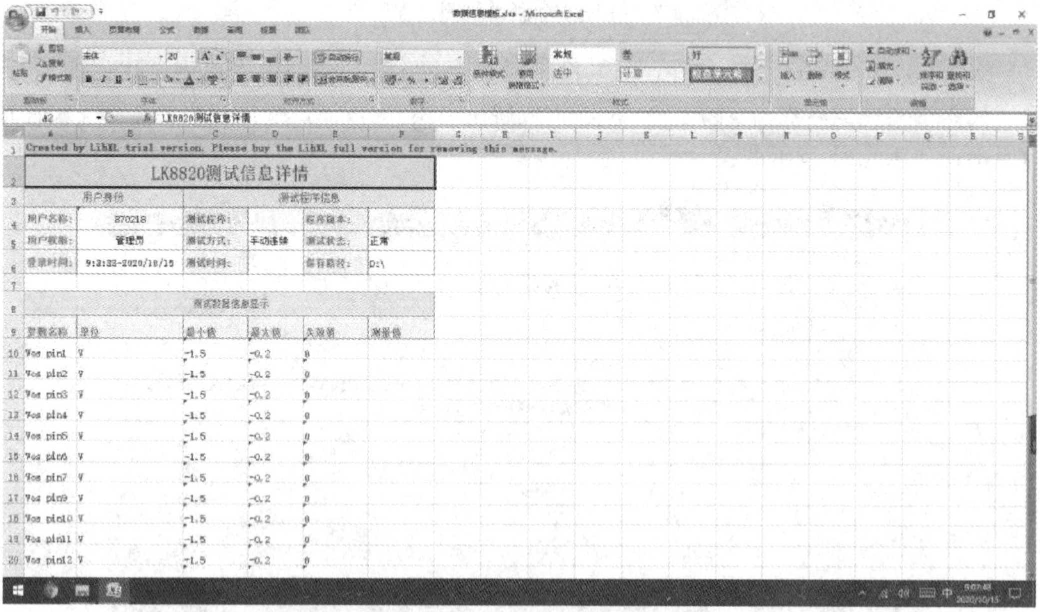

图 4.33　LK8820 测试机测试数据

用户还可根据测试数据进行波形信号输出显示，可在波形图上进行放大或缩小操作，同时测试机提供了 FFT 快速傅里叶变换功能，用以计算并绘制频谱图，如图 4.34 所示。

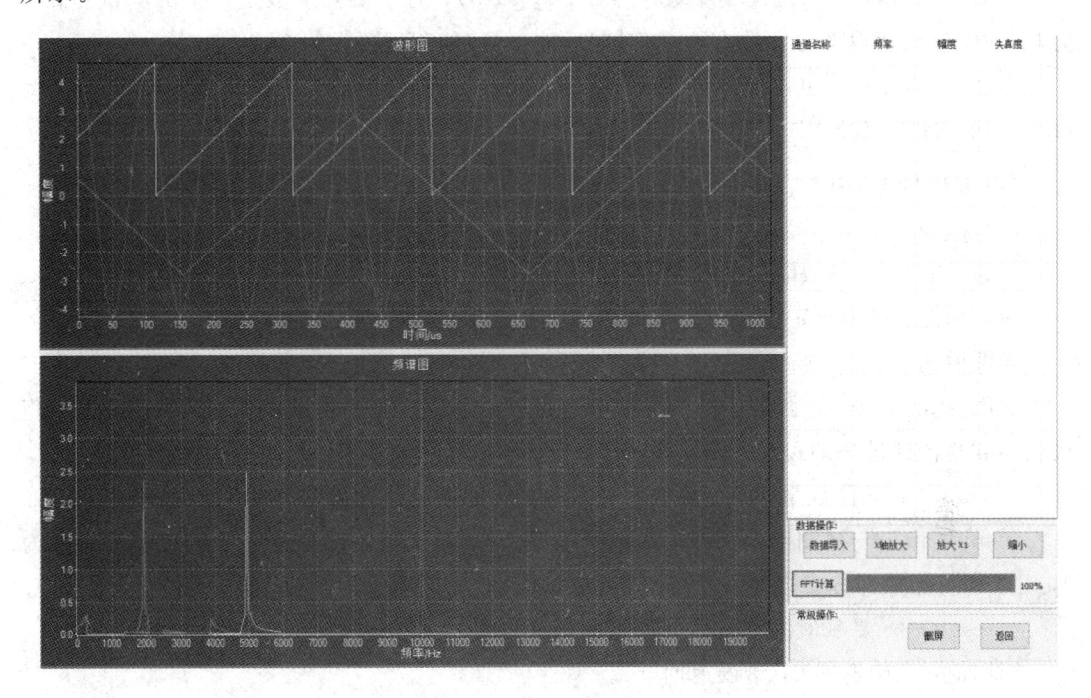

图 4.34　LK8820 测试机输出频谱图

4.4　测试机常用函数

目前常用的测试机的测试系统编程环境为 Turbo C 2.0，芯片测试程序运行于 DOS 环境。测试程序除了可用 Turbo C 2.0 提供的全部函数外，还需要用到测试机厂家提供的一些专用函数，这些函数以库函数 cl.lib 和包含文件 user.h 的形式提供，下面介绍一下 CTA8280 测试机以及 LK8820 测试机的常用测试函数。

4.4.1　CTA8280 测试机常用函数

1. AdToPparam ()

函数原形：

```
void AdToPparam(int ParamN, int SubUints, double MultData)
```

函数功能：将实测结果(pSite ->RealData[i])经单位换算(乘系数 MultData)和数据有效位设置后，放到指定的测试结果缓冲区，便于测试系统对结果分析判定。对于一个函数要测几个参数时用该函数比较方便，并对测试数据会同时做相应处理。对于用户获取的测试结果，如需要系统判定和显示(.def 文件中定义的测试项)，必须要用该函数。

参数说明：

- ParamN——函数中被测参数顺序号 (0，1，2，3，…)，通常一个函数需要测试多个不同类的参数，函数中被测参数是1个的设为0，对于多个参数分别按DEF中设置的先后次序将测试结果按序号传递。

· SubUints——被测同类参数序号(0，1，2，3)，对于被测参数是1个的测试项，设为0，对于如双运放部分参数有两个(对应运放参数)的测试项设为0或1。

· MultData——单位换算或数据换算系数，系统默认电压单位为V、电流单位为mA，如要求结果数据以mV或μA为单位，则设为1000.0。

2. LogResult All( )

函数原形：

```
int LogResultAll(char * ParamName, int rSize, int subUnit, double * result)
```

函数功能：设定指定工位(批量)的测试结果。

参数说明：

· ParamName——函数中被测参数名，通常一个函数需要测试多个不同类的参数，将被测参数名传递进去即可。

· rSize——工位数量，要赋值的工位数量，例如4就代表要对0～3个工位进行赋值。

· subUnit——被测同类参数序号(0，1，2，3)，对于被测参数是1个的测试项，设为0，对于如双运放部分参数有两个(对应运放参数)的测试项设为0或1。

· result——要赋值的测试结果数组的指针。

返回值：正确返回0，错误返回－1。

3. LogResult ( )

函数原形：

```
int LogResult(char * ParamName, int site, int subUnit, double result)
```

函数功能：设定指定工位的测试结果。

参数说明：

· ParamName——函数中被测参数名，通常一个函数需要测试多个不同类的参数，将被测参数名传递进去即可。

· site——工位号，从0～7代表工位1到工位8。

· subUnit——被测同类参数序号(0，1，2，3)，对于被测参数是1个的测试项，设为0，对于如双运放部分参数有两个(对应运放参数)的测试项设为0或1。

· result——要赋值的测试结果数组的指针。

返回值：正确返回0，错误返回－1。

4. GetSiteState( )

函数原形：

```
int GetSiteState ()
```

函数功能：获取当前测试站8个Site的状态，每个二进制位代表一个Site的状态，0表示不测试，1表示要测试，如返回0X03表示Site1和Site2要测试，其余Site不测试。

参数说明：无。

5. SetSiteState( )

函数原形：

```
void SetSiteState(int SiteStateData)
```

函数功能：设置当前测试站 8 个 Site 的状态，每个二进制位代表一个 Site 的状态，0 表示不测试，1 表示要测试，如 SiteStateData =0X03 表示 Site1 和 Site2 要测试，其余 Site 不测试。

参数说明：

· SiteStateData——Site 状态 0X00～0XFF。

· pSite ->SiteEnable[i]该参数存储工位的状态，1 或者是 True 为工位打开，0 或者是 false 为工位关断。

GetSiteState 函数和 SetSiteState 函数一般在多工位测试需要进行串测时成对使用。GetSiteState ()读取现有测试工位状态，SetSiteState(int SiteStateData)表示需要打开的工位。例如：SetSiteState(0X01)表示不管之前你开的是哪几个工位，但执行到该语句时只打开工位 1 对应的源；SetSiteState(0X03)表示不管之前你开的是哪几个工位，但执行到该语句时只打开工位 1 和工位 2 对应的源。

4.4.2　LK8820 测试机常用函数

1. _set_logic_level( )

函数原形：

```
void _set_logic_level(float vih, float vil, float voh, float vol);
```

函数功能：设置驱动参考电压和比较参考电压。

参数说明：

· vih——驱动高电平(V)，电压范围为－10 V～＋10 V。

· vil——驱动低电平(V)，电压范围为－10 V～＋10 V。

· voh——比较高电平(V)，电压范围为－10 V～＋10 V。

· vol——比较低电平(V)，电压范围为－10 V～＋10 V。

应用实例：

```
void_set_logic_level(5, 0, 4, 1); //设置驱动电压 Vih 为 5 V、Vil 为 0 V,
                                    比较电压 Voh 为 4 V、Vol 为 1 V
```

2. _measure_v( )

函数原形：

```
float _measure_v(unsigned int channel, unsigned int gain);
```

函数功能：测量电源通道电压，返回值范围为－30 V～＋30 V，单位为 V。

参数说明：

· chanel——电源通道(1，2，3，…，8)。

· gain——测量增益(1，2，3)。1 表示衰减比为 1∶3；2 表示增益为 1 倍；3 表示增益为 5 倍。

应用实例：

```
float_measure_v(1，2)；//测量电源通道 1 的电压，增益为 1 倍
```

3. _measure_i()

函数原形：

```
float _measure_i(unsigned int channel，unsigned int state，unsignedint gain)；
```

函数功能：选择合适电流挡位，精确测量工作电流，单位为 μA。

参数说明：

· channel——电源通道(1，2，3，…，8)。

· state——电流挡位(1，2，3，…，7)。1 表示 500 mA；2 表示 100 mA；3 表示 10 mA；4 表示 1 mA；5 表示 100 μA；6 表示 10 μA；7 表示 1 μA。

· gain——测量增益(1，2，3)。1 表示衰减比为 1∶3；2 表示增益为 1 倍；3 表示增益为 5 倍。

应用实例：

```
float_measure_i(2，4，3)；//测量电源通道 2 的电流，量程为 1 mA，增益为 5 倍
```

注意：若选择电流挡位量程小于待测电流值，返回值为该电流挡位量程值。

4. _on_vpt()

函数原形：

```
void _on_vpt(unsigned int chanel，unsigned int current_state，float voltage)；
```

函数功能：设置输出电压源通道及电压值。

参数说明：

· chanel——电源通道(1，2，3，…，8)。

· current_state——电流挡位(1，2，3，…，7)。1 表示 500 mA；2 表示 100 mA；3 表示 10 mA；4 表示 1 mA；5 表示 100 μA；6 表示 10 μA；7 表示 1 μA。

· voltage——输出电压(V)，电压范围为－30 V～＋30 V。

应用实例：

```
void_on_vpt(1，2，5)；//设置电源通道 1 输出 5 V，电流挡位量程为 100 mA
```

注意：调用_on_vpt()函数后，为了使源的内部达到稳定状态，需要至少延时 10 ms 再执行其他操作。

5. _on_ip()

函数原形：

```
void _on_ip(unsigned int channel，float current)；
```

函数功能：设置输出电流源通道及电流值。

参数说明：

· channel——电源通道(1，2，3，…，8)。

· current——输出电流(μA)，－500 000 μA～＋500 000 μA。

应用实例：

```
void_on_ip(3，20 000)；//设置电源通道 3 输出 20 mA 电流
```

注意：调用_on_ip()函数后，为了使源的内部达到稳定状态，需要至少延时 10 ms 再执行其他操作。

6. _on_fun_pin()

函数原形：

```
void _on_fun_pin(unsigned int PIN1，...)；
```

函数功能：闭合功能引脚继电器，打开 PIN1 等脚输出。

参数说明：

· PIN1 等——引脚序列(1，2，3，…，64)，引脚序列要以 0 结尾。

应用实例：

```
void_on_fun_pin(1，5，6，0)；//闭合 PIN1、PIN5、PIN6 的功能引脚继电器
```

7. _sel_drv_pin()

函数原形：

```
void _sel_drv_pin(unsigned int PIN1，...)；
```

函数功能：设定输入(驱动)引脚，打开 PIN1 等脚输出。

参数说明：

· PIN1 等——引脚序列(1，2，3，…，64)，引脚序列要以 0 结尾。

应用实例：

```
void_sel_drv_pin(1，3，5，0)；//设定 PIN1、PIN3、PIN5 为驱动引脚
```

注意：在设定输入(驱动)引脚时，测试机将自动断开 PMU 引脚，如果需要使用 PMU 功能，必须闭合 PMU 引脚。

8. _set_drvpin()

函数原形：

```
void _set_drvpin(char *logic，unsigned int PIN1，...)；
```

函数功能：设置输出驱动脚的逻辑状态。

参数说明：

· *logic ——逻辑标志("H"，"L")。H 表示高电平，L 表示低电平。

· PIN1 等——引脚序列(1，2，3，…，64)，引脚序列要以 0 结尾。

应用实例：

```
void_set_drvpin("H"，1，3，5，0)；//设定 PIN1、PIN3、PIN5 输出高电平
```

9. _sel_comp_pin()

函数原形：

```
void _sel_comp_pin(unsigned int PIN1，...)；
```

函数功能：设定输出(比较)引脚，打开 PIN 脚输入。

参数说明：

· PIN1 等——引脚序列(1, 2, 3, …, 64),引脚序列要以 0 结尾。

应用实例:

```
void_sel_comp_pin(1, 3, 5, 0); //设定 PIN1、PIN3、PIN5 为比较引脚
```

注意:在设定输入(驱动)引脚时,测试机将自动断开 PMU 引脚。

10. _read_comppin()

函数原形:

```
int _read_comppin(char * logic, unsigned int PIN1, ...);
```

函数功能:读取比较脚的状态或数据。当 * logic="H"时,返回 0 则 pass,否则为 fail。当 * logic="L"时,返回 0 则 pass,否则为 fail。

参数说明:

· * logic ——逻辑标志("H", "L");

· PIN1 等——引脚序列(1, 2, 3, …, 64),引脚序列要以 0 结尾。

应用实例:

```
int_read_comppin("H", 1, 3, 5, 0); //比较 PIN1、PIN3、PIN5 是否为高电平
```

4.5 测试机自检和校准

测试机自检可以帮助测试工程师快速发现测试机内部存在的问题,从而进行针对性的维护和调整。当测试工程师怀疑设备有问题时,可以通过自检的方法初步判断设备是否正常,当设备进行维护后一般建议设备维护工程师自检一次,确认设备维护结果是否完好。

测试机自检操作步骤如下,首先测试工程师以"admin"用户名和"admin"密码进入测试机系统,同时将万用表的 V、I、GND 三根测量线连接到自检盒的对应位置,万用表的 GPIB 接口连到测试机的 GPIB 接口,并将万用表设置为 GPIB 控制,地址为 22,对 TMU、DIO 模块进行校准时,配上自检盒和万用表的同时,还必须同时接上 Agilent53220A 频率计数器,将万用表的 V、I、GND 三根测量线连接到自检盒的对应位置,同时频率计的频率测量线与自检盒 MF 处连接,接地线与 AGND 连接,频率计的 GPIB 接口接到测试机上 GPIB 接口,并将频率计设置成 GPIB 控制,地址设置为 3。打开测试机电源开关,在测试机的交互界面选择 Calibration→Check,然后进入图 4.35 的 CTA8280 测试机自检界面,勾选需要自检的资源板然后勾选 Show data,点击 Start 按钮开始自检。等待一段时间后查看自检结果界面,界面中出现 all pass 则表示测试机自检通过。

测试设备自检通过之后才可以进行校准操作,校准过程中需要配上自检盒以及万用表,首先将自检盒接入设备,然后连接万用表。CTA8280 目前支持的万用表型号有:Agilent 34401A、Agilent 34410A、Agilent 3458A、KeySight 34401、Keithley 2000、Keysight 34465A 等。校准前将万用表的 V、I、GND 三根测量线连接到自检盒上对应位置,万用表的 GPIB 接口连接测试机的 GPIB 接口,打开万用表,进入 GPIB ADDR 设置界面,按方向键设置万用表的 GPIB 地址为 22 并保存。准备工作完毕之后,打开测试机电源开关,在测试机的交互界面选择 Calibration→Check→Calibration,并选中 SaveData 以保

存设备校准数据，校准完成之后，校准数据将保存到上位机 d：\Test\CTA8280\CheckData 文件夹下，以“Cal_Summary_20170801_182213”和“Cal_20170801_182213”格式自动命名文件，前者用以储存校准过程中的错误，后者用以存储校准结果和校准数据。

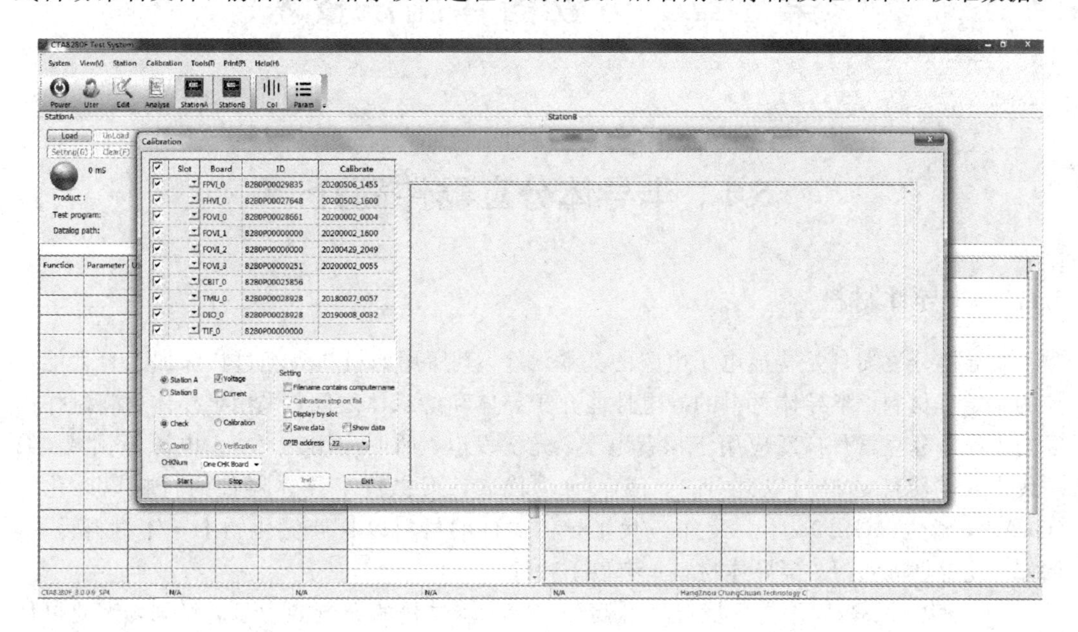

图 4.35　CTA8280 测试机自检界面

第 5 章 分立器件测试技术

5.1 半导体分立器件简介

5.1.1 半导体材料

半导体分立器件是构成电子电路的基本元件，其所用的材料为经过特殊加工且性能可控的半导体材料。半导体材料的导电性能介于导体和绝缘体之间，采用半导体材料制作而成的半导体分立器件广泛应用于消费电子、光伏发电、照明应用、大功率电源等领域。第一代半导体器件的材料以硅(Si)、锗(Ge)为代表，第二代半导体器件的材料以砷化镓(GaAs)，磷化铟(InP)为代表，第三代半导体器件的材料以Ⅲ族氮化物半导体材料为主，例如氮化镓(GaN)等。半导体材料具有以下特性：

(1) 热敏性：当周围的环境温度升高时，半导体材料的导电能力显著增强，因此可使用半导体材料来制作各种温度敏感器件，如热敏电阻等。

(2) 光敏性：当半导体材料受到光照时，半导体材料的导电能力明显变化，因此可使用半导体材料来制作成各种光敏元件，例如光敏电阻、光敏二极管、光敏三极管等。

(3) 掺杂性：在纯净的半导体材料中掺入某些微量的杂质，就会使半导体的导电性能发生显著的变化，利用该特性可制作各种不同用途的半导体器件，如二极管、三极管、MOS 管等。

5.1.2 PN 结

采用掺杂工艺，例如高温扩散工艺、离子注入工艺，在半导体材料中掺入微量不同类型的杂质，便可制备出不同类型的半导体。例如在纯净的硅晶体中掺入五价元素(例如磷)，就形成了 N 型半导体，N 型半导体中电子为多数载流子，空穴为少数载流子。在纯净的硅晶体中掺入三价元素(例如硼)，就形成了 P 型半导体，P 型半导体中空穴为多数载流子，电子为少数载流子。采用不同的掺杂工艺，在一片硅晶圆上同时制作 P 型半导体和 N 型半导体，在两种半导体的交界处就出现了电子和空穴的浓度差，因此 P 型区的空穴会向 N 型区扩散，扩散到 N 型区的空穴会和 N 型区的多数载流子电子复合，与此同时，N 型区的电子会向 P 型区扩散，扩散到 P 型区的电子会和 P 型区的多数载流子空穴复合，所以在 P 型区和 N 型区的交界处附近，多数载流子浓度降低，形成空间电荷区，从而形成内建电场。随着载流子扩散运动的进行，空间电荷区加宽，内建电场增强，电场方向由 N 型区指向 P 型区，从而抑制载流子的扩散运动。同时在内建电场的作用下，P 型区的少数载流子电子向 N 型区漂移，N 型区的少数载流子空穴向 P 型区漂移。在无外电场和其他激发因素的作用下，参与扩散运动的多子数目等于参与漂移运动的少子数目，达到了动态平衡，从而形成稳定的空间电荷区即 PN 结，如图 5.1 所示。

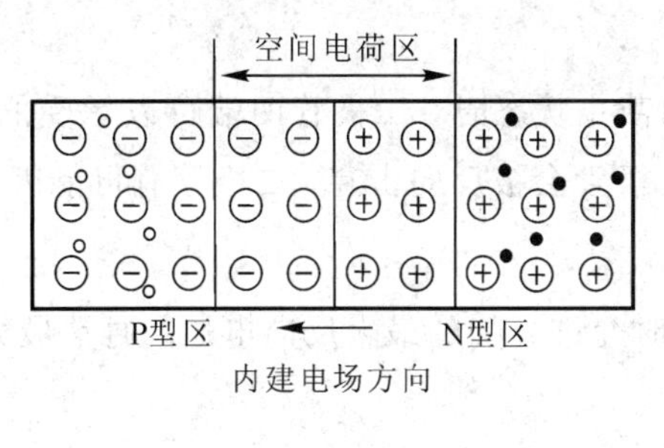

图 5.1　PN 结

5.1.3　二极管

采用表面金属化工艺，在 PN 结的 P 型区和 N 型区分别引出电极并加以封装，就构成了二极管。由 P 型区引出的电极为阳极，由 N 型区引出的电极为阴极。二极管的电路符号如图 5.2 所示。

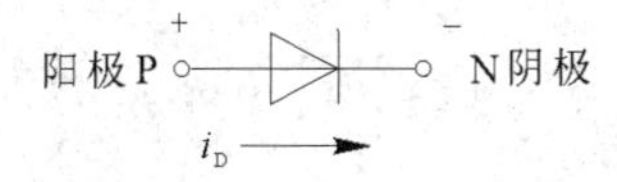

图 5.2　二极管电路符号

二极管具有单向导电的特性。当二极管外加正向电压，即二极管的阳极接电源正极，二极管的阴极接电源负极时，二极管处于正向导通状态，此时二极管的等效电阻较小，正向工作电流较大。当二极管外加反向电压，即二极管的阳极接电源负极，二极管的阴极接电源正极时，二极管处于反向截止状态，此时二极管的反向电阻较大，反向漏电流非常小。当二极管处于反向截止状态时，若外加的反向电压大于二极管的反向击穿电压，则此时二极管会被击穿，反向漏电流急剧增大，二极管失去单向导电特性。二极管的伏安特性曲线如图 5.3 所示，图中 U_{BR} 为二极管的反向击穿电压。

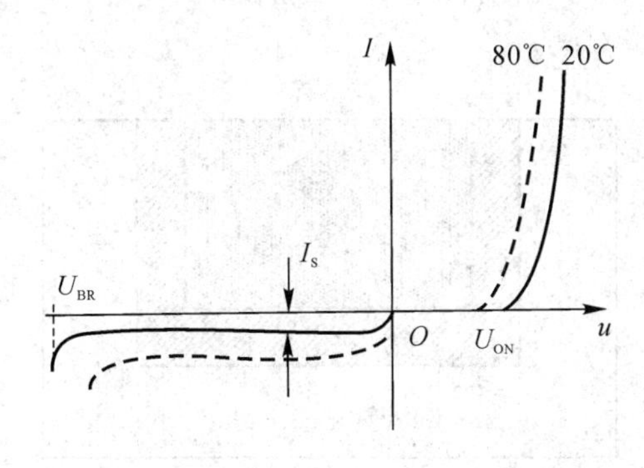

图 5.3　二极管伏安特性曲线

二极管的性能参数主要包括以下几项：

1. 正向导通电压 U_F

U_F 为二极管处于正向导通状态时，二极管在规定的正向导通电流下的压降，该参数受环境温度影响很大。

2. 反向击穿电压 U_{BR}

U_{BR}为二极管处于反向截止状态时，二极管两端可以承受的最大电压，当二极管两端所加的电压超过U_{BR}时，二极管会被反向击穿，二极管有可能因反向击穿而损坏。

3. 反向工作电压 U_R

U_R是二极管正常工作时允许外加的最大反向电压，通常最大反向工作电压U_R为反向击穿电压U_{BR}的一半。

4. 反向电流 I_R

反向电流I_R是在规定的反向电压下，一般为二极管外加最大反向工作电压U_R时的反向电流值。I_R越小，二极管的单向导电性能越好。硅二极管的反向电流一般在纳安级，锗二极管的反向电流一般在微安级。

二极管已成为电子工业中最通用的整流器件。LED、激光器、太阳能电池及光电二极管等器件都是PN结的特殊形式。PN结在双极型晶体管和MOS场效应晶体管等器件中用作结构单元。

5.1.4 三极管

半导体三极管，也称晶体管或三极管，由于有电子和空穴两种载流子参与导电，因此也称为双极型晶体管。三极管根据其内部结构的不同可分为NPN三极管和PNP三极管两种。以NPN三极管为例，NPN晶体管在制作时采用平面工艺，在晶圆表面采用不同的掺杂工艺制作出三个掺杂区域，形成两个背靠背的PN结，一种典型的平面工艺结构三极管如图5.4所示。位于中间的P型区称为基区，它很薄且掺杂浓度很低；位于上层的N型区是发射区，它的掺杂浓度很高，位于下层的N型区是集电区，它的面积很大。以上三个区域所引出的电极分别为基极B、发射极E和集电极C。

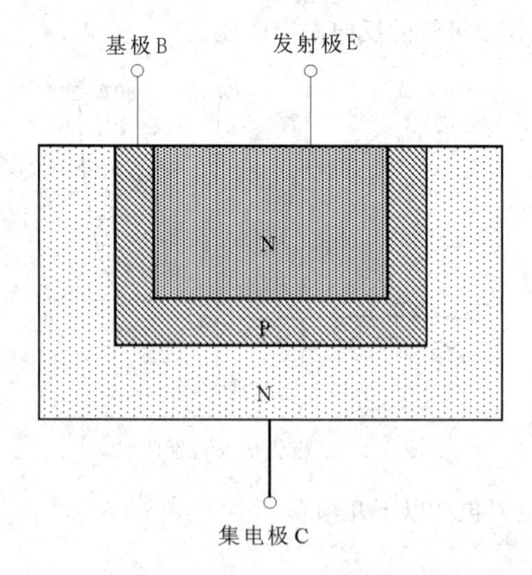

图5.4 平面型三极管结构图

当NPN三极管的基极相对于发射极的电势差U_{BE}小于发射结的正向导通电压U_{ON}，即$U_{BE}<U_{ON}$时，若此时集电极相对于发射极的电势差U_{CE}大于基极相对于发射极的电势差U_{BE}，即$U_{CE}>U_{BE}$，则三极管工作在截止区，此时三极管的集电极电流$I_C\approx0$；当NPN三极管的基极相对于发射极的电势差U_{BE}大于发射结的正向导通电压U_{ON}，即$U_{BE}>U_{ON}$时，若此时集电极相对于发射极的电势差U_{CE}大于基极相对于发射极的电势差U_{BE}，即$U_{CE}>U_{BE}$，则三极管工作在放大区，此时三极管输入基极的小电流可以控制大的集电极电流。当NPN三极管的基极相对于发射极的电势差U_{BE}小于发射结的正向导通电压U_{ON}，即$U_{BE}<U_{ON}$时，若此时集电极相对于发射极的电势差U_{CE}小于基极相对于发射极的电势差U_{BE}，即$U_{CE}<U_{BE}$，则三极管工作在饱和区，此时三极管的集电极电流i_C不仅与i_B有关，而且随着U_{CE}的增大而增大。NPN三极管的特性曲线如图5.5所示。

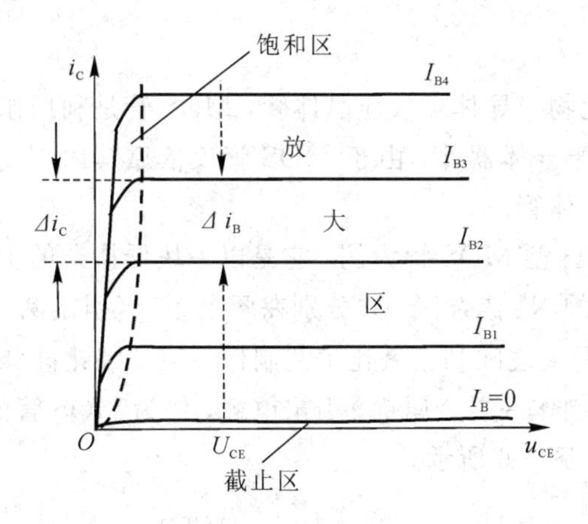

图5.5　NPN三极管特性曲线

三极管的性能参数主要包括以下几项：

1. 共射直流电流放大系数 H_{FE}

H_{FE}为三极管工作在放大区时，集电极电流与基极电流的比值，即

$$H_{FE}=\frac{I_C}{I_B} \tag{5-1}$$

该参数主要用以表征三极管的放大能力。

2. 极间反向电流

三极管的极间反向电流主要包括发射极开路时的集电结反向饱和电流I_{CBO}以及基极开路时集电极与发射极之间的穿透电流I_{CEO}，这两者之间的关系为

$$I_{CEO}=(1+H_{FE})I_{CBO} \tag{5-2}$$

同一型号的三极管极间反向电流越小，该三极管的性能越稳定。

3. 极间反向击穿电压

极间反向击穿电压为三极管的某一极开路时，另外两个电极间所允许加的最高反向电压，当超过此电压时会发生击穿现象，有可能会损坏三极管。三极管的极间反向击穿电压主要包括以下三种：

(1) 发射极开路时集电极和基极之间的反向击穿电压BV_{CBO}，即集电结所允许加的最大反向电压。

(2) 基极开路时集电极和发射极之间的反向击穿电压 BV_{CEO}，此时主要为集电结承受该反向电压。

(3) 集电极开路时发射极和基极之间的反向击穿电压 BV_{EBO}，即发射结所允许加的最高反向电压。

4. 饱和压降

饱和压降 U_{CES} 为晶体管处于饱和态时，集电极和发射极之间的电压降，这是一个很重要的开关参数。它标志着晶体管的输出特性，直接影响晶体管的输出电平，所以我们希望 U_{CES} 尽可能小。

5.1.5 MOS 管

MOS 管即金属氧化物半导体场效应晶体管，MOS 管是利用栅极电容的电场效应来控制输出回路电流的一种半导体器件，由于 MOS 管仅依靠其内部的多数载流子导电，因此 MOS 管又称为单极型晶体管。

以常见的 N 沟道增强型 MOS 管为例，它是以一块低掺杂的 P 型晶圆为衬底，利用扩散工艺制作两个高掺杂的 N^+ 掺杂区，并分别在两个 N^+ 区引出两个电极，分别为源极 S 和漏极 D，然后在源极和漏极之间利用氧化工艺制作一层二氧化硅(SiO_2)绝缘层，在 SiO_2 绝缘层上使用金属化工艺制作一层金属铝，引出电极，作为 MOS 管的栅极 G。N 沟道增强型 MOS 管的结构示意图如图 5.6 所示。

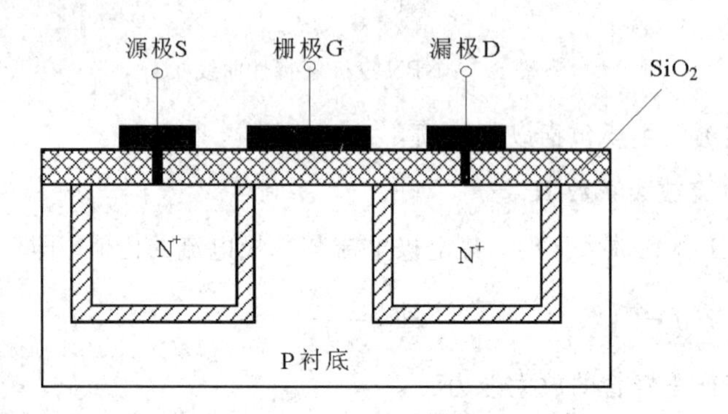

图 5.6　N 沟道增强型 MOS 管结构示意图

接下来以 N 沟道增强型 MOS 管为例，介绍一下 MOS 管的工作原理。当栅极、源极之间的电势差为零时，源极漏极之间不存在导电沟道，此时 NMOS 管工作在截止区，即使在源极和漏极之间加电压，也不会产生漏极电流。当栅极和源极之间的电势差大于 MOS 管的阈值电压 U_{TH} 时，源极和漏极之间出现导电沟道，若此时漏极源极之间的电势差 U_{DS} 小于栅源电势差与阈值电压的差值，即 $U_{DS} < U_{GS} - U_{GS(th)}$ 时，此时 MOS 管工作在可变电阻区，此时 MOS 管的漏极电流 I_D 会随着 U_{DS} 的增大而显著增大。随着 U_{DS} 的增大，当 $U_{DS} > U_{GS} - U_{GS(th)}$ 时，MOS 管进入饱和区，此时再增大 U_{DS}，MOS 管的漏极电流 I_D 也不会发生变化。N 沟道增强型 MOS 管的特性曲线如图 5.7 所示。

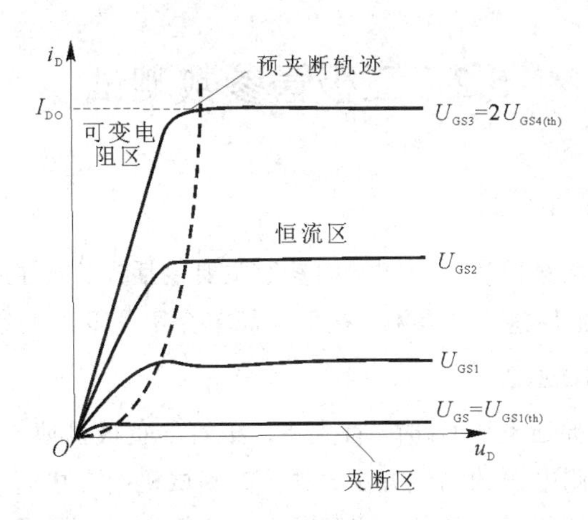

图 5.7 N 沟道增强型 MOS 管特性曲线

MOS 管的参数主要包括以下几项：

1. 阈值电压 U_{TH}

阈值电压是 MOS 管的漏源电压 U_{DS} 为定值时，使漏极电流 I_D 大于零的最小栅源电压值。

2. 漏源击穿电压 $U_{(BR)DSS}$

漏源击穿电压是指栅源电压 U_{GS} 为 0 时，MOS 管正常工作所能承受的最大漏源电压。这是 MOS 管的一项极限参数，为确保 MOS 管正常工作，加在 MOS 管漏源两端的工作电压必须小于 $U_{(BR)DSS}$。

3. 漏源饱和电流 I_{DSS}

漏源饱和电流为 MOS 管的栅源电压 U_{GS} 为 0、漏源电压 U_{DS} 为一定值时的漏源电流，该参数与 MOS 管的制作过程强相关，一般在微安级。

4. 栅源击穿电压 BV_{GSS}

栅源击穿电压为 MOS 管在源极和漏极短路时，栅极和源极之间能够承受的最大电压，一般为－20 V～＋20 V。

5. 导通阻抗 $R_{DS(on)}$

导通阻抗为 MOS 管在特定的 U_{GS}（一般为 10 V）、结温及漏极电流的条件下，MOS 管导通时漏源之间的最大阻抗。这是一个非常重要的参数，它决定了 MOS 管导通时消耗的功率。

MOS 管与三极管相比较，有以下几个特点：

(1) 输入阻抗高，MOS 管输入阻抗大于 10 kΩ，而三极管只为几 kΩ。

(2) 噪声小，一般 MOS 管的噪声系数小于 3 dB，而晶体三极管的噪声系数大于 4 dB。

(3) 耗尽型 MOS 器件能在无偏置状态下正常工作。

(4) MOS 管只有一种载流子导电，而三极管具有两种载流子同时导电。

(5) MOS 管为多子导电、电压控制型器件，控制能力以跨导“g_m”表示。晶体三极管为电流控制型器件，控制能力以电流放大系数“β”表示。

5.2 二极管参数测试

5.2.1 二极管测试原理简介

二极管芯片在晶圆测试阶段需要测试的参数主要包括：正向导通电压U_F、反向工作电压U_R以及反向工作电流I_R这三个参数，接下来简单介绍一下以上参数的测试原理。

1. 正向导通电压测试原理

测试二极管的正向导通电压U_F时，首先将二极管的负极接地，二极管的正极接测试机电源端口，采用加电流测电压的测试方法，测试时测试机给二极管施加规定的正向导通电流I_F，测量此时二极管正极的电压值，该值即为二极管的正向导通电压U_F。二极管正向导通电压的测试电路如图 5.8 所示。

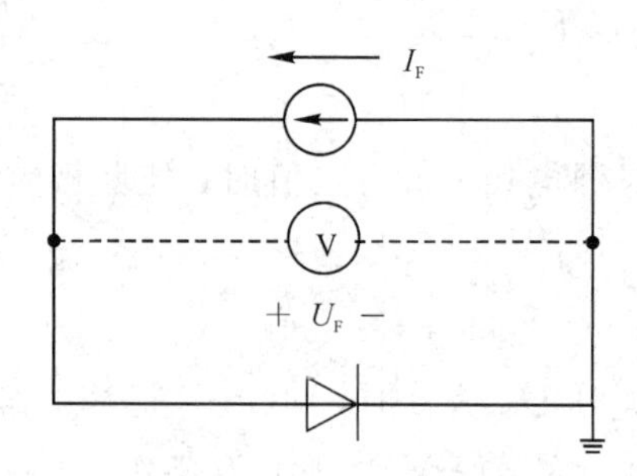

图 5.8　二极管正向导通电压测试原理图

2. 反向工作电压测试原理

测试二极管的反向工作电压U_R时，首先将二极管的正极接地，二极管的负极接测试机电源端口，采用加电流测电压的测试方法，测试时测试机给二极管施加规定的反向漂移电流I_R，测试此时二极管负极的电压值，该值即为二极管的反向工作电压U_R。二极管反向工作电压的测试电路如图 5.9 所示。

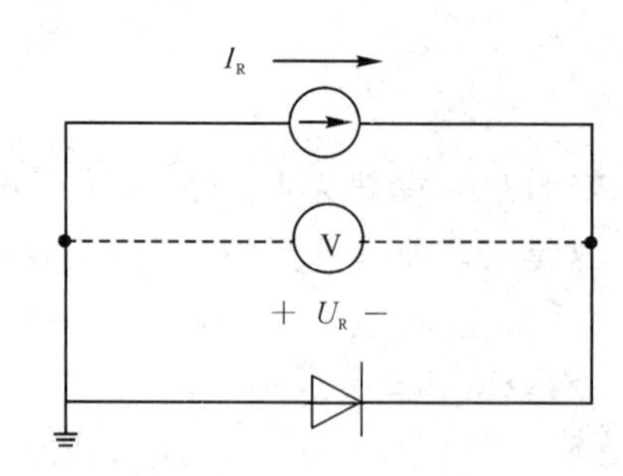

图 5.9　二极管反向工作电压测试原理图

3. 反向工作电流测试原理

测试二极管的反向工作电流I_R时，首先将二极管的正极接地，二极管的负极接测试机电源端口，采用加电压测电流的测试方法，测试时测试机给二极管的负极施加规定的反向

电压 U_R，测试此时流经二极管的电流值，该值即为二极管的反向工作电流 I_R。二极管反向工作电流的测试电路如图 5.10 所示。

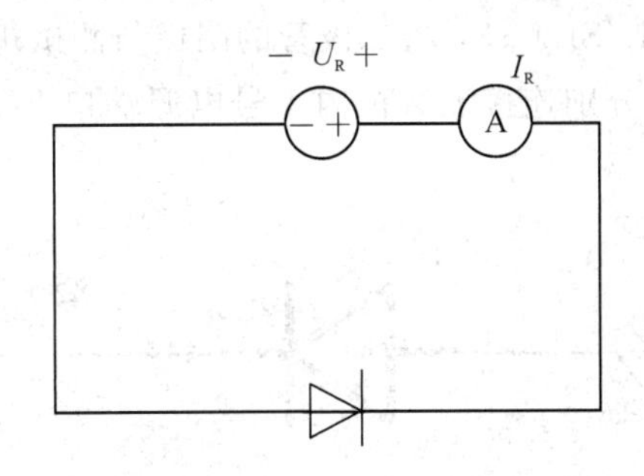

图 5.10　二极管反向工作电流测试原理图

5.2.2　稳压二极管 2CW60 芯片测试

稳压二极管 2CW60 是一种硅材料制成的面接触型晶体稳压二极管，此二极管在外加临界反向击穿电压前具有很高的电阻，在反向击穿时，在一定的反向电流范围内(或者在一定的功率损耗范围内)，二极管两端的电压几乎保持不变，表现出稳压特性，因而该二极管被广泛应用于稳压电源电路以及限幅电路之中。

对于稳压二极管来说，其最重要的参数有三个，分别为稳定电压 U_Z、稳压电流 I_Z、正向导通压降 U_F。如图 5.11 所示，稳定电压为稳压二极管到达反向击穿状态时二极管两端的电压值，该电压会在一个较小电压 ΔU_Z范围内波动，2CW60 型稳压二极管的稳定电压 U_Z范围为 11.5 V～12.5 V。如图 5.11 所示，稳压二极管的稳压电流 I_Z分为最小稳压电流 I_{Zmin}和最大稳压电流 I_{Zmax}，I_{Zmin}为稳压二极管刚刚达到反向击穿状态时的反向电流大小，I_{Zmax}为稳压二极管达到额定功率时流经二极管的反向电流大小，2CW60 的最小稳压电流 I_{Zmin}为 10 μA，最大稳压电流 I_{Zmax}为 20 mA。正向导通压降 U_F为稳压二极管正向导通状态达到额定工作电流时的导通压降，2CW60 型稳压二极管的正向导通压降最大值为 0.9 V。

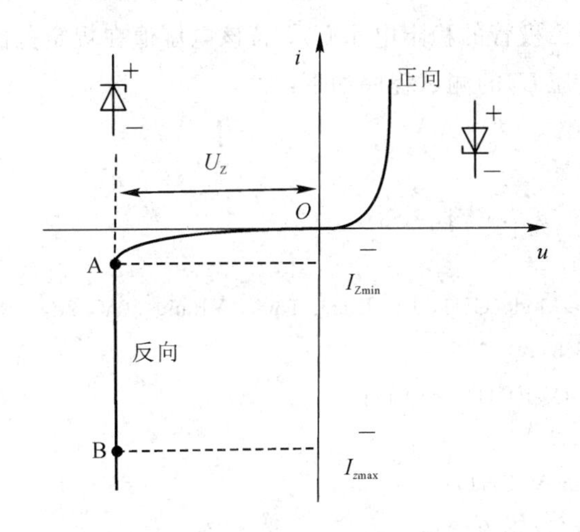

图 5.11　稳压二极管 I - U 特性曲线

2CW60 型稳压二极管的测试电路如图 5.12 所示，将二极管的阳极与测试机内部 1 号继电器 K1 相连，继电器 K1 的另外两个端口分别连接测试机内 0 号电源端口 FOVIFH/SH0 以及接地端口 FOVIFL/SL0 - 3，将二极管的阴极与测试机内部 2 号继电器 K2 相连，继电器 K2 的另外两个端口分别连接测试机内 1 号电源端口 FOVIFH/SH1 以及接地端口 FOVIFL/SL0 - 3。

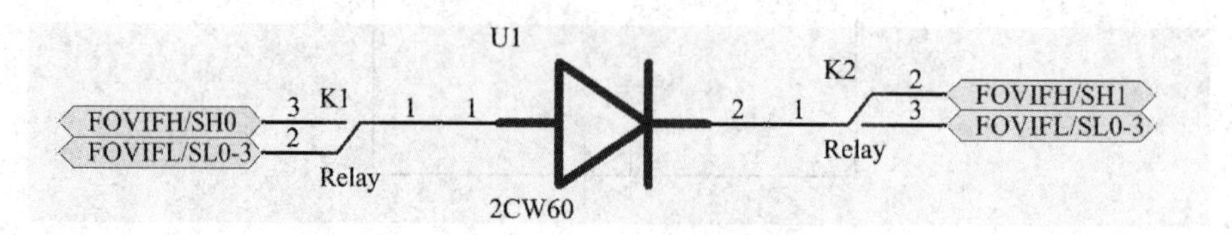

图 5.12　稳压二极管测试电路

2CW60 型稳压二极管芯片的测试参数主要包括：稳定电压 U_Z、稳压电流 I_Z、正向导通压降 U_F。通过查阅芯片手册，可以确定以上几项测试参数的测试规范，如表 5.1 所示。

表 5.1　稳压二极管 2CW60 参数测试规范

参　数	符号	最小值	典型值	最大值	单位
稳定电压	U_Z	11.5		12.5	V
稳压电流	I_Z	10		20 000	μA
正向导通压降	U_F			0.9	V

1. 稳定电压 U_Z 测试

测试稳压二极管的稳定电压 U_Z，通过编程设置测试机内部的继电器 K1 和 K2，使稳压二极管的阳极连接接地端口 FOVIFL/SL0 - 3，阴极连接 1 号电源端口 FOVIFH/SH1，通过编程在稳压二极管阴极灌入 100 μA 电流，测试此时稳压二极管阴极与阳极之间的电压值，该电压值为稳压二极管的稳定电压 U_Z，若该电压值在规定范围之内，则说明稳压二极管工作正常，稳定电压 U_Z 的测试程序如下：

```
void TEST_UZ()
{
    FOVI_SetChCfg(0, 0, 1, 2, 3);
    DelaymS(3);
        FOVI_SetMode(CH1, FI, IRang_1mA, VRang_20V, 20, -20);
        DelaymS(3);
    FOVI_SetOutVal(CH1, -0.1);
    DelaymS(5);
    FOVI_MeasureV(CH1);
    AdToPparam(1, 0, 0.0);
}
```

2. 稳压电流 I_Z 测试

测试二极管的稳压电流 I_Z，二极管与测试机端口的连接方式同稳定电压测试，通过编程在测试机的阴极施加 11.5 V 电压，测试此时流经二极管的电流，该电流为二极管的最小稳压电流 I_{Zmin}，然后在同一端口施加 12.5 V 电压，测试此时流经二极管的电流，该电流即为二极管的最大稳压电流 I_{Zmax}，将测试出的 I_{Zmin} 与 I_{Zmax} 同测试规范对比，若测试结果在规定范围之内，则说明稳压二极管正常工作。稳压电流 I_Z 的测试程序如下：

```
void TEST_IZmin()
{
    FOVI_SetChCfg(0, 0, 1, 2, 3);
    DelaymS(3);
        FOVI_SetMode(CH1, FV, VRang_20V, IRang_20mA, 20, -20);
        DelaymS(3);
    FOVI_SetOutVal(CH1, 11.5);
    DelaymS(5);
    FOVI_MeasureI(CH1);
    AdToPparam(1, 0, 0.0);
}
void   TEST_IZmax()
{
    FOVI_SetChCfg(0, 0, 1, 2, 3);
    DelaymS(3);
        FOVI_SetMode(CH1, FV, VRang_20V, IRang_20mA, 20, -20);
        DelaymS(3);
    FOVI_SetOutVal(CH1, 12.5);
    DelaymS(5);
    FOVI_MeasureI(CH1);
    AdToPparam(1, 0, 0.0);
}
```

3. 正向导通压降 U_F 测试

测试二极管的正向导通压降 U_F，通过编程设置测试机内部的继电器 K1 和 K2，使二极管的阳极连接 0 号电源端口 FOVIFH/SH0，阴极连接接地端口 FOVIFL/SL0 - 3，通过编程在二极管阳极灌入 100 mA 电流，测试此时二极管阴极与阳极之间的电压值，该电压值即为二极管的正向导通压降 U_F，若该电压值在规定范围之内，则说明二极管工作正常。正向导通压降 U_F 的测试程序如下：

```
void   TEST_UF()
{
    FOVI_SetChCfg(0, 0, 1, 2, 3);
    DelaymS(3);
    CBIT_SRelayOn(1, 2, -1);
    DelaymS(1);
```

```
        FOVI_SetMode(CH0, FI, IRang_100mA, VRang_5V, 5, -5);
        DelaymS(3);
    FOVI_SetOutVal(CH0, -100);
    DelaymS(5);
    FOVI_MeasureV(CH0);
    AdToPparam(1, 0, 0.0);
}
```

采用 LK8820 测试机测试 2CW60 稳压二极管芯片的测试电路如图 5.13 所示，二极管的阳极通过测试机内部继电器 relay1 和 relay2 分别连接到测试机接地端口 GND 和 1 号测试端口 PIN1，二极管的阴极通过测试机内部继电器 relay3 和 relay4 分别连接到测试机接地端口 GND 和 2 号测试端口 PIN2。

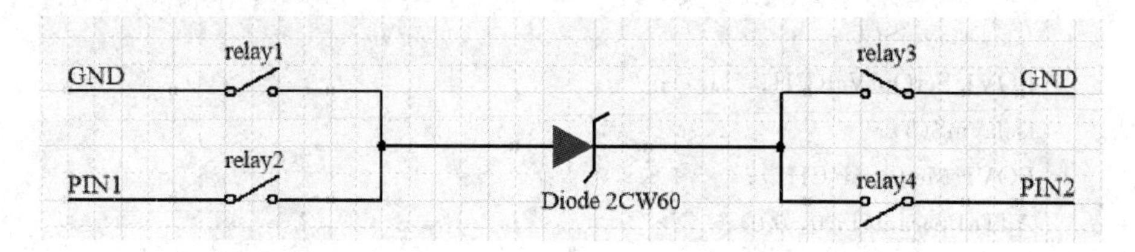

图 5.13　LK8820 2CW60 稳压二极管芯片测试电路

采用 LK8820 测试机测试稳压二极管芯片主要参数的方法与 CTA8280 机的基本一致，基于 LK8820 测试机函数编写的稳压二极管芯片的测试程序如下：

```
//正向导通压降
float a=0;
a=cy->_pmu_test_iv(1, 1, 10 000, 1); //调用 PMU 供流测压函数读取 PIN1 脚电压
cy->_reset();

//稳压电流
float b=0, c=0
b=cy->_pmu_test_vi(2, 2, 1, -11.5, 2); //调用 PMU 供压测流函数读取 PIN2 反向漏电流
cy->_reset();
//稳定电压
floatd=0;
d=cy->_pmu_test_iv(2, 2, 100, 1); //调用 PMU 供流测压函数读取 PIN1 脚电压
cy->_reset();
```

5.3　三极管参数测试

5.3.1　三极管测试原理简介

三极管在晶圆测试阶段需要测试的参数主要包括：集电极-发射极反向电压 BV_{CEO}，集电极-发射极反向电流 I_{CEO}，共射直流电流放大系数 H_{FE}，饱和压降 U_{CES}，接下来简单介绍

一下以上参数的测试原理。

1. 集电极-发射极反向电压测试原理

三极管的集电极-发射极反向电压的测试电路如图 5.14 所示。测试时，将三极管的基极开路，发射极接地，集电极接测试机供电端口，采用加电流测电压的测试方法，测试时测试机给三极管施加规定的反向电流，测出此时三极管集电极的电压值，该值即为三级极管的集电极-发射极反向电压。

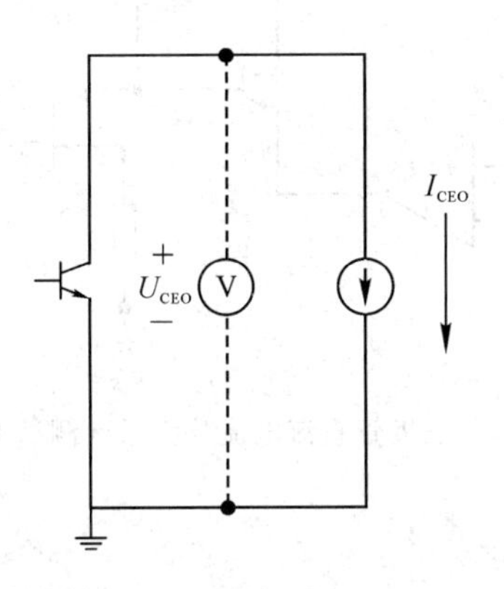

图 5.14　集电极-发射极反向电压测试原理图

2. 集电极-发射极反向电流测试原理

三极管的集电极-发射极反向电流的测试电路如图 5.15 所示。测试时，将三极管的基极开路，发射极接地，集电极接测试机供电端口，采用加电压测电流的测试方法，测试时测试机给三极管的集电极施加制定的电压，测出此时流经三极管的电流大小，该值即为三极管的集电极-发射极反向电流。

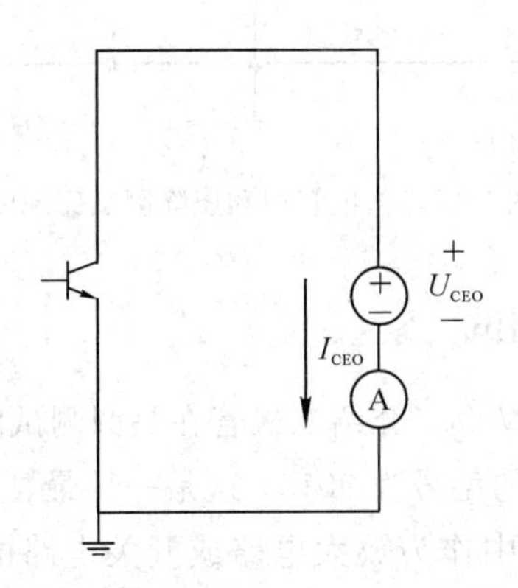

图 5.15　集电极-发射极反向电流测试原理图

3. 直流电流放大系数测试原理

三极管的直流放大系数测试电路如图 5.16 所示，测试时使用两个相同型号的运算放大器，三极管的基极与右边运放的反向输入端相连，集电极与左边运放的反向输入端相连，发射极与左边运放的输出端相连，然后将左边运放的两个输入端和右边运放的输出端分别和测试机相连，测试机分别给左边运放的两个输入端施加 12 V、6 V 的输入电压，测试右边运放的输出端的电压 U_o，通过式(5－3)计算出三极管的直流电流放大系数：

$$H_{FE}=\frac{I_C}{I_B}=\frac{10}{U_o} \tag{5-3}$$

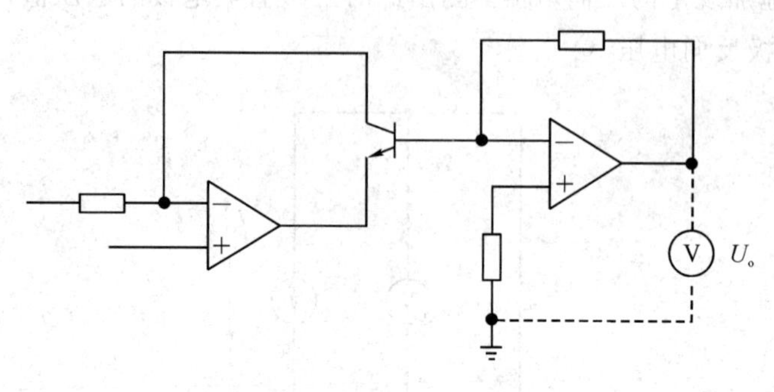

图 5.16 三极管直流电流放大系数测试原理图

4. 饱和压降测试原理

三极管的饱和压降测试电路如图 5.17 所示。三极管的基极和集电极分别连接恒流源提供电流，发射极接地，调节恒流源电流大小，使三极管工作在饱和状态，测试此时三极管集电极和发射极之间的电压，即为三极管的饱和压降。

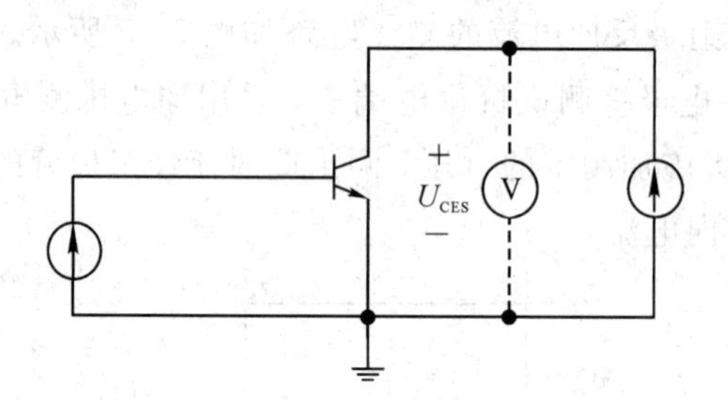

图 5.17 三极管饱和压降测试原理图

5.3.2 三极管 9013 芯片测试

下面以一种常用的三极管为例，介绍三极管在晶圆测试阶段的主要测试项目以及测试方法。测试选用的三极管芯片的型号为 9013，这是一种最常见的 NPN 型硅衬底小功率三极管，被广泛应用于电子产品中作为放大电路或开关电路的核心器件。同普通三极管一样，该三极管有发射极、基极、集电极三个极。接下来介绍如何基于 CTA8280 测试机对三极管芯片的关键参数进行验证。

9013 型三极管芯片的测试电路如图 5.18 所示，该电路将三极管的基极与测试机的 1 号自定义继电器的一端 K1 相连，该继电器的另一端与测试机内 0 号电源端口 FOVIFH/SH0 相连，三极管的集电极与测试机内 1 号电源端口 FOVIFH/SH1 相连，三极管的发射极连接测试机内部接地端口 FOVIFL/SL0－3。

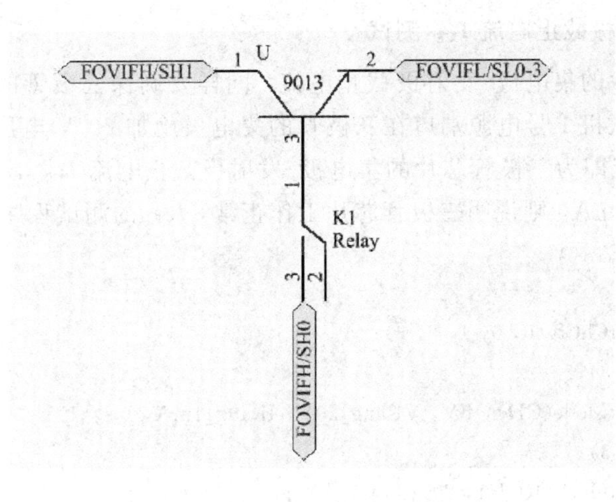

图 5.18　CTA8280 三极管测试电路

9013 型三极管芯片的测试参数主要包括：集电极-发射极击穿电压 BV_{CEO}、集电极-发射极截止电流 I_{CEO}、集电极-发射极饱和压降 U_{CEsat}、直流电流增益 H_{FE}。通过查阅芯片手册，可知以上几项测试参数的测试规范，如表 5.2 所示。

表 5.2　三极管 9013 参数测试规范

参　数	符号	最小值	典型值	最大值	单位
集电极-发射极击穿电压	BV_{CEO}	45			V
集电极-发射极截止电流	I_{CEO}			0.1	μA
集电极-发射极饱和压降	U_{CEsat}			0.6	V
直流电流增益	H_{FE}	64		300	

1. 集电极-发射极击穿电压 BV_{CEO} 测试

测试三极管芯片的集电极-发射极击穿电压时，要使测试机内部 1 号继电器 K1 保持断开状态，确保三极管的基极开路，三极管的基极电流为零，接着通过编程控制测试机 1 号电源端口向三极管的集电极灌入 0.1 mA 电流，测试此时三极管集电极与发射极之间的电压值，该电压即为三极管芯片的集电极-发射极击穿电压 BV_{CEO}，与测试规范相对比，若该电压值大于 45 V，则说明该三极管芯片工作正常，BV_{CEO} 的测试程序如下：

```
void TEST_BVCEO()
{
    FOVI_SetChCfg(0, 0, 1, 2, 3);
    DelaymS(3);
        FOVI_SetMode(CH1, FI, IRang_1mA, VRang_50V, 50, -50);
        DelaymS(3);
    FOVI_SetOutVal(CH1, -0.1);
    DelaymS(5);
    FOVI_MeasureV(CH1);
    AdToPparam(1, 0, 0.0);
}
```

2. 集电极-发射极截止电流 I_{CEO} 测试

测试三极管芯片的集电极-发射极截止电流，同样要确保三极管的基极电流为零，接着通过编程控制测试机 1 号电源端口在三极管的集电极施加 20 V 电压，测试此时流经集电极的电流，该电流即为三极管芯片的集电极-发射极截止电流 I_{CEO}，与测试规范相对比，若该电流值小于 0.1 μA，则说明三极管芯片工作正常，I_{CEO} 的测试程序如下：

```
void TEST_ICEO()
{
    FOVI_SetChCfg(0, 0, 1, 2, 3);
    DelaymS(3);
    FOVI_SetMode(CH1, FV, VRang_20V, IRang_1mA, 1, -1);
    DelaymS(3);
    FOVI_SetOutVal(CH1, 20);
    DelaymS(5);
    FOVI_MeasureI(CH1);
    AdToPparam(1, 0, 0.0);
}
```

3. 集电极-发射极饱和压降 U_{CEsat} 测试

测试三极管芯片的集电极-发射极饱和压降，需要通过编程控制继电器 K1 闭合，使三极管的基极与测试机的 0 号电源端口相连，接着通过编程控制 0 号电源端口向三极管的基极灌入 50 mA 的基极电流，控制 1 号电源端口向三极管的集电极灌入 500 mA 的电流，测试此时三极管集电极与发射极之间的电压值，该电压值即为三极管芯片的集电极-发射极饱和压降 U_{CEsat}，与测试规范相对比，若该电压值小于 0.6 V，则说明三极管芯片工作正常，U_{CEsat} 的测试程序如下：

```
void TEST_UCEsat()
{
    FOVI_SetChCfg(0, 0, 1, 2, 3);
    DelaymS(3);
    CBIT_SRelayOn(1, -1);
    DelaymS(1);
    FOVI_SetMode(CH0, FI, IRang_100mA, VRang_2V, 2, -2);
    FOVI_SetMode(CH1, FI, IRang_500mA, VRang_2V, 2, -2);
    DelaymS(3);
    FOVI_SetOutVal(CH0, -50);
    FOVI_SetOutVal(CH0, -500);
    DelaymS(5);
    FOVI_MeasureV(CH1);
    AdToPparam(1, 0, 0.0);
}
```

4. 直流电流增益 H_{FE} 测试

测试三极管芯片的直流电流增益时，采用阶梯信号测试法。首先闭合继电器 K1，使三极管的基极与测试机的 0 号电源端口相连。接着通过编程控制 1 号电源端口在三极管的集电极提供 1 V 的恒定电压，控制 0 号电源端口在三极管的基极提供 0.7 V 的基极电压，然后以 0.1 V 的增幅依次增大基极电压，每增大一次三极管的基极电压 U_B，就测试一次三极管的集电极电流 I_C，直至集电极电流 I_C 大于等于 50 mA 时，测试此时三极管的基极电流 I_B，此时三极管集电极电流与基极电流的比值 I_C/I_B 即为三极管的直流电流增益 H_{FE}，与测试规范相对比，若计算出的 H_{FE} 介于 64 和 300 之间，则说明三极管工作正常。

```
void TEST_HFE()
{
   double a, b, c, d;
   d=0.6;
   FOVI_SetChCfg(0, 0, 1, 2, 3);
   DelaymS(3);
   CBIT_SRelayOn(1, -1);
   DelaymS(1);
   FOVI_SetMode(CH0, FV, VRang_5V, IRang_1mA, 1, -1);
   FOVI_SetMode(CH1, FV, VRang_5V, IRang_1mA, 1, -1);
   DelaymS(3);
   FOVI_SetOutVal(CH0, d);
   FOVI_SetOutVal(CH1, 1);
   FOVI_MeasureI(CH1);
   a=pSite->RealData[0];
   if(pSite->RealData[0]>=50);
  {
  AdToPparam(1, 0, 0.0);
  FOVI_MeasureI(CH0);
  b=pSite->RealData[0];
  AdToPparam(1, 1, 0.0);
  c=a/b;
  AdToPparam(1, 2, 0.0);
  }
   else
     {
    d=d+0.1;
     }
}
```

采用 LK8820 测试机测试 9013 三极管芯片的测试电路如图 5.19 所示，三极管芯片的集电极连接测试机的 1 号电源端口 FORCE1，三极管的基极连接测试机的 1 号开关 relay1，开关的另一端连接测试机的 2 号电源端口 FORCE2，三极管的发射极接地。

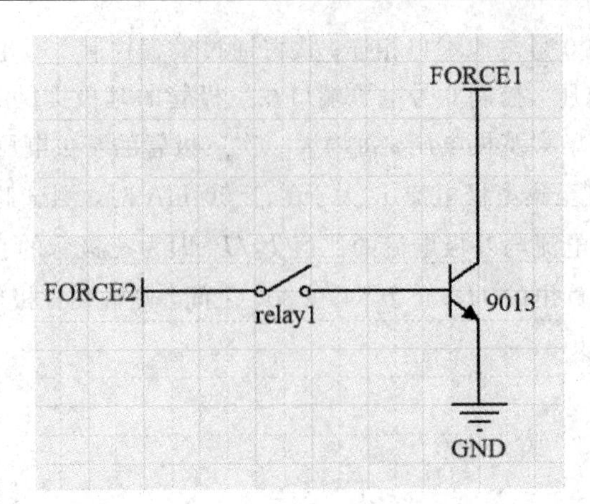

图 5.19　采用 LK8820 测试机测试三极管 9013 的测试电路

采用 LK8820 测试机测试三极管芯片主要参数的方法与 CTA8280 机的基本一致，基于 LK8820 测试机函数编写的 9013 三极管芯片的测试程序如下：

```
//集电极-发射极击穿电压 BVCEO测试程序
void BVCEO()
{
  float VO;
  cy->_on_ip(1, 100); //FORCE1 在集电极 0.1 mA 电流
  Sleep(20);
  VO=cy->_measure_v(1, 2); //测试集电极电压
  MprintfExcel(L"BVCEO", VO);
  cy->_off_ip(1);
  Sleep(20);
  cy->_reset();
}
//集电极-发射极截止电流 ICEO测试
void ICEO()
{
  float IO;
  cy->_on_vpt(1, 3, 45); //FORCE1 在集电极加 45 V 电压
  Sleep(20);
  IO=cy->_measure_i(1, 3, 2); //测试集电极电流
  MprintfExcel(L"ICEO", IO);
  cy->_off_vpt(1);
  Sleep(20);
  cy->_reset();
}
//集电极-发射极饱和压降测试程序
void UCEO()
{
  float V;
```

```
    cy->_turn_switch("on", 1); //闭合继电器 1,使三极管基极接 FORCE2
    Sleep(20);
    cy->_on_ip(2, 50 000); //在三极管基极加 50 mA 电流
    Sleep(20);
    cy->_on_ip(1, 500 000); //在三极管集电极加 500 mA 电流
    Sleep(20);
    V=cy->_measure_v(1, 2); //测试三极管集电极电压
    MprintfExcel(L"UCEO", V);
    cy->_off_ip(1);
    Sleep(20);
    cy->_off_ip(2);
    Sleep(20);
    c->_reset();
}
//直流电流增益 HFE测试程序
void HFE()
{
    float i=0.7;
    float I0, I1, HFE;
    cy->_turn_switch("on", 1);
    Sleep(20);
    cy->_on_vpt(1, 3, 2); //在三极管集电极加 1 V 电压
    Sleep(20);
    cy->_on_vpt(2, 3, 0.7); //在三极管基极加 0.7 V 电压
    Sleep(20);
    while (i <= 10)
    {
        I0=cy->_measure_i(1, 3, 2); //测试三极管集电极电流
        if (I0 < 50 000)  //判断三极管集电极电流是否小于 50 mA
        i=i + 0.1;
        else
        {
            I1=cy->_measure_i(2, 3, 2); //测试三极管基极电流
            HFE=I0 / I1;
            MprintfExcel(L"HFE", HFE);
            break;
        }
    }
    cy->_off_vpt(1);
    cy->_off_vpt(2);
    Sleep(20);
    cy->_reset();
}
```

5.4 MOS 管参数测试

5.4.1 MOS 管测试原理简介

MOS 管芯片在晶圆测试阶段需要测试的参数主要包括：漏源击穿电压 BV_{DSS}、漏源饱和电流 I_{DSS}、阈值电压 $U_{GS(th)}$、导通电阻 $R_{DS(on)}$，接下来简单介绍一下以上参数的测试原理。

1. 漏源击穿电压测试原理

漏源击穿电压 BV_{DSS}是 MOS 管的漏极和源极之间的击穿电压，测试电路如图 5.20 所示，测试时首先将 MOS 管的栅极与源极短路接地，使 MOS 管处于关断状态，然后在 MOS 管的漏极与源极之间施加一个特定电流(通常为 250 μA)，测量此时 MOS 管漏极和源极之间的电压，该电压即为 MOS 管的漏源击穿电压。

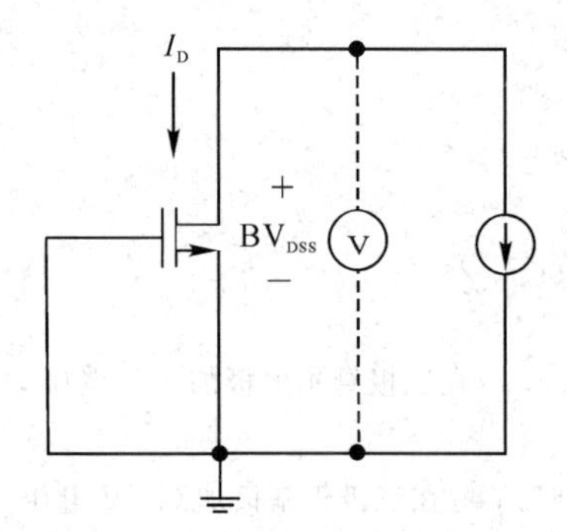

图 5.20 MOS 管漏源击穿电压测试原理图

2. 漏源饱和电流测试原理

漏源饱和电流 I_{DSS}是 MOS 管在截止状态下的漏源泄漏电流，其测试电路与 BV_{DSS}类似，如图 5.21 所示。测试时先将 MOS 管的栅极与源极短路接地，使 MOS 管处于关断状态，然后在 MOS 管的漏极与源极之间施加一个特定电压 U_{DS}(通常为一个略低于 BV_{DSS}的值)，测量此时漏源之间的漏电流，即为 I_{DSS}。

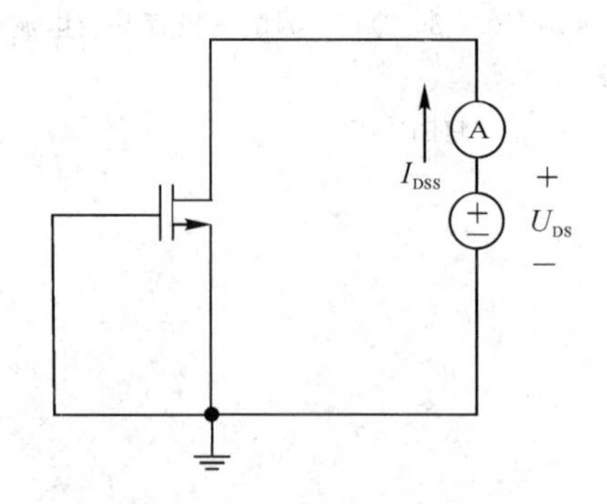

图 5.21 MOS 管漏源泄漏电流测试原理图

3. 阈值电压测试原理

MOS 管的工作原理是通过栅极电压控制漏极电流，当 MOS 管在漏极与源极之间加一正电压时(该电压低于 BV_{DSS})，若 MOS 管的栅极电压低于一定值时漏源之间几乎无电流通过，此时 MOS 管截止；当 MOS 管的栅极电压增大到一定程度时，MOS 管的漏源电流大幅增大，此时器件导通。这个器件截止与导通之间的门槛值，叫做阈值电压。阈值电压的测试电路如图 5.22 所示，测试时，将 MOS 管的源极接地，MOS 管的漏极与栅极短路，并在漏与源极之间施加一个指定电流 I_{DS}，测量此时 MOS 管漏源之间的电压，即为 $U_{GS(th)}$。

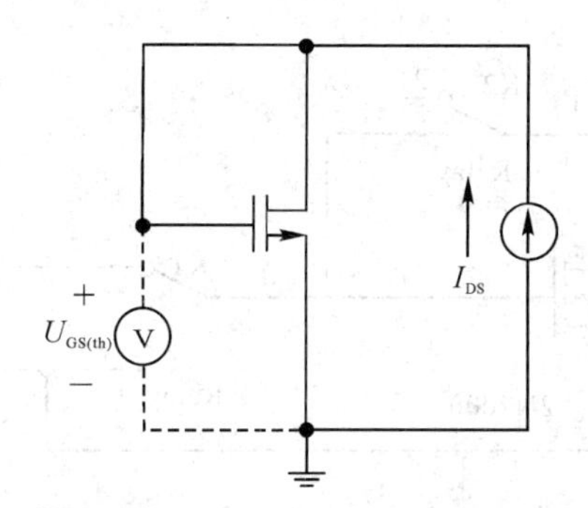

图 5.22　MOS 管阈值电压测试原理图

4. 导通电阻测试原理

导通电阻 $R_{DS(on)}$ 是 MOS 管在导通状态下漏源之间的电阻阻值，导通电阻的测试原理如图 5.23 所示，测试时，在 MOS 管的栅极与源极之间加一个大于阈值电压 $U_{GS(th)}$ 的电压(通常为 10 V)以保证 MOS 管开启，然后在漏极与源极之间施加一个规定电流，测量此时漏源之间的电压，根据欧姆定律，用漏源电压除以漏源电流得到器件开启时漏源之间的电阻值，该值即为 MOS 管的导通电阻。

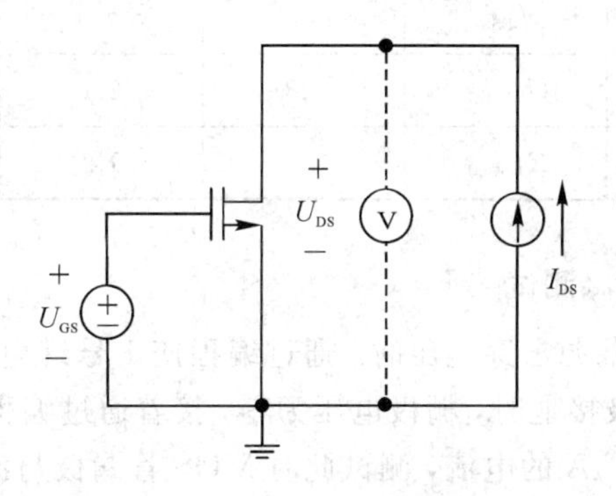

图 5.23　MOS 导通电阻测试原理图

5.4.2　MOS 管 2N7000 芯片测试

接下来以一种常用的 MOS 管为例，介绍一下 MOS 管在晶圆测试阶段的测试项目以及测试方法。测试选用的 MOS 管芯片的型号为 2N7000，该芯片为一种硅衬底低功耗 N 沟道增强型 MOS 管，该芯片采用 DMOS 工艺制造，最大限度地降低了导通电阻，同时可提供高速且稳定的开关性能，工作时可提供最大 400 mA 的工作电流以及 2 A 的最大脉冲电流。该芯片被广泛应用于低电压、低电流的应用场景，例如小型电机驱动电路、LED 驱动电路等。

MOS 管 2N7000 芯片的测试电路如图 5.24 所示，将 MOS 管 2N7000 的栅极与测试机内 1 号继电器 K1 的 1 端相连，该继电器的另外两个端口分别与 1 号电源端口 FOVIFH/SH1 以及接地端口 FOVIFL/SL0－3 相连，MOS 管的漏极与测试机内 0 号电源端口 FOVIFH/SH0相连，同时与 2 号继电器 K2 相连，MOS 管的源极与接地端口 FOVIFL/SL0－3相连。

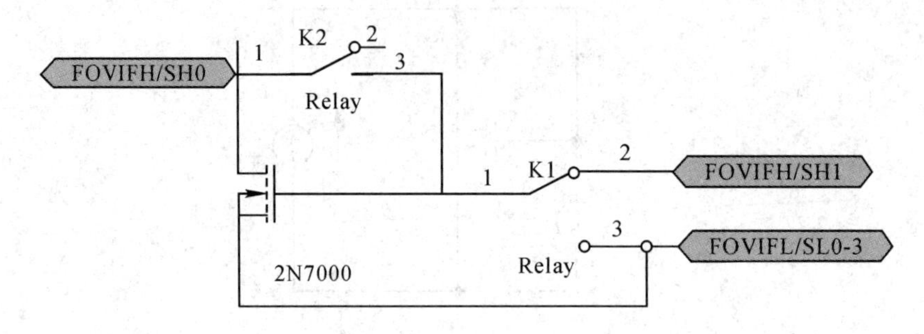

图 5.24　CTA8280 测试机测试 2N7000 MOS 管测试电路图

2N7000 型 MOS 管芯片的测试参数主要包括：漏源击穿电压 BV_{DSS}、漏源截止电流 I_{DSS}、阈值电压 $U_{GS(th)}$、导通电阻 $R_{DS(on)}$。通过查阅芯片手册，可知以上几项测试参数的测试规范，如表 5.3 所示。

表 5.3　MOS 管参数测试规范

参　　数	符号	最小值	典型值	最大值	单位
漏源击穿电压	BV_{DSS}	60			V
漏源截止电流	I_{DSS}			1	μA
阈值电压	$U_{GS(th)}$	0.8	2.1	3	V
导通电阻	$R_{DS(on)}$		1.2	5	Ω

1. 漏-源击穿电压 BV_{DSS} 测试

测试 MOS 管芯片的漏源击穿电压时，通过编程使 1 号继电器的 3 号端口和 2 号端口相连，确保 MOS 管的栅极接地时，栅极电压为零，接着通过编程控制测试机 0 号电源端口向 MOS 管的漏极灌入 10 μA 的电流，测试此时 MOS 管漏极与源极之间的电压值，该电压即为 MOS 管芯片的漏源击穿电压 BV_{DSS}。与测试规范相对比，若该电压值大于 60 V，则说明该 MOS 管芯片工作正常。漏源击穿电压 BV_{DSS} 的测试程序如下：

```
void  TEST_BVDSS()
{
    FOVI_SetChCfg(0, 0, 1, 2, 3);
    DelaymS(3);
    FOVI_SetMode(CH0, FI, IRang_1mA, VRang_100V, 100, -100);
```

```
    DelaymS(3);
    FOVI_SetOutVal(CH0, -0.01);
    DelaymS(5);
    FOVI_MeasureV(CH0);
    AdToPparam(1, 0, 0.0);
}
```

2. 漏源截止电流 I_{DSS} 测试

测试 MOS 管芯片的漏源截止电流，同样要确保 MOS 管的栅极电压为零，接着通过编程控制测试机 0 号电源端口向 MOS 管的漏极施加 48 V 电压，测试此时流经漏极的电流，该电流即为 MOS 管芯片的漏源截止电流 I_{DSS}。与测试规范相对比，若该电流值小于1 μA，则说明 MOS 管芯片工作正常。漏源截止电流 I_{DSS} 的测试程序如下：

```
void  TEST_IDSS()
{
    FOVI_SetChCfg(0, 0, 1, 2, 3);
    DelaymS(3);
        FOVI_SetMode(CH0, FV, VRang_50V, IRang_1mA, 1, -1);
        DelaymS(3);
    FOVI_SetOutVal(CH0, 48);
    DelaymS(5);
    FOVI_MeasureI(CH0);
    AdToPparam(1, 0, 0.0);
}
```

3. 阈值电压 $U_{GS(th)}$ 测试

测试 MOS 管的阈值电压时，通过编程闭合 2 号继电器，使 MOS 管的栅极和漏极短接并同时与测试机的 0 号电源端口相连，确保 MOS 管的栅源电压等于漏源电压，通过编程控制测试机的 0 号电源端口向 MOS 管的漏极灌入 1 mA 电流，测试此时 MOS 管栅极与源极之间的电压值，该电压值即为 MOS 管芯片的阈值电压 $U_{GS(th)}$，与测试规范相对比，若该电压值介于 0.8 V 至 3 V 之间，则说明 MOS 管芯片工作正常，阈值电压 $U_{GS(th)}$ 的测试程序如下：

```
void TEST_UGS(th)()
{
    FOVI_SetChCfg(0, 0, 1, 2, 3);
    DelaymS(3);
    CBIT_SRelayOn(1, 2, -1);
    DelaymS(1);
        FOVI_SetMode(CH0, FI, IRang_100mA, VRang_5V, 5, -5);
        DelaymS(3);
    FOVI_SetOutVal(CH0, 1);
    AdToPparam(1, 0, 0.0);
}
```

4. 导通电阻 $R_{DS(on)}$ 测试

测试MOS管的导通电阻时，首先通过编程断开2号继电器，使MOS管的栅极与测试机的1号电源端口相连。接着通过编程控制测试机的1号电源端口向MOS管的栅极施加10 V电压，控制测试机的0号电源端口向漏极灌入0.5 A电流，测试此时MOS管漏极源极之间的电压值U_{DS}，该电压值与漏极电流的比值即为MOS管的导通电阻$R_{DS(on)}$，与测试规范相对比，若该MOS管的导通电阻阻值低于5 Ω，则说明MOS管芯片工作正常，导通电阻$R_{DS(on)}$的测试程序如下：

```
void  TEST_RDS(on)()
{
    FOVI_SetChCfg(0, 0, 1, 2, 3);
    DelaymS(3);
    CBIT_SRelayOn(1, -1);
    DelaymS(1);
    FOVI_SetMode(CH1, FV, VRang_10V, IRang_1mA, 1, -1);
    FOVI_SetMode(CH0, FV, IRang_1mA, VRang_5V, 5, -5);
    DelaymS(3);
    FOVI_SetOutVal(CH1, 10);
    FOVI_SetOutVal(CH0, 0.5);
    FOVI_MeasureV(CH0);
    pSite->RealData[0]/0.5;
    AdToPparam(1, 0, 0.0);
}
```

采用LK8820测试机测试2N7000三极管芯片的测试电路如图5.25所示，MOS管芯片的漏极连接测试机的1号电源端口FORCE1，MOS管的栅极连接测试机的2号开关relay2，开关的另一端连接测试机的2号电源端口FORCE2，MOS管的漏极和栅极直接连接测试机的1号开关relay1，MOS管的源极接地。

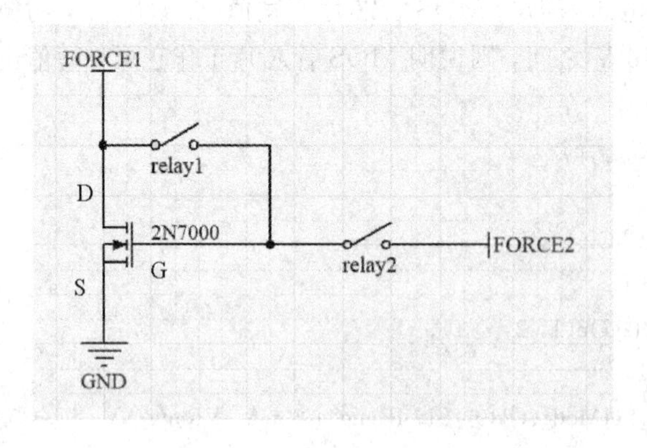

图5.25　LK8820测试机测试2N7000 MOS管测试电路

采用LK8820测试机测试MOS管芯片主要参数的方法与CTA8280机的基本一致，基于LK8820测试机函数编写的2N7000 MOS管芯片的测试程序如下：

```
//漏源击穿电压 BVDSS测试程序
void BVDSS()
{
  float V0;
  cy->_turn_switch("on", 2);
  Sleep(20);
  cy->_on_vpt(2, 3, 0);
  Sleep(20);
  cy->_on_ip(1, 10); //在 MOS 管的漏极加 10 μA 电流
  Sleep(20);
  V0=cy->_measure_v(1, 2); //测试 MOS 管漏极电压
  MprintfExcel(L"BVDSS", V0);
  cy->_reset();
}
//漏源截止电流 IDSS测试程序
void IDSS()
{
  float I0;
  cy->_turn_switch("on", 2);
  Sleep(20);
  cy->_on_vpt(2, 3, 0);
  Sleep(20);
  cy->_on_vpt(1, 3, 48); //在 MOS 管漏极加 48 V 电压
  Sleep(20);
  I0=cy->_measure_i(1, 3, 2); //测试 MOS 管漏极电流
  MprintfExcel(L"IDSS", I0);
  cy->_reset();
}
//阈值电压 UGS(th) 测试程序
void UGS(th)()
{
  float VO;
  cy->_turn_switch("on", 1); //闭合继电器 1，使 MOS 管的漏极和栅极相连
  Sleep(20);
  cy->_turn_switch("off", 2); //断开继电器 2，使 MOS 管的栅极悬空
  Sleep(20);
  cy->_on_ip(1, 1000); //在 MOS 管的漏极加 1 mA 的电流
  Sleep(20);
  VO=cy->_measure_v(1, 2); //测试 MOS 管的漏极电压
  MprintfExcel(L"UGS", VO);
  cy->_reset();
}
//导通电阻 RDS(on) 测试程序
```

```
void RDS(on) ()
{
  float V, R0;
  cy->_turn_switch("on", 2); //闭合继电器 2，使 MOS 管的栅极连接 FORCE2
  Sleep(20);
  cy->_on_vpt(2, 3, 10); //在 MOS 管的栅极加 10 V 电压
  Sleep(20);
  cy->_on_ip(1, 500 000); //在 MOS 管的漏极加 0.5 A 电流
  V=cy->_measure_v(1, 2); //测试 MOS 管的漏极电压
  R0=V / 0.5;
  MprintfExcel(L"RDS(on) ", R0);
  cy->_reset();
}
```

第 6 章　数字集成电路测试技术

6.1　数字集成电路简介

数字集成电路是基于数字逻辑(布尔代数)设计和运行的，用于处理数字信号的集成电路，根据数字集成电路中包含的门电路或元、器件数量，可将数字集成电路分为小规模集成(SSI)电路、中规模集成 MSI 电路、大规模集成(LSI)电路、超大规模集成 VLSI 电路、特大规模集成(ULSI)电路和巨大规模集成电路(GSI)，小规模集成电路包含的门电路在 10 个以内，或元器件数不超过 10 个；中规模集成电路包含的门电路在 10～100 个之间，或元器件数在 100～1000 个之间；大规模集成电路包含的门电路在 100 个以上，或元器件数在 1 000～10 000 个之间；超大规模集成电路包含的门电路在 1 万个以上，或元器件数在 100 000～1 000 000 之间；特大规模集成电路的门电路在 10 万个以上，或元器件数在 1 000 000～10 000 000 之间。随着微电子工艺的进步，集成电路的规模越来越大，简单地以集成元件数目来划分类型已经没有多大的意义了，目前暂时以“巨大规模集成电路”来统称集成规模超过 1 亿个元器件的集成电路。

数字集成电路按照其内部电路结构区分，可分为 TTL 数字集成电路和 CMOS 数字集成电路两大类。TTL 数字集成电路中主要采用双极型三极管作为开关元件，所以又称为双极型集成电路，TTL 数字集成电路具有开关速度快、驱动能力强等优点，但是其功耗较大，集成度较低，在现代 SoC 集成度越来越高、功耗越来越低的发展趋势下，TTL 电路已经无法满足需求。CMOS 数字集成电路内部主要采用单极型 MOS 管作为开关元件，因此又称为单极型数字集成电路。CMOS 数字集成电路的主要优点是输入阻抗高、功耗低、抗干扰能力强且适合大规模集成，因此 CMOS 数字集成电路目前得到了广泛的应用。

6.1.1　组合逻辑电路

根据数字集成电路内部有无触发器，可将数字逻辑电路分成组合逻辑电路和时序逻辑电路两大类。在组合逻辑电路中，任意时刻的输出仅取决于当时的输入，而与电路以前的工作状态无关。组合逻辑电路内部是由基本的组合逻辑单元所构成，常用的组合逻辑单元包括与非门、或非门、反相器、异或门、同或门等。如图 6.1 所示为一种 CMOS 与非门的电路符号以及其内部电路结构。最常用的组合逻辑电路有编码器、译码器、数据选择器、多路分配器、数值比较器、全加器、奇偶校验器等。

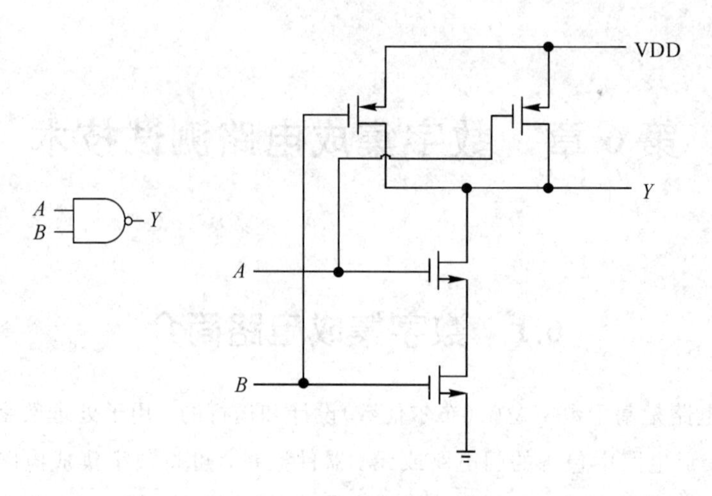

图 6.1　CMOS 与非门电路符号及其内部结构

6.1.2　时序逻辑电路

在时序逻辑电路中，任意时刻的输出不仅取决于该时刻的输入，还与电路原来的状态有关，因此，时序逻辑电路内部除了包含基本的门电路以外，还必须包含具有记忆功能的存储单元电路，在完成逻辑运算的同时，还可以把处理结果暂存起来，用于下一步的运算。时序逻辑电路中常用的存储单元为触发器，包括 D 触发器、JK 触发器等，一种典型的 CMOS D 触发器的电路符号和内部结构如图 6.2 所示。

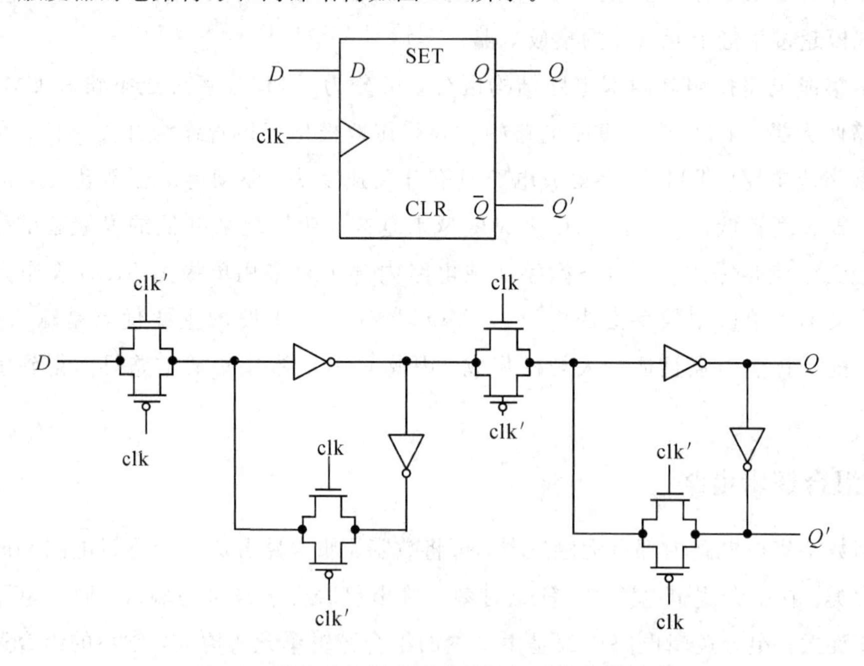

图 6.2　CMOS D 触发器电路符号及其内部结构

根据时序逻辑电路中触发器的动作特点的不同，时序逻辑电路可分为同步时序电路和异步时序电路。在同步时序电路中，所有触发器的变化都是在同一个时钟信号操作下同时发生的，而在异步时序电路中，触发器状态的变化不是同时发生的。

根据时序逻辑电路中输出信号的特点，又可将时序逻辑电路分为米利型(Mealy)电路和摩尔型(Moore)电路两种。米利型电路的输出不但取决于其内部触发器的当前状态，还取决于输入信号，米利型时序逻辑电路的结构如图 6.3 所示。

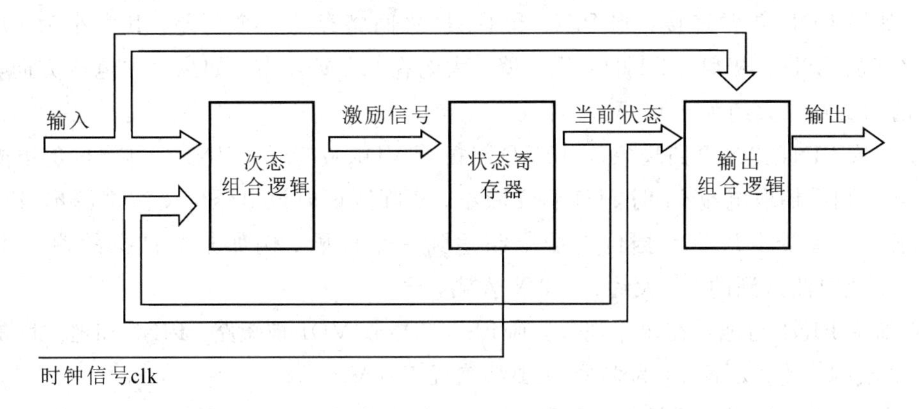

图 6.3　米利型时序逻辑电路结构

而摩尔型状态机的输出只取决于其内部触发器的当前状态，与输入状态无关，摩尔型电路是米利型电路的一种特例。摩尔型时序逻辑电路的结构图如图 6.4 所示。

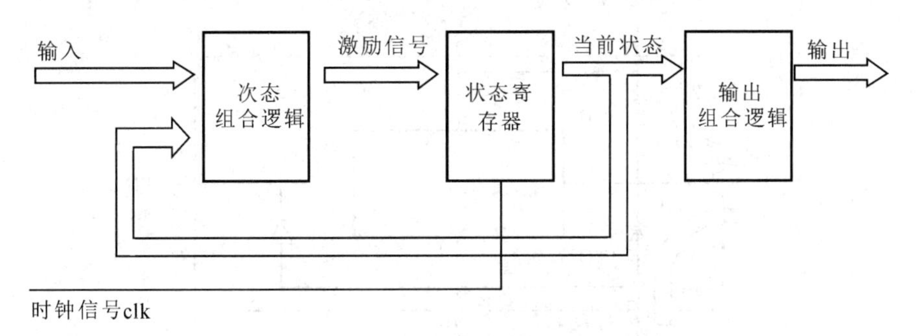

图 6.4　摩尔型时序逻辑电路结构

6.2　开短路测试

6.2.1　开短路测试基本原理

开短路测试(open/short test)是测试工程师需要掌握的最基本的技能。开短路测试的主要目的是确认在测集成电路芯片的所有引脚与测试系统相应的通道在电气性能上连接良好，同时验证在测器件的引脚与其他信号引脚、电源或地有无开短路现象。开短路测试的原理，其实是基于数字集成电路自身引脚集成的 ESD 防静电保护二极管的正向导通压降的原理进行测试。

通常可以或者需要进行开短路测试的器件引脚，对地或者对电源端，或者对地和对电源，都有 ESD 保护二极管，利用二极管正向导通的原理，就可以判别该引脚的通断情况。

如图 6.5 所示，如果要测试芯片引脚 1(PIN1)对地的开短路情况，可以从 PIN1 处抽取一个小电流 $I1$(通常在几十微安到几个毫安)，然后测量电压 $U1$，会出现以下几种不同的测试情况：

① 如果 PIN1 正常连接，则 PIN1 和 GND 之间将存在一个压差，其大小为 PIN1 与 GND 之间的 ESD 二极管 VD1 的导通压降，大约在 0.7 V 左右。如果考虑电压方向，则电压 $U1$ 的测量结果大约为 −0.7 V 左右。

② 如果 PIN1 出现开路现象，则 ESD 二极管 VD1 被断开，PIN1 和地之间的电阻相当于无穷大，则在抽取电流 $I1$ 时，$U1$ 将无限小。实际测试时该电压会受测试源本身存在的钳位电压，或者受电压量程挡位电压限制达到一个极限，例如某测试机的钳位电压为 −2 V，则此时测试到的 $U1$ 大约为 −2 V 左右。

③ 如果 PIN1 与地存在短路现象，则 ESD 二极管 VD1 被短路，PIN1 和地之间的电阻接近为 0 欧姆，此时不论 $I1$ 为多少，$U1$ 都趋近于 0 V。

同样的原理，如果要测量 PIN1 和 VDD 之间的开短路情况，则可以将 VDD 通过测试源加到 0 V，利用 $I2$ 和二极管 VD2 的正向导通压降进行测量和判断。此时要注意 $I2$ 的方向和 $I1$ 的方向正好相反，此时 $U1$ 为正电压。

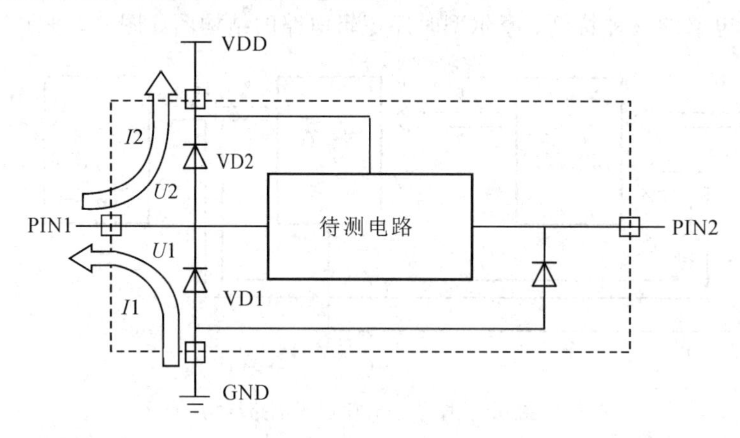

图 6.5　数字集成电路开短路测试原理

如果要判断所有引脚之间是否存在短路现象，则可以在测试某一个引脚，比如 PIN1 的时候，将其余引脚全部接地或加 0 V，继续按照开短路的测量方法进行测试，如果有 PIN1 和其他任意引脚存在短路现象，则由于其他引脚都被接地，PIN1 也被短路到地，$U1$ 将近似为 0 V。

当器件引脚较多，又需要考虑检测引脚之间的短路现象时，需要将所有引脚接地，然后依次为每个引脚进行开短路测试，此时需要花费较多的测试时间。测试机本身一般会有测试源的并行测试能力，可以同时利用多个测试源对多个测试引脚进行并行测试，但是，同时测试的这些引脚之间，如果存在短路现象，则无法判别出来。为了提高效率，还有一些折衷办法，考虑到通常引脚之间短路都发生在相邻引脚之间，可以将相邻引脚进行交叉并行测试。比如，先将 PIN1、PIN3、PIN5、PIN7、PIN9 接地，对 PIN2、PIN4、PIN6、

PIN8、PIN10 进行并行测试；然后，将 PIN4、PIN6、PIN8、PIN10 先接地，对 PIN1，PIN3，PIN5，PIN7，PIN2 进行并行测试。

如果期间引脚本身不存在 ESD 保护二极管，则无法使用该方法进行开短路测试。但是，有一些特殊情况也要考虑，比如一些器件的散热部分，也需要接测试源，判断其并未与其他引脚短路，此时测试的正常结果反而应该是开路。

在进行开短路测试的时候，得到开短路测试值，只是第一步，还需要设定对应的测试规范来进行判定。此时一定要注意设定合理的测试规范，避免由于规范设置不当导致误判。比如，进行开短路测试的时候，开路电压测试结果为−1.0 V(钳位电压设置为−1 V)，而测试规范为−1.2 V～−0.2 V，此时将无法将开路的情况筛选出来，应该将钳位电压设置为−1.2 V 以上，或者将规范的下限设置为大于钳位电压，比如−0.9 V。

6.2.2　74HC138 芯片开短路测试

74HC138 为一款常用的高速 CMOS 三线-八线译码器芯片，该芯片具有三个二进制加权地址输入端，8 个有源输出端，该芯片的功能是将输入的三位二进制地址代码(000～111)翻译成对应的一根输出线上的低电平信号。为了便于扩展，74HC138 内部集成了三个使能端，分别为两个低电平有效使能端，一个高电平有效使能端，74HC138 芯片的引脚功能图如图 6.6 所示。

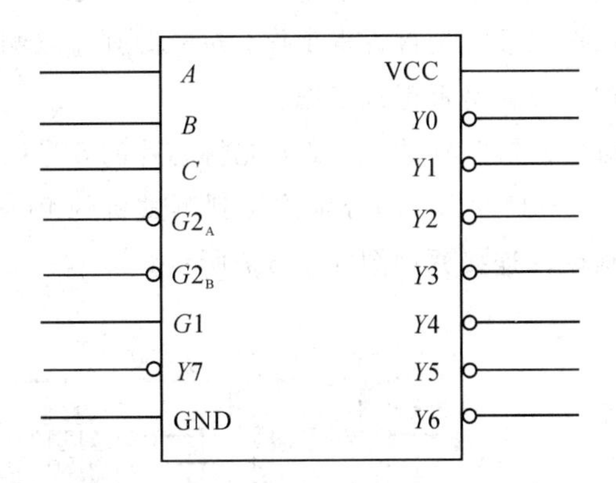

图 6.6　74HC138 芯片引脚功能图

A、B、C 这三个端为 3 位二进制地址输入端。

$G1$ 为高电平使能端，即只有当 $G1$ 端输入为高电平时，译码器芯片才能正常工作，当 $G1$ 端输入为低电平时，输出端被锁定为高电平。

$G2_A$、$G2_B$ 为低电平使能端，即只有当 $G2_A$、$G2_B$ 端输入都为低电平时，译码器芯片才能正常工作，当 $G2_A$、$G2_B$ 端输入为高电平时，输出端被锁定为高电平。

$Y0$～$Y7$ 为芯片的八路数据输出端，输出数据为低电平有效。

VCC 为芯片电源供电端，该芯片支持 5 V 供电。

GND 为芯片接地端。

74HC138 芯片的真值表如表 6.1 所示。

表 6.1　74HC138 芯片真值表

使能		输入			输出							
*G*1	*G*2	*C*	*B*	*A*	*Y*0	*Y*1	*Y*2	*Y*3	*Y*4	*Y*5	*Y*6	*Y*7
X	H	X	X	X	H	H	H	H	H	H	H	H
L	X	X	X	X	H	H	H	H	H	H	H	H
H	L	L	L	L	L	H	H	H	H	H	H	H
H	L	L	L	H	H	L	H	H	H	H	H	H
H	L	L	H	L	H	H	L	H	H	H	H	H
H	L	L	H	H	H	H	H	L	H	H	H	H
H	L	H	L	L	H	H	H	H	L	H	H	H
H	L	H	L	H	H	H	H	H	H	L	H	H
H	L	H	H	L	H	H	H	H	H	H	L	H
H	L	H	H	H	H	H	H	H	H	H	H	L

该芯片的开短路测试的目的是测试芯片各输入输出引脚内部的防静电二极管是否正常工作，同时验证芯片与测试机台测试爪是否形成良好的欧姆接触。开短路测试分为引脚对地开短路测试和引脚对电源开短路测试。两者的区别在于对地开短路测试用于验证芯片引脚与芯片共地端之间的保护二极管是否正常工作，对电源开短路测试用于验证芯片引脚与芯片电源端口之间的保护二极管是否正常工作。

首先进行芯片引脚对地开短路测试，测试前先将芯片的 8 号引脚接测试机的 GND 端，将芯片的输出引脚(7 号、9～15 号引脚)分别连接到测试机的 FOVISH/FH7～FOVISH/FH0 端口，芯片的测试板硬件连接原理图如图 6.7 所示。

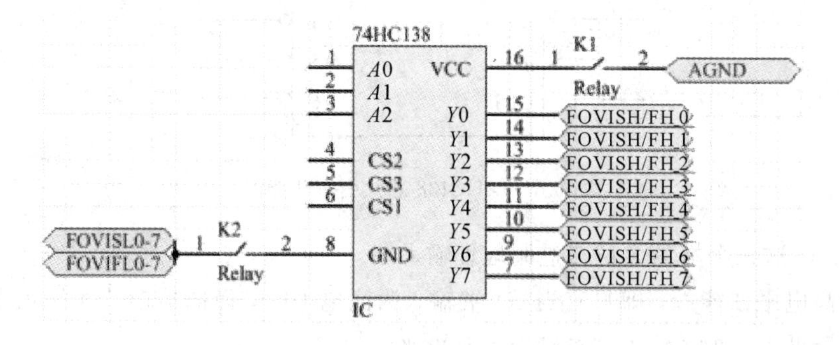

图 6.7　CTA8280 74HC138 芯片开短路测试电路

测试时，分别在 FOVISH/FH0～FOVISH/FH7 端口加－100 mA 电流(即从端口朝外引出 100 mA 电流)，测试此时端口的电压值 $U1$，若测得的电压值范围为 $-1.2\ \text{V} \leqslant U1 \leqslant -0.3\ \text{V}$，则该芯片内部的保护二极管工作正常，且芯片引脚与测试设备的接触良好，若 $U1 \geqslant -0.3\ \text{V}$，则说明芯片内部的保护二极管出现了短路异常，若 $U1 \leqslant -1.2\ \text{V}$，则说明芯片内部出现开路或引脚与测试机接触不良导致开路。对地开短路的测试程序如下：

```
void  TEST_OS_GND()
{
  CBIT_SRelayOn(2, -1);
  FOVI_SetMode(CH0, FI, IRang_500mA, VRang_2V, 2, -2);
  FOVI_SetMode(CH1, FI, IRang_500mA, VRang_2V, 2, -2);
  FOVI_SetMode(CH2, FI, IRang_500mA, VRang_2V, 2, -2);
  FOVI_SetMode(CH3, FI, IRang_500mA, VRang_2V, 2, -2);
  FOVI_SetMode(CH4, FI, IRang_500mA, VRang_2V, 2, -2);
  FOVI_SetMode(CH5, FI, IRang_500mA, VRang_2V, 2, -2);
  FOVI_SetMode(CH6, FI, IRang_500mA, VRang_2V, 2, -2);
  FOVI_SetMode(CH7, FI, IRang_500mA, VRang_2V, 2, -2);
  DelaymS(5);
  FOVI_SetOutVal(CH0, -100);
  FOVI_SetOutVal(CH1, -100);
  FOVI_SetOutVal(CH2, -100);
  FOVI_SetOutVal(CH3, -100);
  FOVI_SetOutVal(CH4, -100);
  FOVI_SetOutVal(CH5, -100);
  FOVI_SetOutVal(CH6, -100);
  FOVI_SetOutVal(CH7, -100);
  DelaymS(5);
  FOVI_MeasureV(CH0);
  FOVI_MeasureV(CH1);
  FOVI_MeasureV(CH2);
  FOVI_MeasureV(CH3);
  FOVI_MeasureV(CH4);
  FOVI_MeasureV(CH5);
  FOVI_MeasureV(CH6);
  FOVI_MeasureV(CH7);
}
```

芯片引脚对电源开短路的测试方法与芯片引脚对地开短路的测试方法类似，只需要将芯片的 16 号引脚连接测试机的 GND 端口，芯片的其余引脚连接方式保持不变即可。测试时，分别在 FOVISH/FH0～FOVISH/FH7 端口加 100 mA 电流（即从端口朝内输入 100 mA电流），测试此时端口的电压值 $U2$，若测得的电压值的范围为 0.3 V$\leqslant U2\leqslant$1.2 V，则该芯片内部的保护二极管工作正常，且芯片引脚与测试设备的接触良好，若 $U2\leqslant$0.3 V，则说明芯片内部的保护二极管出现了短路异常，若 $U2\geqslant$1.2 V，则说明芯片内部出现开路或引脚与测试机接触不良导致开路。对地开短路的测试程序如下：

```
void  TEST_OS_VCC()
{
  CBIT_SRelayOn(1, -1);
  FOVI_SetMode(CH0, FI, IRang_500mA, VRang_2V, 2, -2);
  FOVI_SetMode(CH1, FI, IRang_500mA, VRang_2V, 2, -2);
```

```
    FOVI_SetMode(CH2, FI, IRang_500mA, VRang_2V, 2, -2);
    FOVI_SetMode(CH3, FI, IRang_500mA, VRang_2V, 2, -2);
    FOVI_SetMode(CH4, FI, IRang_500mA, VRang_2V, 2, -2);
    FOVI_SetMode(CH5, FI, IRang_500mA, VRang_2V, 2, -2);
    FOVI_SetMode(CH6, FI, IRang_500mA, VRang_2V, 2, -2);
    FOVI_SetMode(CH7, FI, IRang_500mA, VRang_2V, 2, -2);
    DelaymS(5);
    FOVI_SetOutVal(CH0, 100);
    FOVI_SetOutVal(CH1, 100);
    FOVI_SetOutVal(CH2, 100);
    FOVI_SetOutVal(CH3, 100);
    FOVI_SetOutVal(CH4, 100);
    FOVI_SetOutVal(CH5, 100);
    FOVI_SetOutVal(CH6, 100);
    FOVI_SetOutVal(CH7, 100);
    DelaymS(5);
    FOVI_MeasureV(CH0);
    FOVI_MeasureV(CH1);
    FOVI_MeasureV(CH2);
    FOVI_MeasureV(CH3);
    FOVI_MeasureV(CH4);
    FOVI_MeasureV(CH5);
    FOVI_MeasureV(CH6);
    FOVI_MeasureV(CH7);
}
```

采用 LK8820 测试机进行 74HC138 芯片的开短路测试电路如图 6.8 所示，芯片的电源端 VCC 和地线端 GND 分别接地，芯片的输出端 $Y0$～$Y7$ 分别连接测试机的 PIN1～PIN8 测试引脚。

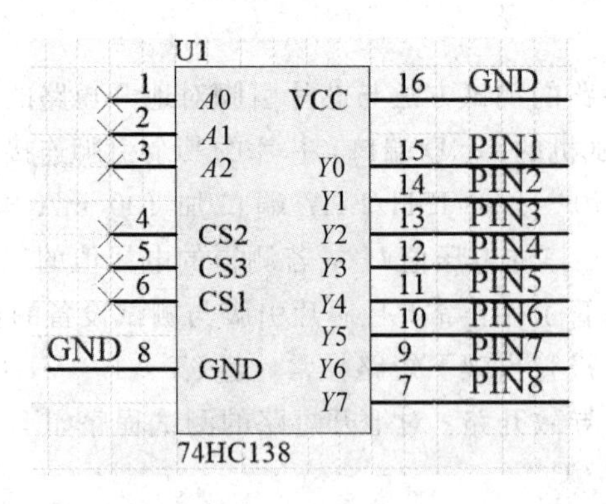

图 6.8　采用 LK8820 测试机对 74HC138 开短路测试电路图

采用 LK8820 测试机测试 74HC138 芯片开短路参数的方法与 CTA8280 机的基本一致，基于 LK8820 测试机函数编写的 74HC138 芯片的开短路测试程序如下：

```
/＊对地开短路测试＊/
int num;
float v[8]
cy→_turn_switch("on", 1, 0);
Sleep(20);
for(num=1; num<9; num++)
{
  v[num-1]=cy→_pmu_test_iv(num, 1, -100, 2);
  Sleep(100);
}
MprintfExcel(L"Y0", v[0]);
MprintfExcel(L"Y1", v[1]);
MprintfExcel(L"Y2", v[2]);
MprintfExcel(L"Y3", v[3]);
MprintfExcel(L"Y4", v[4]);
MprintfExcel(L"Y5", v[5]);
MprintfExcel(L"Y6", v[6]);
MprintfExcel(L"Y7", v[7]);
/＊对电源开短路测试＊/
int num;
float v[8]
cy→_turn_switch("on", 1, 0);
Sleep(20);
for(num=1; num<9; num++)
{
  v[num-1]=cy→_pmu_test_iv(num, 1, 100, 2);
  Sleep(100);
}
MprintfExcel(L"Y0", v[0]);
MprintfExcel(L"Y1", v[1]);
MprintfExcel(L"Y2", v[2]);
MprintfExcel(L"Y3", v[3]);
MprintfExcel(L"Y4", v[4]);
MprintfExcel(L"Y5", v[5]);
MprintfExcel(L"Y6", v[6]);
MprintfExcel(L"Y7", v[7]);
```

6.3　组合逻辑芯片测试

组合逻辑电路是指在任何时刻，输出状态只取决于同一时刻各输入状态的组合，而与电路以前状态无关，即与其他时间的状态无关。其逻辑函数如下：

$$L_i = f(A1, A2, A3, \cdots, An)\ (i=1, 2, 3, \cdots, m)$$

其中，$A1 \sim An$ 为输入变量，L_i 为输出变量。组合逻辑电路的特点归纳如下：

(1) 输入、输出之间没有反馈延迟通道。

(2) 电路中无记忆单元。

组合逻辑芯片测试主要是对其功能进行测试，逻辑芯片功能测试用于保证被测器件能够正确完成其预期的功能。为了达到这个目的，必须先创建测试向量或者真值表，才能检测待测器件的错误。一个真值表检测错误的能力有一个统一的标准，被称作故障覆盖率。测试向量与测试时序结合在一起组成了逻辑功能测试的核心。

组合电路的测试生成算法主要有穷举法、代数法、路径敏化法、蕴含图法及随机法等。

6.3.1　组合逻辑芯片测试基本原理和方法

组合逻辑芯片通常的测试项目种类有逻辑功能测试、直流参数测试和交流参数测试。

1. 逻辑功能测试

逻辑功能测试旨在检查被测器件在类似实际使用的环境下是否能实现其预期逻辑功能的一类测试，也就是我们常说的功能测试。功能测试根据被测器件的真值表、状态方程、测试图形、设计向量来测试器件的逻辑功能。功能测试是全集的，测试向量集不会包含多余的测试向量，但必须有足够高的故障覆盖率。在电路中传输的逻辑“1”或“0”是带有定时特性和电平特性的波形，与波形形状、脉冲宽度、脉冲边缘或斜率以及上升沿和下降沿的位置都有关系。功能测试关注的重点是测试图形产生的速度、边沿定时控制的特性、输入/输出控制和屏蔽选择等。

参照被测器件(DUT)的器件手册，考虑各个方面的性能，必须仔细检查下列各项的准确值：

(1) 被测器件电源电压最小值/最大值。

(2) U_{OL}/U_{OH}(输出电压)。

(3) U_{IL}/U_{IH}(输入电压)。

(4) I_{OL}/I_{OH}(输出负载电流)。

(5) 动态电流负载参考电平 U_{REF}。

(6) 测试频率/周期。

(7) 输入信号时序(时钟/建立时间/保持时间/控制信号)。

(8) 输入信号波形编码方式。

(9) 输出时序(在周期内何时对输出进行采样)。

(10) 向量序列(向量文件内的开始/停止位置)。

从以上可以看出，逻辑功能测试中需要配置大量的资源信息，主要由两大块组成，一是测试向量文件，另一是包含测试指令的主测试程序。测试向量代表了测试待测器件时所需的激励输入和期望输出的逻辑状态。主测试程序设定测试速率、引脚部件电平值、输入通道的编码格式、波形和时序等所必需的信息，如图 6.9 所示。从向量存储器里输出的数据与时序，编码格式以及电平数据结合在一起，通过引脚电路施加给被测器件。输入的测试数据就包含测试向量、输入信号时序、输入信号格式化编码、输入电平值等。

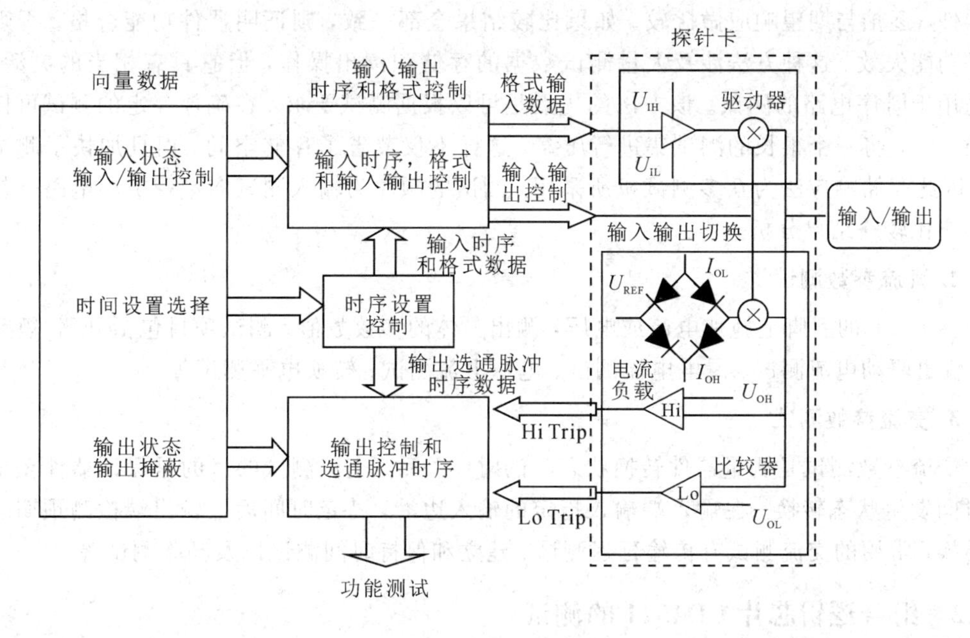

图 6.9 逻辑功能测试

执行功能测试时，设定必要的初始程序、合理的电压电流值和定时条件后，测试机便逐个周期地给 DUT 提供激励，同时在一个周期内对 DUT 的输出进行监测。输出信号与测试向量表示的期望值相互比较，如果输出引脚输出的逻辑状态与期望不相符合，则功能测试失效。

对输出响应的检测有两种方法。

(1) 比较法：输入激励同时应用于被测电路和一个称为金器件(设为无故障)的相同器件，比较两者输出响应即可判断被测电路的正确性。这种比较法一般适用于比较简单的标准中小规模(SSI、MSI)电路的测试。

(2) 存储响应法：如图 6-10 所示，在计算机的控制下，被测器件的测试集存放在测试机高速缓冲存储器中。测试时，测试图形根据测试主频逐拍读出，输入激励顺次施加于被

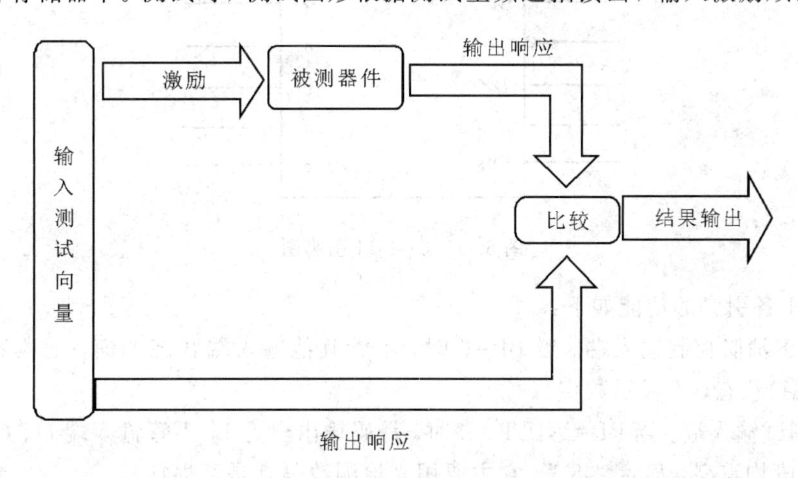

图 6.10 存储响应法

测器件，逐拍与期望响应做比较。如果比较结果全部一致，则证明器件功能合格；否则称器件功能失效。这种方法涉及大量测试数据的存储和读出操作，但它具有相当的灵活性，也适用于时序电路的测试。该方法的优点是可以根据测试要求，在确保一定的测试可接受的前提下，将一个很长的测试集进行压缩，这样不仅节省了存储空间，而且加快了测试速度，因此存储响应法为众多测试机所采用。测试的顺序为输入测试向量→被测电路→与标准响应比较→结果分析。

2. 直流参数测试

在 DUT 的引脚上施加电流或电压，测出具体的参数数值。测试项目包括开路/短路测试、输出驱动电流测试、漏电电流测试、电源电流测试、转换电平测试等。

3. 交流参数测试

交流参数测试是测量器件转换状态时的时序关系。交流测试的目的是保证器件在正确的时间发生状态转换。在输入端输入指定的输入边沿，特定时间后在输出端检测预期的状态转换。常用的交流测试有传输延迟测试、建立和保持时间测试以及频率测试等。

6.3.2 组合逻辑芯片 CD4511 的测试

下面我们针对具体的组合逻辑芯片 CD4511，基于 LK8820 测试机做介绍。

1. 组合逻辑芯片 CD4511 简介

CD4511 是一片 CMOS BCD-锁存/7 段译码/驱动器，用于驱动共阴极 LED(数码管)显示器的 BCD 码-七段码译码器。CD4511 是具有 BCD 转换、消隐和锁存控制、七段译码及驱动功能的 CMOS 电路，能提供较大的驱动电流，可直接驱动共阴极 LED 数码管。

CD4511 的引脚图如图 6.11 所示。

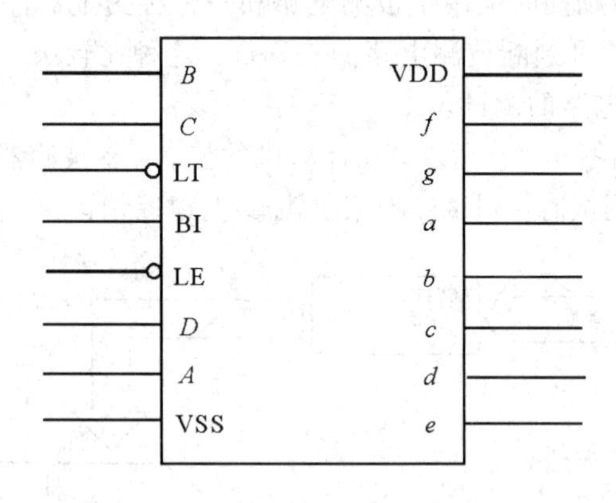

图 6.11 CD4511 引脚图

CD4511 各引脚的功能如下：

BI：输出消隐控制输入端。当 BI=0 时，不管其他输入端状态如何，七段数码管均处于熄灭(消隐)状态，不显示数字。

LT：测试输入端。当 BI=1，LT=0 时，译码输出全为 1，不管输入端 *D*、*C*、*B*、*A* 状态如何，七段均点亮，显示“8”。它主要用来检测数码管是否损坏。

LE：锁定控制端。当 LE=0 时，允许译码输出。LE=1 时译码器是锁定保持状态，译码器输出被保持在 LE=0 时的数值。

A、*B*、*C*、*D*：8421BCD 码输入端。

a、*b*、*c*、*d*、*e*、*f*、*g*：译码输出端，高电平有效。

VDD：电源端。

VSS：接地端。

CD4511 的真值表如表 6.2 所示。

表 6.2　CD4511 真值表

输入							输出							
LE	BI	LT	*D*	*C*	*B*	*A*	*a*	*b*	*c*	*d*	*e*	*f*	*g*	显示
×	0	×	×	×	×	×	0	0	0	0	0	0	0	消隐
×	1	0	×	×	×	×	1	1	1	1	1	1	1	8
0	1	1	0	0	0	0	1	1	1	1	1	1	0	0
0	1	1	0	0	0	1	0	1	1	0	0	0	0	1
0	1	1	0	0	1	0	1	1	0	1	1	0	1	2
0	1	1	0	0	1	1	1	1	1	1	0	0	1	3
0	1	1	0	1	0	0	0	1	1	0	0	1	1	4
0	1	1	0	1	0	1	1	0	1	1	0	1	1	5
0	1	1	0	1	1	0	0	0	1	1	1	1	1	6
0	1	1	0	1	1	1	1	1	1	0	0	0	0	7
0	1	1	1	0	0	0	1	1	1	1	1	1	1	8
0	1	1	1	0	0	1	1	1	1	0	0	1	1	9
0	1	1	1	0	1	0	0	0	0	0	0	0	0	消隐
0	1	1	1	0	1	1	0	0	0	0	0	0	0	消隐
0	1	1	1	1	0	0	0	0	0	0	0	0	0	消隐
0	1	1	1	1	0	1	0	0	0	0	0	0	0	消隐
0	1	1	1	1	1	0	0	0	0	0	0	0	0	消隐
0	1	1	1	1	1	1	0	0	0	0	0	0	0	消隐
1	1	1	×	×	×	×	锁存							

2. 测试的基本原理和方法

1）开短路测试

利用开尔文测试原理，通过在芯片引脚加入适当小电流，测试引脚的电压。主要测试芯片的每个引脚是否存在对地短路或者开路现象。

2）功能测试

根据该芯片使用的基本原理，逐一测试功能，检查芯片功能是否良好。具体方法见测试步骤。

3. 测试步骤

(1) CD4511 的测试电路如图 6.12 所示。芯片电源端 VDD 连接测试机的 0 号电源端口 FOVIFH/SH0，芯片的输入端 A、B、C、D、LT、BI、LE 分别连接 FOVIFH14、FOVIFH8、FOVIFH9、FOVIFH13、FOVIFH10、FOVIFH11、FOVIFH12 端口，芯片的输出端口 a、b、c、d、e、f、g 分别连接 FOVISH3、FOVISH4、FOVISH5、FOVISH6、FOVISH7、FOVISH1、FOVISH2 端口，VSS 连接测试机接地端口 FOVIFL0/SL0。

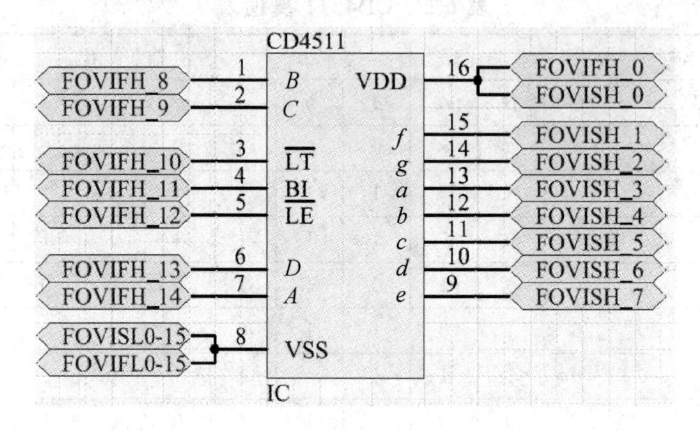

图 6.12　CD4511 测试电路图

(2) 测试程序如下：

静态工作电流测试程序

```
void  TEST_IDD()
{
  FOVI_SetMode(CH0, FV, VRang_10V, IRang_100uA, IRang_100uA, -IRang_100uA);
  FOVI_SetMode(CH10, FV, VRang_10V, IRang_100uA, IRang_100uA, -IRang_100uA);
  FOVI_SetMode(CH11, FV, VRang_10V, IRang_100uA, IRang_100uA, -IRang_100uA);
  FOVI_SetMode(CH12, FV, VRang_10V, IRang_100uA, IRang_100uA, -IRang_100uA);
  FOVI_SetMode(CH8, FV, VRang_10V, IRang_100uA, IRang_100uA, -IRang_100uA);
  FOVI_SetMode(CH9, FV, VRang_10V, IRang_100uA, IRang_100uA, -IRang_100uA);
  FOVI_SetMode(CH13, FV, VRang_10V, IRang_100uA, IRang_100uA, -IRang_100uA);
  FOVI_SetMode(CH14, FV, VRang_10V, IRang_100uA, IRang_100uA, -IRang_100uA);
  DelaymS(5);
  FOVI_SetOutVal(CH0, 5);
  FOVI_SetOutVal(CH10, 5);
  FOVI_SetOutVal(CH11, 5);
  FOVI_SetOutVal(CH12, 5);
  FOVI_SetOutVal(CH8, 0);
  FOVI_SetOutVal(CH9, 0);
  FOVI_SetOutVal(CH13, 0);
  FOVI_SetOutVal(CH14, 0);
  DelaymS(5);
  FOVI_MeasureI(CH0);
```

```
    AdToPparam(0, 0, 0.0);
}
```

功能测试程序

```
void  TEST_FUNCTION1()
{
    FOVI_SetMode(CH0, FV, VRang_10V, IRang_100uA, IRang_100uA, -IRang_100uA);
    FOVI_SetMode(CH10, FV, VRang_10V, IRang_100uA, IRang_100uA, -IRang_100uA);
    FOVI_SetMode(CH11, FV, VRang_10V, IRang_100uA, IRang_100uA, -IRang_100uA);
    FOVI_SetMode(CH12, FV, VRang_10V, IRang_100uA, IRang_100uA, -IRang_100uA);
    FOVI_SetMode(CH8, FV, VRang_10V, IRang_100uA, IRang_100uA, -IRang_100uA);
    FOVI_SetMode(CH9, FV, VRang_10V, IRang_100uA, IRang_100uA, -IRang_100uA);
    FOVI_SetMode(CH13, FV, VRang_10V, IRang_100uA, IRang_100uA, -IRang_100uA);
    FOVI_SetMode(CH14, FV, VRang_10V, IRang_100uA, IRang_100uA, -IRang_100uA);
    DelaymS(5);
    FOVI_SetOutVal(CH0, 5);
    FOVI_SetOutVal(CH10, 5);
    FOVI_SetOutVal(CH11, 5);
    FOVI_SetOutVal(CH12, 0);
    FOVI_SetOutVal(CH8, 0);
    FOVI_SetOutVal(CH9, 0);
    FOVI_SetOutVal(CH13, 0);
    FOVI_SetOutVal(CH14, 0);
    DelaymS(5);
    FOVI_MeasureV(CH1);
    FOVI_MeasureV(CH2);
    FOVI_MeasureV(CH3);
    FOVI_MeasureV(CH4);
    FOVI_MeasureV(CH5);
    FOVI_MeasureV(CH6);
    FOVI_MeasureV(CH7);
    AdToPparam(0, 0, 0.0);
}
void  TEST_FUNCTION2()
{
    FOVI_SetMode(CH0, FV, VRang_10V, IRang_100uA, IRang_100uA, -IRang_100uA);
    FOVI_SetMode(CH10, FV, VRang_10V, IRang_100uA, IRang_100uA, -IRang_100uA);
    FOVI_SetMode(CH11, FV, VRang_10V, IRang_100uA, IRang_100uA, -IRang_100uA);
    FOVI_SetMode(CH12, FV, VRang_10V, IRang_100uA, IRang_100uA, -IRang_100uA);
    FOVI_SetMode(CH8, FV, VRang_10V, IRang_100uA, IRang_100uA, -IRang_100uA);
    FOVI_SetMode(CH9, FV, VRang_10V, IRang_100uA, IRang_100uA, -IRang_100uA);
    FOVI_SetMode(CH13, FV, VRang_10V, IRang_100uA, IRang_100uA, -IRang_100uA);
    FOVI_SetMode(CH14, FV, VRang_10V, IRang_100uA, IRang_100uA, -IRang_100uA);
    DelaymS(5);
```

```
    FOVI_SetOutVal(CH0, 5);
    FOVI_SetOutVal(CH10, 5);
    FOVI_SetOutVal(CH11, 5);
    FOVI_SetOutVal(CH12, 0);
    FOVI_SetOutVal(CH8, 5);
    FOVI_SetOutVal(CH9, 5);
    FOVI_SetOutVal(CH13, 0);
    FOVI_SetOutVal(CH14, 5);
    DelaymS(5);
    FOVI_MeasureV(CH1);
    FOVI_MeasureV(CH2);
    FOVI_MeasureV(CH3);
    FOVI_MeasureV(CH4);
    FOVI_MeasureV(CH5);
    FOVI_MeasureV(CH6);
    FOVI_MeasureV(CH7);
    AdToPparam(0, 0, 0.0);
}
```

采用LK8820测试机进行CD4511芯片功能测试电路如图6.13所示，芯片的电源端VDD连接测试机1号电源端FORCE1，芯片地线端VSS接地，芯片的输入端A、B、C、D、$\overline{\mathrm{LT}}$、BT、$\overline{\mathrm{LE}}$分别连接测试机的PIN8～PIN14测试端，芯片的输出端a、b、c、d、e、f、g分别连接测试机的PIN1～PIN7测试端。

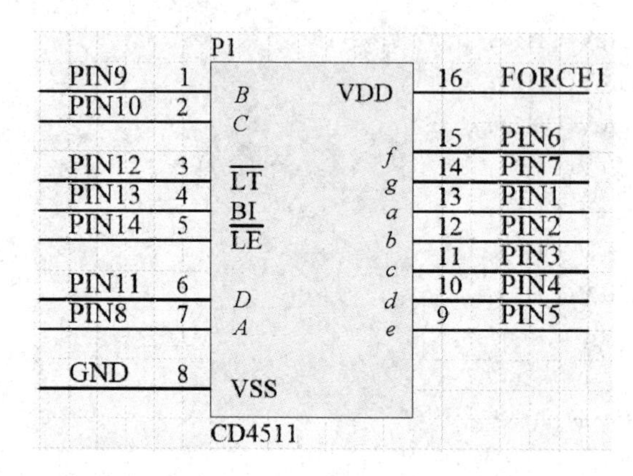

图6.13　采用LK8820测试机测试CD4511芯片的测试电路

采用LK8820测试机测试CD4511芯片功能的方法与CTA8280机的基本一致，使BI输入高电平，$\overline{\mathrm{LE}}$和$\overline{\mathrm{LT}}$输入低电平，A～D输入0～9中除大于10以外的任意二进制数，检验输出a～g的电平。基于LK8820测试机函数编写的CD4511芯片的开短路测试程序如下：

```
void function()
{
    float v[7];
```

```
int i;
cy->_on_vpt(1, 4, 5); //打开电源通道 1，输出 5V 电压给芯片供电
Sleep(50);
cy->_set_logic_level(3.5, 1.5, 4.1, 0.01); //设置四路参考电压
cy->_sel_drv_pin(8, 9, 10, 11, 12, 13, 14, 0); //设置驱动引脚
cy->_sel_comp_pin(1, 2, 3, 4, 5, 6, 7, 0); //设置比较引脚
cy->_set_drvpin("L", 14, 0);
cy->_set_drvpin("H", 12, 13, 0);
/****LE=0, BI=1, LT=1, A=0, B=0, C=0, D=0, abcdefg~1111110  0****/
cy->_set_drvpin("L", 8, 9, 10, 11, 0);
/****LE=0, BI=1, LT=1, A=1, B=0, C=0, D=0, abcdefg~0110000  1****/
cy->_set_drvpin("L", 9, 10, 11, 0);
cy->_set_drvpin("H", 8, 0);
/****LE=0, BI=1, LT=1, A=0, B=1, C=0, D=0, abcdefg~1101101  2****/
cy->_set_drvpin("L", 8, 10, 11, 0);
cy->_set_drvpin("H", 9, 0);
/****LE=0, BI=1, LT=1, A=1, B=1, C=0, D=0, abcdefg~1111001  3****/
cy->_set_drvpin("L", 10, 11, 0);
cy->_set_drvpin("H", 8, 9, 0);
/****LE=0, BI=1, LT=1, A=0, B=0, C=1, D=0, abcdefg~0110011  4****/
cy->_set_drvpin("L", 8, 9, 11, 0);
cy->_set_drvpin("H", 10, 0);
/****LE=0, BI=1, LT=1, A=1, B=0, C=1, D=0, abcdefg~1011011  5****/
cy->_set_drvpin("L", 9, 11, 0);
cy->_set_drvpin("H", 8, 10, 0);
/****LE=0, BI=1, LT=1, A=0, B=1, C=1, D=0, abcdefg~0011111  6****/
cy->_set_drvpin("L", 8, 11, 0);
cy->_set_drvpin("H", 9, 10, 0);
/****LE=0, BI=1, LT=1, A=1, B=1, C=1, D=0, abcdefg~1110000  7****/
cy->_set_drvpin("L", 11, 0);
cy->_set_drvpin("H", 8, 9, 10, 0);
/****LE=0, BI=1, LT=1, A=0, B=0, C=0, D=1, abcdefg~1111111  8****/
cy->_set_drvpin("H", 11, 0);
cy->_set_drvpin("L", 8, 9, 10, 0);
/****LE=0, BI=1, LT=1, A=1, B=0, C=0, D=1, abcdefg~1110011  9****/
cy->_set_drvpin("H", 8, 11, 0);
cy->_set_drvpin("L", 9, 10, 0);

v[0]=cy->_rdcmppin(1);
v[1]=cy->_rdcmppin(2);
v[2]=cy->_rdcmppin(3);
v[3]=cy->_rdcmppin(4);
v[4]=cy->_rdcmppin(5);
```

```
    v[5]=cy->_rdcmppin(6);
    v[6]=cy->_rdcmppin(7);

    MprintfExcel(L"a", v[0]);
    MprintfExcel(L"b", v[1]);
    MprintfExcel(L"c", v[2]);
    MprintfExcel(L"d", v[3]);
    MprintfExcel(L"e", v[4]);
    MprintfExcel(L"f", v[5]);
    MprintfExcel(L"g", v[6]);
}
```

6.4　时序逻辑芯片测试

6.4.1　时序逻辑芯片测试原理

时序逻辑电路是数字逻辑电路的重要组成部分，时序逻辑电路又称时序电路，主要由存储电路和组合逻辑电路两部分组成。时序电路和我们熟悉的其他电路不同，其在任何一个时刻的输出状态都由当时的输入信号和电路原来的状态共同决定，而它的状态主要是由存储电路来记忆和表示的。时序逻辑电路在结构以及功能上，相较其他种类的数字逻辑电路而言，具有难度大、电路复杂并且应用范围广的特点。

时序逻辑电路芯片内部由组合逻辑电路和触发器两部分构成，时序逻辑电路的测试项目中除了包含组合逻辑电路的测试项目之外，还包含了触发器电路的测试项目，具体有以下几项：

1. 最高时钟频率 f_{max}

最高时钟频率是指时序逻辑电路内部的触发器能够正常工作时的最大时钟频率。

2. 时钟信号延迟时间(t_{cpLH}和 t_{cpHL})

触发器的时钟信号延迟时间包含两种，第一种为触发器从时钟脉冲的触发沿到触发器的输出端由“0”状态变为“1”状态所需的延迟时间，记为 t_{cpLH}。第二种为触发器从时钟脉冲的触发沿到触发器的输出端由“1”状态变为“0”状态所需的延迟时间，记为 t_{cpHL}。一般 t_{cpLH} 比 t_{cpHL} 约大一级门电路的延迟时间。

3. 置位复位信号延迟时间(t_S和 t_R)

置位信号延迟时间是指触发器的置位信号脉冲沿至触发器输出端变为“1”状态所需的延迟时间，记为 t_S，复位信号延迟时间是指触发器的复位信号脉冲沿至触发器输出端变为“0”状态所需的延迟时间，记为 t_R。

6.4.2　时序逻辑芯片 CD4510 的测试

下面针对一个具体的时序逻辑芯片 CD4510，基于 CTA8280 测试机做介绍。

1. 时序逻辑芯片 CD4510 简介

时序逻辑芯片 CD4510 为可预置 BCD 码可逆计数器，该器件主要由 4 位同步时钟的 D 触发器(具有选通结构，提供 T 型触发器功能)构成，具有可预置数、加减计数器和多片级联使用等功能。

CD4510 的引脚图如图 6.14 所示。

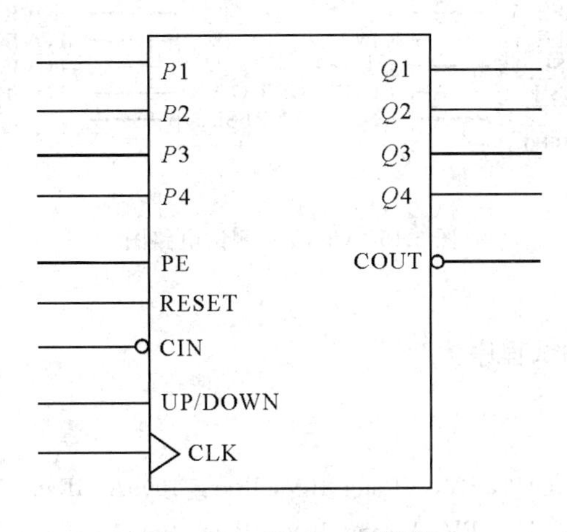

图 6.14 CD4510 引脚图

各引脚的功能如下：

*P*1～*P*4：置数端口。

*Q*1～*Q*4：输出端口。

PE：预置数控制。

RESET：异步清零。

CIN：进位输入。

COUT：进位输出。

UP/DOWN：加法\减法计数切换。

CLK：时钟输入端。

CD4510 的真值表如表 6.3 所示。

表 6.3 CD4510 真值表

CI	UP/DOWN	PE	RESET	状态
1	×	0	0	停止
0	1	0	0	加法计数
0	0	0	0	减法计数
×	×	1	0	预置数
×	×	×	1	复位

2. 时序逻辑芯片 CD4510 的测试步骤

CD4510 的测试电路如图 6.15 所示，芯片的输入引脚 *P*1、*P*2、*P*3、*P*4、PE、CIN、CLK、UP\DOWN、RESET 分别连接测试机供电端 FOVIFH6～FOVIFH14，芯片的输出

引脚 $Q1$、$Q2$、$Q3$、$Q4$、COUT 分别连接测试机的测试端口 FOVISH1～FOVISH5，芯片电源端 VDD 连接 FOVIFH/SH0，芯片接地端 VSS 接地。

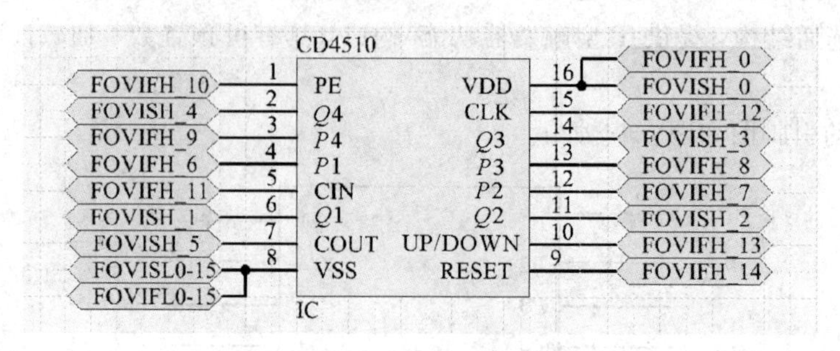

图 6.15　CD4510 测试电路图

测试程序如下：

(1) 静态工作电流测试程序。

```
void  TEST_IDD()
{
  FOVI_SetMode(CH0, FV, VRang_10V, IRang_100uA, IRang_100uA, -IRang_100uA);
  FOVI_SetMode(CH6, FV, VRang_10V, IRang_100uA, IRang_100uA, -IRang_100uA);
  FOVI_SetMode(CH7, FV, VRang_10V, IRang_100uA, IRang_100uA, -IRang_100uA);
  FOVI_SetMode(CH8, FV, VRang_10V, IRang_100uA, IRang_100uA, -IRang_100uA);
  FOVI_SetMode(CH9, FV, VRang_10V, IRang_100uA, IRang_100uA, -IRang_100uA);
  FOVI_SetMode(CH10, FV, VRang_10V, IRang_100uA, IRang_100uA, -IRang_100uA);
  FOVI_SetMode(CH11, FV, VRang_10V, IRang_100uA, IRang_100uA, -IRang_100uA);
  FOVI_SetMode(CH12, FV, VRang_10V, IRang_100uA, IRang_100uA, -IRang_100uA);
  FOVI_SetMode(CH13, FV, VRang_10V, IRang_100uA, IRang_100uA, -IRang_100uA);
  FOVI_SetMode(CH14, FV, VRang_10V, IRang_100uA, IRang_100uA, -IRang_100uA);
  DelaymS(5);
  FOVI_SetOutVal(CH0, 5);
  FOVI_SetOutVal(CH6, 0);
  FOVI_SetOutVal(CH7, 0);
  FOVI_SetOutVal(CH8, 0);
  FOVI_SetOutVal(CH9, 0);
  FOVI_SetOutVal(CH10, 0);
  FOVI_SetOutVal(CH11, 0);
  FOVI_SetOutVal(CH12, 0);
  FOVI_SetOutVal(CH13, 0);
  FOVI_SetOutVal(CH14, 0);
  DelaymS(5);
  FOVI_MeasureI(CH0);
  AdToPparam(0, 0, 0.0);
}
```

(2) 加法计数测试程序。

```
void  TEST_FUNCTION_PLUS()
{
  int i;
  FOVI_SetMode(CH0，FV，VRang_10V，IRang_100uA，IRang_100uA，－IRang_100uA)；
  FOVI_SetMode(CH6，FV，VRang_10V，IRang_100uA，IRang_100uA，－IRang_100uA)；
  FOVI_SetMode(CH7，FV，VRang_10V，IRang_100uA，IRang_100uA，－IRang_100uA)；
  FOVI_SetMode(CH8，FV，VRang_10V，IRang_100uA，IRang_100uA，－IRang_100uA)；
  FOVI_SetMode(CH9，FV，VRang_10V，IRang_100uA，IRang_100uA，－IRang_100uA)；
  FOVI_SetMode(CH10，FV，VRang_10V，IRang_100uA，IRang_100uA，－IRang_100uA)；
  FOVI_SetMode(CH11，FV，VRang_10V，IRang_100uA，IRang_100uA，－IRang_100uA)；
  FOVI_SetMode(CH12，FV，VRang_10V，IRang_100uA，IRang_100uA，－IRang_100uA)；
  FOVI_SetMode(CH13，FV，VRang_10V，IRang_100uA，IRang_100uA，－IRang_100uA)；
  FOVI_SetMode(CH14，FV，VRang_10V，IRang_100uA，IRang_100uA，－IRang_100uA)；
  DelaymS(5)；
  FOVI_SetOutVal(CH0，5)；
  FOVI_SetOutVal(CH6，0)；
  FOVI_SetOutVal(CH7，0)；
  FOVI_SetOutVal(CH8，0)；
  FOVI_SetOutVal(CH9，0)；
  FOVI_SetOutVal(CH10，5)；
  FOVI_SetOutVal(CH11，0)；
  FOVI_SetOutVal(CH13，5)；
  FOVI_SetOutVal(CH14，0)；
  DelaymS(5)；
  FOVI_SetOutVal(CH10，5)；
  for(int i=0；i < 9；i++)
  {
    FOVI_SetOutVal(CH12，5)；
    DelaymS(5)；
    FOVI_SetOutVal(CH12，0)；
    DelaymS(5)；
    FOVI_MeasureV(CH1)；
    FOVI_MeasureV(CH2)；
    FOVI_MeasureV(CH3)；
    FOVI_MeasureV(CH4)；
  }
}
```

采用 LK8820 测试机进行 CD4510 芯片功能测试电路如图 6.16 所示，芯片的电源端 VDD 连接测试机 1 号电源端 FORCE1，芯片地线端 VSS 接地，芯片的输入端 $P1$、$P2$、$P3$、$P4$、CLK、UP/DOWN、PE、CIN、RESET 分别连接测试机的 PIN4、PIN11、PIN12、PIN3、PIN14、PIN9、PIN1、PIN5、PIN8 测试端，芯片的输出端 $Q1$、$Q2$、$Q3$、$Q4$、COUT 分别连接测试机的 PIN6、PIN10、PIN13、PIN2、PIN7 测试端。

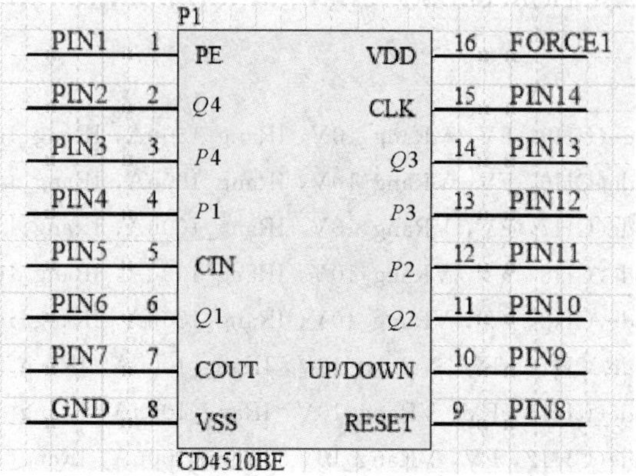

图 6.16 采用 LK8820 测试 CD4510 的测试电路图

采用 LK8820 测试机测试 CD4510 芯片功能的方法与 CTA8280 机的基本一致，给 VDD 供 5 V 电，设置输入输出引脚及其引脚的高低电平状态，根据芯片手册，设置 PE、UP/DOWN 引脚为低电平，控制加计数。使 CLK 引脚输出时钟脉冲信号，测量 $Q1Q2Q3Q4$ 是否以 0000～1001 这 10 个状态连续进行转换输出二进制码值。基于 LK8820 测试机函数编写的 CD4510 芯片的功能测试程序如下：

```
void CountUP()
{
  float v[40]={ 0 };
  int i=0;
  cy->_on_vpt(1, 4, 5); //打开电源通道 1，输出 5V 给芯片供电
  Sleep(50);
  cy->_set_logic_level(3.5, 1.5, 4.1, 0.01); //设置四路参考电压
  cy->_set_drv_pin(1, 3, 4, 5, 8, 9, 11, 12, 14, 0); //设置驱动引脚
  cy->_set_comp_pin(2, 6, 10, 13, 0); //设置比较引脚
  /*****加计数功能测试*****/
  cy->_set_drvpin("L", 3, 4, 5, 8, 11, 12, 0); //设置输入引脚为低电平
  cy->_set_drvpin("H", 9, 0); //设置 UP/DOWN 引脚为高电平
  cy->_set_drvpin("L", 1, 0); //设置 PE 为低电平
  for (int i=0; i < 9; i++)//给 CLK 引脚时钟脉冲信号
  {
    cy->_set_drvpin("H", 14, 0);
    Sleep(100);
    cy->_set_drvpin("L", 14, 0);
    Sleep(100);
    v[i * 3 + i]=cy->_rdcmppin(6);
    v[i * 3 + i + 1]=cy->_rdcmppin(10);
    v[i * 3 + i + 2]=cy->_rdcmppin(13);
    v[i * 3 + i + 3]=cy->_rdcmppin(2);
  }
```

```
    MprintfExcel(L"Q1", v[0]);
    MprintfExcel(L"Q2", v[1]);
    MprintfExcel(L"Q3", v[2]);
    MprintfExcel(L"Q4", v[3]);
    MprintfExcel(L"Q5", v[4]);
    MprintfExcel(L"Q6", v[5]);
    MprintfExcel(L"Q7", v[6]);
    MprintfExcel(L"Q8", v[7]);
    MprintfExcel(L"Q9", v[8]);
    MprintfExcel(L"Q10", v[9]);
    MprintfExcel(L"Q11", v[10]);
    MprintfExcel(L"Q12", v[11]);
    MprintfExcel(L"Q13", v[12]);
    MprintfExcel(L"Q14", v[13]);
    MprintfExcel(L"Q15", v[14]);
    MprintfExcel(L"Q16", v[15]);
    MprintfExcel(L"Q17", v[16]);
    MprintfExcel(L"Q18", v[17]);
    MprintfExcel(L"Q19", v[18]);
    MprintfExcel(L"Q20", v[19]);
    MprintfExcel(L"Q21", v[20]);
    MprintfExcel(L"Q22", v[21]);
    MprintfExcel(L"Q23", v[22]);
    MprintfExcel(L"Q24", v[23]);
    MprintfExcel(L"Q25", v[24]);
    MprintfExcel(L"Q26", v[25]);
    MprintfExcel(L"Q27", v[26]);
    MprintfExcel(L"Q28", v[27]);
    MprintfExcel(L"Q29", v[28]);
    MprintfExcel(L"Q30", v[29]);
    MprintfExcel(L"Q31", v[30]);
    MprintfExcel(L"Q32", v[31]);
    MprintfExcel(L"Q33", v[32]);
    MprintfExcel(L"Q34", v[33]);
    MprintfExcel(L"Q35", v[34]);
    MprintfExcel(L"Q36", v[35]);
    MprintfExcel(L"Q37", v[36]);
    MprintfExcel(L"Q38", v[37]);
    MprintfExcel(L"Q39", v[38]);
    MprintfExcel(L"Q40", v[39]);
}
void CountDown()
{
```

```
float v[40]={ 0 }；
int i=0；
cy->_on_vpt(1，4，5)；
Sleep(50)；
cy->_set_logic_level(3.5，1.5，4.1，0.01)；
cy->_set_drv_pin(1，3，4，5，8，9，11，12，14，0)；
cy->_set_comp_pin(2，6，10，13，0)；
/*****减计数功能测试*****/
cy->_set_drvpin("L"，3，4，5，8，11，12，0)；
cy->_set_drvpin("L"，9，0)；
cy->_set_drvpin("L"，1，0)；
for (int i=0；i< 9；i++)
{
  cy->_set_drvpin("H"，14，0)；
  Sleep(100)；
  cy->_set_drvpin("L"，14，0)；
  Sleep(100)；
  v[i * 3 + i]=cy->_rdcmppin(6)；
  v[i * 3 + i + 1]=cy->_rdcmppin(10)；
  v[i * 3 + i + 2]-cy->_rdcmppin(13)；
  v[i * 3 + i + 3]=cy->_rdcmppin(2)；
}
MprintfExcel(L"Q1"，v[0])；
MprintfExcel(L"Q2"，v[1])；
MprintfExcel(L"Q3"，v[2])；
MprintfExcel(L"Q4"，v[3])；
MprintfExcel(L"Q5"，v[4])；
MprintfExcel(L"Q6"，v[5])；
MprintfExcel(L"Q7"，v[6])；
MprintfExcel(L"Q8"，v[7])；
MprintfExcel(L"Q9"，v[8])；
MprintfExcel(L"Q10"，v[9])；
MprintfExcel(L"Q11"，v[10])；
MprintfExcel(L"Q12"，v[11])；
MprintfExcel(L"Q13"，v[12])；
MprintfExcel(L"Q14"，v[13])；
MprintfExcel(L"Q15"，v[14])；
MprintfExcel(L"Q16"，v[15])；
MprintfExcel(L"Q17"，v[16])；
MprintfExcel(L"Q18"，v[17])；
MprintfExcel(L"Q19"，v[18])；
MprintfExcel(L"Q20"，v[19])；
MprintfExcel(L"Q21"，v[20])；
```

```
        MprintfExcel(L"Q22", v[21]);
        MprintfExcel(L"Q23", v[22]);
        MprintfExcel(L"Q24", v[23]);
        MprintfExcel(L"Q25", v[24]);
        MprintfExcel(L"Q26", v[25]);
        MprintfExcel(L"Q27", v[26]);
        MprintfExcel(L"Q28", v[27]);
        MprintfExcel(L"Q29", v[28]);
        MprintfExcel(L"Q30", v[29]);
        MprintfExcel(L"Q31", v[30]);
        MprintfExcel(L"Q32", v[31]);
        MprintfExcel(L"Q33", v[32]);
        MprintfExcel(L"Q34", v[33]);
        MprintfExcel(L"Q35", v[34]);
        MprintfExcel(L"Q36", v[35]);
        MprintfExcel(L"Q37", v[36]);
        MprintfExcel(L"Q38", v[37]);
        MprintfExcel(L"Q39", v[38]);
        MprintfExcel(L"Q40", v[39]);
}
void CountSame()
{
    float v[40]={ 0 };
    int i=0;
    cy->_on_vpt(1, 4, 5);
    Sleep(50);
    cy->_set_logic_level(3.5, 1.5, 4.1, 0.01);
    cy->_set_drv_pin(1, 3, 4, 5, 8, 9, 11, 12, 14, 0);
    cy->_set_comp_pin(2, 6, 10, 13, 0);

    /*****同步置数功能测试*****/
    cy->_set_drvpin("L", 3, 4, 5, 8, 0);
    cy->_set_drvpin("H", 9, 11, 12, 0);
    cy->_set_drvpin("H", 1, 0);
    for (int i=0; i< 9; i++)
    {
        cy->_set_drvpin("H", 14, 0);
        Sleep(100);
        cy->_set_drvpin("L", 14, 0);
        Sleep(100);
        v[i * 3 + i]=cy->_rdcmppin(6);
        v[i * 3 + i + 1]=cy->_rdcmppin(10);
        v[i * 3 + i + 2]=cy->_rdcmppin(13);
```

```
    v[i * 3 + i + 3]=cy->_rdcmppin(2);
  }
  MprintfExcel(L"Q1", v[0]);
  MprintfExcel(L"Q2", v[1]);
  MprintfExcel(L"Q3", v[2]);
  MprintfExcel(L"Q4", v[3]);
  MprintfExcel(L"Q5", v[4]);
  MprintfExcel(L"Q6", v[5]);
  MprintfExcel(L"Q7", v[6]);
  MprintfExcel(L"Q8", v[7]);
  MprintfExcel(L"Q9", v[8]);
  MprintfExcel(L"Q10", v[9]);
  MprintfExcel(L"Q11", v[10]);
  MprintfExcel(L"Q12", v[11]);
  MprintfExcel(L"Q13", v[12]);
  MprintfExcel(L"Q14", v[13]);
  MprintfExcel(L"Q15", v[14]);
  MprintfExcel(L"Q16", v[15]);
  MprintfExcel(L"Q17", v[16]);
  MprintfExcel(L"Q18", v[17]);
  MprintfExcel(L"Q19", v[18]);
  MprintfExcel(L"Q20", v[19]);
  MprintfExcel(L"Q21", v[20]);
  MprintfExcel(L"Q22", v[21]);
  MprintfExcel(L"Q23", v[22]);
  MprintfExcel(L"Q24", v[23]);
  MprintfExcel(L"Q25", v[24]);
  MprintfExcel(L"Q26", v[25]);
  MprintfExcel(L"Q27", v[26]);
  MprintfExcel(L"Q28", v[27]);
  MprintfExcel(L"Q29", v[28]);
  MprintfExcel(L"Q30", v[29]);
  MprintfExcel(L"Q31", v[30]);
  MprintfExcel(L"Q32", v[31]);
  MprintfExcel(L"Q33", v[32]);
  MprintfExcel(L"Q34", v[33]);
  MprintfExcel(L"Q35", v[34]);
  MprintfExcel(L"Q36", v[35]);
  MprintfExcel(L"Q37", v[36]);
  MprintfExcel(L"Q38", v[37]);
  MprintfExcel(L"Q39", v[38]);
  MprintfExcel(L"Q40", v[39]);
```

6.5　微控制器和存储器测试

微控制器芯片是集成电路中较为复杂的芯片，这类芯片通常是以数字电路为主，功能强大，应用广泛，因此这一类芯片的测试较为典型，并且具有较大的参考作用。

微控制器中通常包含 ROM、RAM 等存储器，因此关于存储器测试一并介绍。

6.5.1　微控制器和存储器测试基本原理和方法

1. 存储器测试

随机存取存储器(RAM)是半导体存储器中最常见的类型，这类芯片的测试包括静态参数测试、动态参数测试和功能测试等几部分。其中，功能测试部分重要且较困难，因为 RAM 的功能是随机存取信息，功能测试需要针对读操作、写操作，在不同地址、不同输入数据情况下进行检测，而通常存储器的容量又是很大的，因此这种检测较为困难。最常用的解决办法是针对可能出现的故障来选择有效的测试图形。

1) RAM 的常见故障

图 6.17 是一种典型静态 RAM 的功能框图。

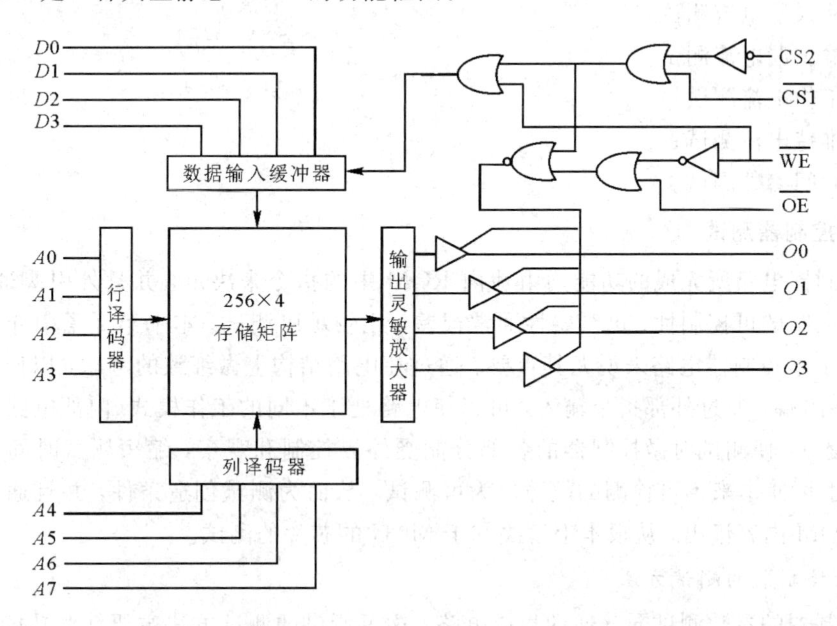

图 6.17　静态 RAM 的功能框图

RAM 通常有地址译码器(图 6.17 中的行译码器(Row Decoder)、列译码器(Column Decoder)、存储矩阵(Array)、数据输入缓冲器、输出灵敏放大器(Sense Amps)等几部分组成。RAM 中常见的故障包括以下几种：

(1) 地址多重选择(即一个地址选中多个存储单元)、地址无选择(一些存储单元无法访问)；

(2) 存储内容固定；

(3) 单元串扰(一个存储单元内容的变化影响相邻存储单元内容);

(4) 读、写恢复时间过长。

上述故障中部分还与RAM工作电压、环境温度和测试时序等外在因素有关，需要在生成测试图形时做考虑。

2) 常见RAM测试图形

(1) N型测试图形：读写存储单元的次数与存储单元数量N的1次方成正比。这种图形长度短，主要用于检测存储单元、数据读出放大方面的故障，包括全0全1图形、01交替图形等不同类型。

(2) N^2型测试图形：读写存储单元的次数与存储单元数量N的2次方成正比。这种图形长度长，主要用于检测地址和数据两方面的故障，包括走步图形、跳步图形等不同类型。

(3) $N^{3/2}$型测试图形：读写存储单元的次数与存储单元数量N的3/2次方成正比。这种图形主要是用来改善N^2型测试图形长度过长的缺点，包括正交走步图形、对角线走步图形等不同类型。

3) RAM的测试项目和测试方法

(1) 引脚开路和短路测试;

(2) 基本功能测试;

(3) 输入漏电流测试;

(4) 输出漏电流测试;

(5) 工作电流测试;

(6) 维持电流测试;

(7) 时间参数测试。

2. 微控制器测试

微控制器电路所完成的功能均由片内ROM中的指令来决定，并且外引脚通常很少，因此这类电路的可控制性、可观察性通常很差，比较难以测试。本书第2章中介绍的可测性设计对于微控制器电路来说尤其重要。通过在电路结构上做细致的考虑，以便利用有限的输入/输出端，通过外部指令输入，可以使电路处于不同的工作模式(内部电路模块也处于不同状态)，使测试时微控制器的各部分能受外界控制和观察，缩短测试时间或测试生成时间，也可使本来不可检测的故障成为可测试，从而为测试创造条件，并且通过外加指令可将ROM内容读出，从根本上解决基于MCU的芯片的测试。

1) 微控制器的测试方法

微控制器的参数测试同普通的集成电路，这里所讲的测试方法主要针对功能测试，通常有以下几种方法：

(1) 基于测试图形存储器的测试方法，将包括微控制器输入测试图形、相应的预期输出图形在内的微控制器测试图形预先存放在测试系统中的高速测试图形存储器；测试过程中从该存储器中读出来并且提供给待测微控制器。

(2) 与标准微控制器比较的测试方法是将一个完整的测试图形同时施加到待测的微控制器和标准的微控制器上，对这两者的输出响应在每一个时钟周期内进行比较。

(3) 实装测试法，是指将待测的微控制器安装在一个实用系统中，然后执行应用程序或其他检测程序，来判断其功能是否正确。

2）微控制器测试图形的产生

由于微控制器功能复杂，因此比较有效的方法是采用 2.3 节中所介绍的软件仿真方法，即通过执行相关指令(这些指令可以是微控制器内部存储器中的程序，也可以通过微控制器的输入引脚强制打入的)，从仿真结果中提取相应的测试图形。这种方法是基于微控制器的基本属性，即微控制器的基本动作时间是时钟周期，若干个时钟周期组成总线周期，几种总线周期组成指令，指令的组合就是微控制器程序。

举例：MC1326 是一单片 4 位微控制器。内部集成有 RAM、ROM、定时器、语音 D/A、LCD 驱动和 I/O 引脚。这种单片机内建一个双振荡器提高整个芯片的性能。它具有两个时钟源和 LCD 驱动，可以通过软件编程实现功能变化，此外 MC1326 有两种低功耗运行模式：WAIT 和 STOP，因此可以广泛应用于万年历和家电产品的控制电路，图 6.18 是该 4 位微控制器的功能框图。

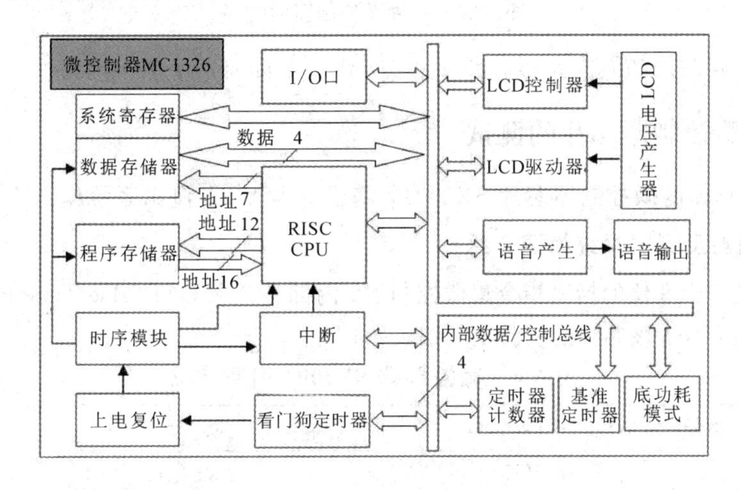

图 6.18　一种 4 位 RISC 架构微控制器功能框图

图 6.18 中的 RISC CPU 的功能框图如图 6.19 所示。

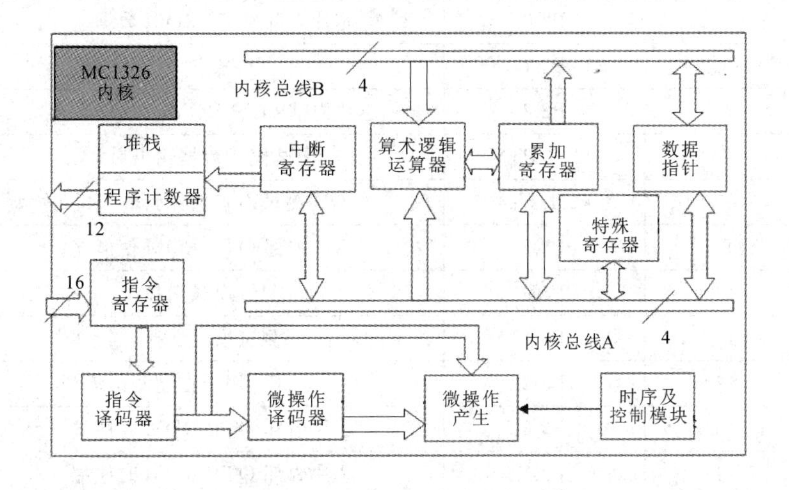

图 6.19　一种 RISC CPU 架构

MC1326 微控制器的时序如图 6.20 所示。

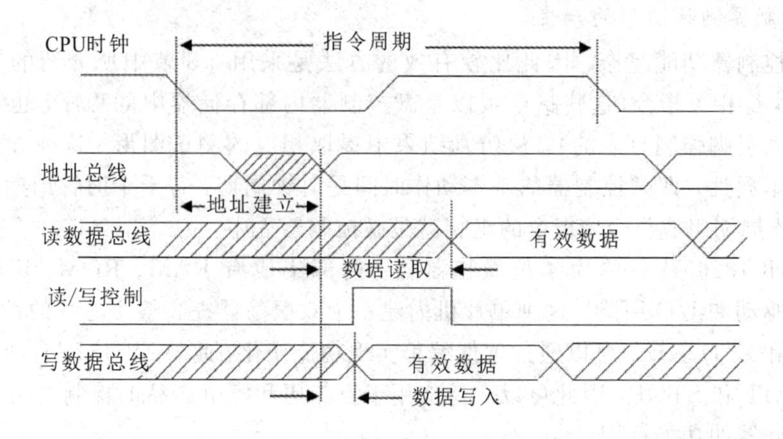

图 6.20　一种微控制器的时序

按照图 6.20 所示的时序对该微控制器进行仿真，同时产生测试图形。

6.5.2　实际微控制器芯片的测试

下面针对具体的微控制器芯片 SX2001，基于日本 VTT 测试系统作介绍。

1. 微控制器及测试系统简要介绍

SX2001 是一个 8 位的精简指令集微控制器，内部有一个 OTP(One Time Programmable) ROM 用于存放程序，该芯片的引脚定义如表 6.4 所示。

表 6.4　微控制器 SX2001 引脚定义

编号	引脚名称	功　能
1	VPP	高压电源
2	VDD	电源
3	GND	地
4	P2.0	芯片内部 OTP ROM 数据端
5	P2.1	悬空
6	P2.2	芯片内部 OTP ROM 高压输入端
7	P2.3/PT3	测试模式数据输出口
8	P2.4/PT4	不同测试内容选择码输入口
9	P2.5	芯片内部 OTP ROM 使能端
10	P3.0	测试模式选择
11	P3.1	测试模式选择
12	P3.2	外接 CLK，用于控制测试流程
13	P3.3	芯片内部 OTP ROM 时序端
14	P3.4	芯片内部 OTP ROM 时序端
15	P3.5	数据输出和数据输入双向端

续表

编号	引脚名称	功　能
16	P3.6	数据输出和数据输入双向端
17	P3.7	数据输出和数据输入双向端
18	P4.0	数据输出和数据输入双向端
19	P4.1	数据输出和数据输入双向端
20	P4.2	数据输出和数据输入双向端
21	P4.3	数据输出和数据输入双向端
22	P4.3	数据输出和数据输入双向端
23	P4.5	芯片内部 OTP ROM 时序端
24	P4.6	芯片内部 OTP ROM 模式使能
25	P4.7	芯片内部 OTP ROM 写使能

VTT 测试系统能够进行各类集成电路的测试，有以下特点：

(1) Windows 全中文简体/英文操作系统，软件友好，运行稳定、安全、可靠，便于操作。

(2) 每组/块测试时，每组的针号范围可不连续自定义，以便于制作针卡。

(3) 配备光电保护功能，给予操作者更好的安全保护。

(4) 超强的兼容性，市场各主流 ICT 机型针卡、程序均能自由兼容和转换。

(5) 采用 ARM CPU 嵌入式处理器，提高了测试精度和稳定性。

(6) 双通道高速同步采集技术，大大提高了测试速度。

(7) 采用 DDS 信号源，不需校准，频率精度高。

(8) 密码保护功能，数据有管理员、工程师和操作工三个级别，使数据管理安全可靠。

(9) 强大的统计功能，采用数据库管理，方便数据的存取和统计。数字、图表、曲线等丰富的统计功能，提供改进工艺和质量管理的最可靠数据。

(10) 全自动放电功能，对电路板或部件进行测试前后的放电，以保护系统及被测产品。

(11) 采用四针八线测试技术，排除引线电阻及探针接触电阻，使微电阻测试更加稳定。最小可测毫欧级电阻。

(12) 每步高达 8 针隔离，对元器件提供高效率的测试条件。

(13) 完善的自检功能，可对 AC、DC、通道板、信号板，I/O 卡等进行检查，保障工作前设备处于良好状态，并方便设备的维护。

(14) 条码输入，将 PCB 的编号用条码扫描，可以存储测试结果，为生产或维修管理提供数据。

2. 测试方法和测试程序介绍

SX2001 的测试内容如表 6.5 所示。

表 6.5　SX2001 测试内容列表

编号	名称	测试内容	规　范	测试条件
1	OTP_EMP	OTP 查空校验测试	图形码完全匹配	VDD=3 V，VPP=6.75 V
2	OTP_PG	OTP 烧录及校验测试	图形码完全匹配	VDD=3 V，VPP=6.75 V
3	IDD1	工作电流测试，MCU 采用内部 4 MHz 二分频工作，ADC 等模拟模块工作	$\leqslant$1 mA	VDD=3 V
4	RAM	最高电压 RAM 读写测试	图形码完全匹配	VDD=3.6 V
		最低电压 RAM 读写测试	图形码完全匹配	VDD=2.0 V
5	STACK	堆栈测试	图形码完全匹配	
6	TM0	定时器测试	图形码完全匹配	
7	WDT	看门狗测试	图形码完全匹配	
8	IDR	驱动电流测试	$I_{OH}\geqslant$10 mA $I_{OL}\geqslant$10 mA	U_{OH}=VDD−0.3 V U_{OL}=0.3 V
9	IPU	上拉电流测试	50 μA$\leqslant I_{PU}\leqslant$75 μA	VDD=3 V
10	AVDDR	AVDDR 测试	2.35 V$\leqslant AV_{DDR}\leqslant$2.45 V	AVDDRx<1∶0>=00
11	VLCD	LCD 电压测试	2.85 V$\leqslant U_{LCD}\leqslant$2.95 V	VLCDX<1∶0>=11
12	FRC	HRC、LRC 频率测试	3.5 MHz$\leqslant F_{HRC}\leqslant$4.5 MHz 28 kHz$\leqslant F_{LRC}\leqslant$36 kHz	VDD=3 V
13	IDD2	待机电流测试，MCU 采用内部 32 kHz 频率工作，MCU 进待机模式，模拟模块不工作	$\leqslant$2 μA	VDD=3 V
14	IDD3	休眠电流测试，MCU 进休眠模式，模拟模块不工作	$\leqslant$1 μA	VDD=3 V
15	ADC	ADC 功能测试	图形码完全匹配	

表 6.5 中共列出了 15 个测试内容，包括 OTP ROM 查空和烧录、RAM 测试、ADC 测试等，并给出了相应的测试规范和测试条件。

下面选择表 6.5 中的部分测试内容分别做具体介绍。在具体介绍前，先把 VTT 测试系统的测试码格式做一个说明。图 6.21 显示了一个 VTT 系统的测试码格式。

```
PATTERN
BIN                                   向量格式：BIN（二进制），HEX（十六进制）
/*RTX PPPPPPPP PPPP PPPP*/
/*SSO TTTTTTTT TTTT TTTT*/
/*TTU 11111111 2222 2222*/
/*  T 76543210 7654 3210*/            注释：对应列的引脚名称
/*.. ........ .... ....*/
/*III IIIIIIII IIII 0000*/
/*.. ........ .... ....*/
                                                  本行执行 999+1 次
  000 11111111 0000 0000 %LOOP        999 ST EN, (1 0),SPLO
  000 00000000 0000 0000 %LOOP          9 ST EN, (1 0),SPLO
  100 00000000 0000 0000 %NOOP                 , (1 0),SPLO
  100 00001011 0000 0000 %NOOP                 , (1 0),SPLO
                                                  执行 1 次，无循环
                                                  从 ST 到 EN 行 1+1 次
  101 00000000 0000 1111 %NOOP                 , (1 0),SPLO
  100 11100001 0000 0111 %LOOP          1 ST   , (1 1),SPLO
  101 11100001 0000 0111 %NOOP                 , (1 1),SPLO
  100 11100001 0000 0111 %NOOP                 , (1 1),SPLO
  101 11100001 0000 0111 %LOOP            EN   , (1 1),SPLO
  100 11101010 0000 1000 %NOOP                 , (1 0),SPLO
  101 11101010 0000 1000 %HALT                 , (1 0),SPLO
  END                                             结束句
  IO33                  IO 定义
  000 00000000 0000 0000  每行分别定义对应列引管脚的方向(I/O)
  111 11111111 1111 0000  IO33：1—输入，0—输出；IO：1—输出，0—输入；
  END                     每行测试码（）中第 1 个数据为选中 IO 定义行的行号

  MASK                  匹配定义
  000 00000000 0000 0000  每行分别定义对应列引管脚是否需要匹配
  000 00000000 0000 1111  1-需匹配；0-无需匹配
  END                     每行测试码（）中第 2 个数据为选中匹配定义行的行号
```

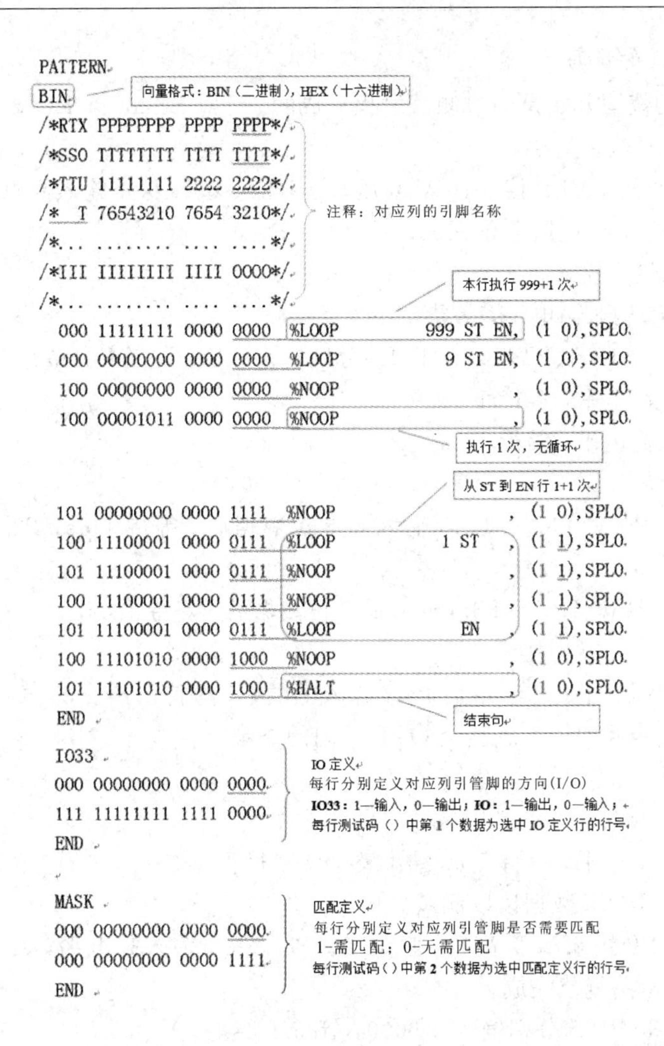

图 6.21　VTT 系统测试码格式说明

一个完整的 VTT 测试向量由三个部分组成：向量数据、IO 定义和匹配说明。

(1) 向量数据(PATTER)：打入、匹配的数据向量。

(2) IO 定义(IO/IO33)：定义每行中各数据位的方向。两种方式：IO 定义(1—输出，0—输入)和 IO33 定义(0—输出，1—输入)。

(3) 匹配定义(MASK)：定义每行中需匹配的数据位，1—需匹配，0—无需匹配。

测试码中有大量的循环语句，这里特别作一说明，其格式如图 6.22 所示。

```
LOOP   nMS   ST  CONT   , (1 0), SPLO
NOOP                    , (1 0), SPLO   在nms时间内重复执行ST~EN之间的向量
LOOP         EN         , (1 0), SPLO
```

图 6.22　测试码中的循环语句格式

图 6.22 中的 LOOP 最多可嵌套 8 级。

1) OTP ROM 的烧写

OTP ROM 的烧写其实是通过测试过程完成的。针对 SX2001，ROM 测试方法如下：

第一步：上电复位。

VDD(3.0 V)上电，VPP 接 6.75 V 高压，且 P3.1、P3.0 保持输入高电平，其余端口输入低电平等待约 30 ms，电路复位完成。

第二步：进入烧录模式。

(1) P2.5(PCE)输入高电平，等待 1 μs。

(2) P3.4、P3.3、P4.5(PTM2～PTM0)分别输入 3′b010，等待 1 μs。

(3) P4.6 输入高电平，等待 1 μs。

(4) P2.2 输入高电平，等待 1 μs。

第三步：烧录。

(1) 从 P4.4～P4.0、P3.7～P3.5 输入高 8 位数据后，等待 1 μs；P3.2 输入一个时钟脉冲。

(2) 从 P4.4～P4.0、P3.7～P3.5 输入低 8 位数据后，等待 1 μs；P3.2 输入一个时钟脉冲，等待 1 μs。

(3) P4.7 输入高电平；100 μs 后 P4.7 输入低电平，等待 1 μs。

重复上述几个步骤即可完成整个 OTP 空间的烧录。

第四步：结束烧录。

(1) P2.2 输入低电平，等待 1 μs。

(2) P2.5 输入低电平，等待 1 μs 结束整个烧录过程。

第五步：OTP ROM 数据读取测试。

(1) 上电时 VPP 接 6.75 V 高压，且 P3.1、P3.0 保持输入高电平，其余端口输入低电平等待约 30 ms，电路复位完成。

(2) P3.4、P3.3、P4.5 分别输入 3′b000，等待 1 μs。

(3) P4.6 输入高电平，等待 1 μs。

(4) P3.2 输入一个时钟脉冲，等待 1 μs。

(5) P2.5 输入高电平，等待 1 μs。

(6) P3.2 输入一个时钟脉冲，等待 1 μs，此时从 P4.4～P4.0、P3.7～P3.5 输出高 8 位数据。

(7) P3.2 输入一个时钟脉冲，等待 1 μs，此时从 P4.4～P4.0、P3.7～P3.5 输出低 8 位数据，PC＋1。

(8) P2.0 输入一个时钟脉冲，等待 1 μs。

重复(6)～(8)可以完成整个 OTP 空间数据的读取。

根据上述方法可以生成如下的测试码(只显示了其中的一部分)：

```
BIN
PATTERN
/*
PPP PPPPPPPP PPPPPPPPPPP
444 44444333 33333222222
```

```
765 43210765 43210543210
... ......... ...........
 */
000 00000000 00000000000 %LOOP     9 ST EN, (0 0), SPL0
000 00000000 00011000000 %LOOP 20000 ST EN, (0 0), SPL0
010 00000000 00011000000 %LOOP  3000 ST EN, (0 0), SPL0
010 00000000 00011000000 %NOOP              , (0 0), SPL0
010 00000000 00011000000 %NOOP              , (1 0), SPL0
010 00000000 00111000000 %NOOP              , (1 0), SPL0
010 00000000 00011000000 %NOOP              , (1 0), SPL0
010 00000000 00011100000 %NOOP              , (1 0), SPL0
010 11111111 00111100000 %NOOP  , (1 1), SPL0  /* dout 0    */
010 11111111 00011100000 %NOOP  , (1 1), SPL0
010 11111111 00111100000 %NOOP  , (1 1), SPL0
010 11111111 00011100000 %NOOP  , (1 1), SPL0
010 11111111 00011100001 %NOOP  , (1 1), SPL0
010 11111111 00011100000 %NOOP  , (1 1), SPL0
010 11111111 00111100000 %NOOP  , (1 1), SPL0  /* dout 1    */
。。。。。。。。。。。。。。。。
010 11111111 00011100000 %NOOP  , (1 1), SPL0
010 11111111 00111100000 %NOOP  , (1 1), SPL0  /* dout 1fff */
010 11111111 00011100000 %NOOP  , (1 1), SPL0
010 11111111 00111100000 %NOOP  , (1 1), SPL0
010 11111111 00011100000 %NOOP  , (1 1), SPL0
010 11111111 00011100001 %NOOP  , (1 1), SPL0
010 11111111 00011100000 %NOOP  , (1 1), SPL0
010 11111111 00011100000 %HALT  , (1 0), SPL0
END
IO33
111 11111111 11111111111
111 00000000 11111111111
END
MASK
000 00000000 00000000000
000 11111111 00000000000
END
```

2）内部 RAM 的测试

SX2001 微控制器中的 RAM 测试方法如下：完成上电初始程序(P23 输出时钟，PT3 输出 FFH)或其他测试项(PT3 输出 FFH)后，从 P2.0 输入一个宽度大于 1 μs 的高脉冲，同时从 PT4 输入 01(选择 RAM 测试项)，之后过一段时间，将从 PT3 端口输出 01，表示电路已进入该测试程序段。

在该段程序中，先对 RAM 中全部存储单元写入十六进制数 55H，之后再依次读出取反后写回存储单元，再依次读出存储单元的值判断是否为十六进制数 AAH，同时从 PT3 输出 AAH，若电路通过 RAM 测试，则 PT3 最后输出 11H，若未通过测试则从出错的单元开始，PT3 输出 55H。

进入 RAM 测试后 PT3 会依次输出 AAH，11H 表示 RAM 测试正常，并在结束该测试项最后输出 FFH。上述测试步骤如图 6.23 所示。

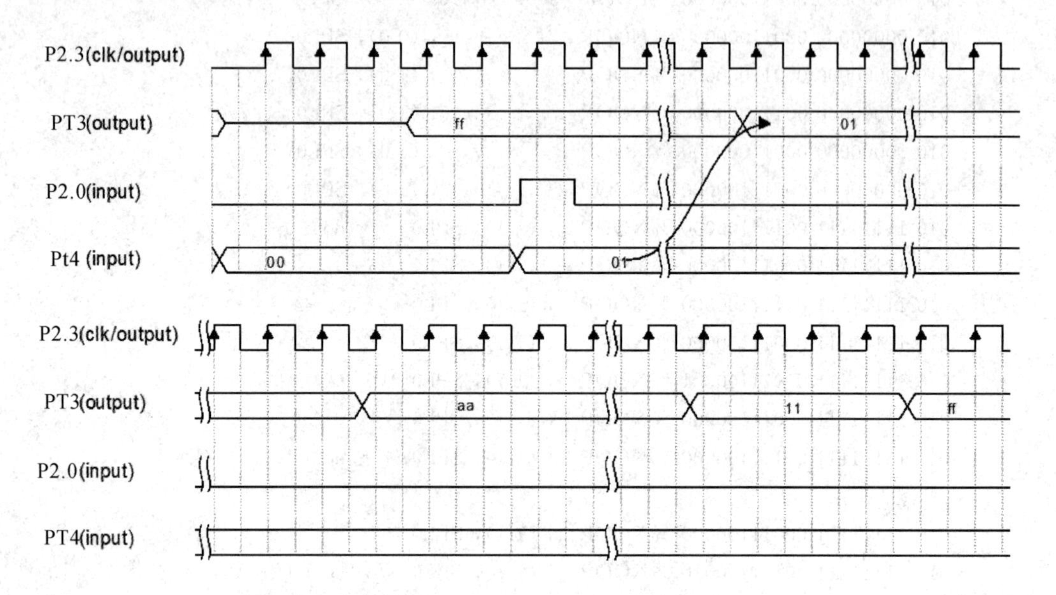

图 6.23　RAM 测试波形

根据上述方法，给出测试码如下：

```
BIN
PATTERN
//PPPPPPPPPPPPPPPPPPPPPP
//4444444433333333222222
//7654321076543210543210
//......................
//IIIIIIIIBBBBBBBBIIBIII
  00000000zzzzzzzz00z100 %NOOP, (0 0), SPL0
  00000000zzzzzzzz00z100 %NOOP, (1 1), SPL0
  00000000zzzzzzzz00z100 %NOOP, (1 1), SPL0
  00000000zzzzzzzz001100 %LOOP   2 ST EN, (1 1), SPL0
  0000000011111111001100 %LOOP  25 ST EN, (2 2), SPL0
  0000000111111111001101 %LOOP   3 ST EN, (2 2), SPL0
  0000000111111111001100 %LOOP  31 ST EN, (2 2), SPL0
  0000000100000001001100 %LOOP  33 ST EN, (2 2), SPL0
  0000000110101010001100 %LOOP  65 ST EN, (2 2), SPL0
  0000000100010001001100 %LOOP   3 ST EN, (2 2), SPL0
  0000000111111111001100 %LOOP  19 ST EN, (1 1), SPL0
  0000000111111111001100 %HALT, (1 0), SPL0
```

```
IO33
  1111111111111111111111
  1111111111111111110111
  1111111100000000110111
END
MASK
  0000000000000000000000
  0000000000000000001000
  0000000011111111001000
END
```

3）芯片内部 ADC 的测试

ADC 测试方法如下：

(1) 选择 SINC4 寄存器，做以下寄存器配置，并检测输入电压范围。

```
01AH    0XD3H   //配置 AVDDR=3 V，开启 ACM(VBG)
01DH    0X19H   //PGIA 放大 12.5 倍，打开 buf  chopper
01EH    0X70H   //ADC 输入为 PGIA 输出
020H    0X01H   //PGIA 正输入 AIP，负输入 AIN
021H    0XFEH   //配置 ADC_CLK 为 1 MHz
023H    0X09H   //选择 SINC4 滤波器，过采样率配置为 256
```

输入电压范围 $\Delta Vin=1.96/12.5\approx 0.15$ V

(2) 选择 SINC4 寄存器，做以下寄存器配置，并检测失调电压。

```
01AH    0XD3H   //配置 AVDDR=3 V，开启 ACM(VBG)
01DH    0X19H   //PGIA 放大 12.5 倍，打开 buf  chopper
01EH    0X70H   //ADC 输入为 PGIA 输出
020H    0X24H   //PGIA 正输入 VBG，负输入 VBG
021H    0XFEH   //配置 ADC_CLK 为 1 MHz
023H    0X09H   //选择 SINC4 滤波器，过采样率配置为 256
```

(3) 选择 SINC4 寄存器，做以下寄存器配置，并检测温度失调。

```
01AH    0XD3H   //配置 AVDDR=3 V，开启 ACM(VBG)
01DH    0X19H   //PGIA 放大 12.5 倍，打开 buf  chopper
01EH    0X74H   //ADC 输入为 VTEMP
020H    0X01H   //PGIA 正输入 AIP，负输入 AIN
021H    0XFEH   //配置 ADC_CLK 为 1 MHz
023H    0X09H   //选择 SINC4 滤波器，过采样率配置为 256
```

根据以上测试方法，生成测试码：

```
BIN
PATTERN
/* PPPPPPPP PPPPPPPP PPPPPP */
/* 44444444 33333333 222222 */
/* 76543210 76543210 543210 */
/* ........ ........ ...... */
/* IIIIIII BBBBBBBB IIBIII */
```

```
  00000000 00000000 000100%LOOP 1999 ST EN, (0 0), SPL0
  00000000 00000000 000100%MLEN=1B, (0 0), SPL0
  00000000 00000000 000100%MPAT=0B, (0 0), SPL0
  00000000 00000000 001100%INDX=S1, (1 0), SPL0
  00000000 11111111 001100%LOOP 5000 ST EN MTCH, (2 2), SPL0
  00000000 11111111 001100%S1: LOOP  300 ST EN, (2 0), SPL0
  00000110 11111111 001101%LOOP   9 ST EN, (2 0), SPL0
  00000110 11111111 001100%MLEN=1B, (2 0), SPL0
  00000110 11111111 001100%MPAT=0B, (2 0), SPL0
  00000110 11111111 001100%INDX=S2, (2 0), SPL0
  00000110 00000110 001100%LOOP 100 ST EN MTCH, (2 2), SPL0
  00000110 00000110 001100%S2: LOOP  20ms ST EN, (2 2), SPL0
  00000110 00000110 001100%LOOP 20ms ST EN, (2 2), SPL0
  00000110 00000110 001100%MLEN=1B, (2 0), SPL0
  00000110 00000110 001100%MPAT=1B, (2 0), SPL0
  00000110 00000110 001100%INDX=S3, (2 0), SPL0
  00000110 00000110 001100%LOOP 50ms ST EN MTCH, (2 2), SPL0
  00000110 00000000 001100%S3: NOOP, (2 2), SPL0
  00000110 00000000 001100%NOOP, (2 2), SPL0   /* read 1st data ADCL */
  00000110 00000000 001100%LOOP 5 ST EN, (2 0), SPL0
  00000110 00000000 001100%NOOP, (2 2), SPL0   /* read 2st data ADCH */
  00000110 00000000 001100%NOOP, (2 2), SPL0
  00000110 00000000 001100%LOOP 5 ST EN, (2 0), SPL0
  00000110 00000000 001100%NOOP, (2 2), SPL0   /* read 3st data ADCU */
  00000110 00000000 001100%NOOP, (2 2), SPL0
  00000110 11111111 001100%MLEN=1B, (2 0), SPL0
  00000110 11111111 001100%MPAT=0B, (2 0), SPL0
  00000110 11111111 001100%INDX=S5, (2 0), SPL0
  00000110 11111111 001100%LOOP  40 ST EN MTCH, (2 2), SPL0
  00000110 11111111 001100%S5: NOOP, (2 0), SPL0
  00000110 11111111 001100%HALT  , (2 0), SPL0
END
IO33
  11111111 11111111 111111
  11111111 11111111 110111
  11111111 00000000 110111
END
MASK
  00000000 00000000 000000
  00000000 00000000 001000
  00000000 11111111 000000
END
```

第 7 章　模拟集成电路测试技术

7.1　模拟集成电路简介

模拟集成电路主要是指由电阻、电容、晶体管、MOS 管等元器件在晶圆内部集成在一起，用来处理模拟信号的集成电路。1958 年，杰克·基尔比在锗材料上用 5 个元件实现了一个简单的振荡器电路，成为世界上第一块集成电路。随着集成电路制造工艺的发展，各种各样的模拟集成电路得到迅速发展。目前模拟集成电路的种类繁杂，按照其应用划分可分为通用模拟集成电路和专用模拟集成电路两大类。

1. 通用模拟集成电路

顾名思义，通用模拟集成电路是用途广泛的模拟集成电路，可以被灵活地集成于各种 SoC 的内部，作为 SoC 内部的单元模块使用。通用模拟集成电路又可以分为以下几大类：

(1) 运算放大器、比较器和缓冲器。运算放大器包括高速、高精度、低噪声、低功耗、轨对轨等各种通用运算放大器。比较器包括高速、高精度比较器。缓冲器的主要作用是单位增益的输入和输出电压的电平转换。

(2) 参考基准电路。参考基准电路主要包括电压与电流基准，其中包括低噪声系数、低噪声电压与电流基准。

(3) 电源管理电路。电源管理电路主要包括低压差线性稳压器、升压与降压式直流电压转换器、电池充放电保护电路等。

(4) 模数与数模转换电路。模数与数模转换电路主要包括高精度Σ-Δ型 ADC 和 DAC 电路、高速 ADC/DAC 电路、低功耗 ADC/DAC 电路。

规模较大的 SoC 芯片内部往往包含有运算放大器、电压与电流基准等通用模拟电路模块，而运算放大器的性能往往决定了整个模拟集成电路的性能，因此运算放大器是模拟集成电路的基本电路，也是核心电路。

2. 专用模拟集成电路

专用模拟集成电路是只能在某一类产品中使用的模拟集成电路，例如无线电专用和音频专用模拟集成电路等。专用模拟集成电路主要包括：

(1) 音频放大专用运算放大器，如各种输出类型的放大器、耳机放大器、立体声放大器等。

(2) 专用显示驱动电路，如发光二极管、液晶显示器、平板显示器、VF、CRT 监视器专用显示驱动电路等。

(3) 专用接口电路，如全差分信号与单端信号的接口与缓冲器、差分与单端信号的接收发送器、各种标准的以太网接口电路，以及其他标准的专用接口电路。

(4) 温度传感控制电路，如温度开关、数字与模拟温度传感控制电路、硬件温度监控电路。

(5) 其他专用模拟集成电路，如汽车专用模拟集成电路、无线专用模拟集成电路、通信专用模拟集成电路、时钟发生电路等。

专用模拟集成电路内部通常包含有通用模拟集成电路的模块，随着集成电路制造工艺的不断发展，芯片加工工艺技术水平的提高，专用集成电路的种类也大大增加。目前的SoC实际上包含有系统电路的全部功能，例如各种标准的接口电路、驱动电路、ADC/DAC、功率管理等由模拟电路来承担，信号处理与传输、存储等则由数字电路完成。

7.2 三端稳压芯片测试

7.2.1 三端稳压芯片测试原理简介

三端稳压器件是基本的模拟集成电路，三端稳压器件具有三个端口，分别为输入端、输出端以及共地端。其基本功能是将输入端接入的稳定性差的输入电压转换为一个恒定的电压并加载到输出端，为电路系统中其他的元器件提供一个稳定的工作电压。接下来以一种常用的三端稳压器为例，介绍一下三端稳压器在晶圆测试阶段主要的测试参数。

1. 输出电压

三端稳压芯片的输出电压是指当芯片输出电流保持恒定，输入端施加指定范围内的电压时，芯片输出端的电压。三端稳压芯片输出电压的测试电路如图 7.1 所示，将三端稳压芯片的输入端和输出端分别接入测试机两个测试端，共地端接地。在输入端施加规定的电压，输出端施加规定的电流(负载)，使用测试机内部的高精度电压表测试稳压芯片的输出端电压，该电压值即为三端稳压芯片的输出电压。

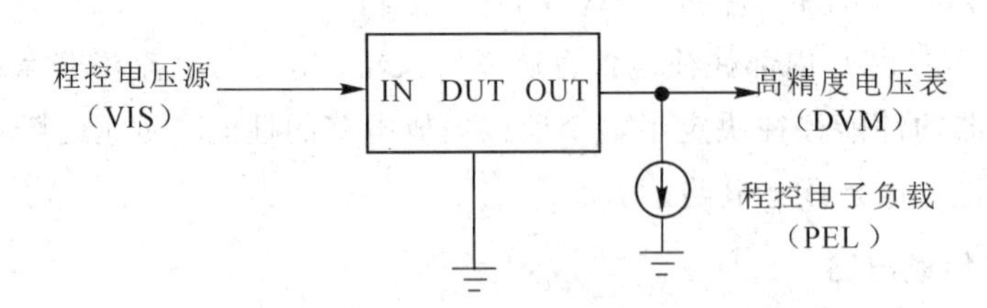

图 7.1 三端稳压芯片输出电压测试原理图

2. 静态电流

三端稳压芯片的静态电流是指芯片输入端施加指定电压，输出端不接任何负载时，芯片消耗的电流。三端稳压芯片静态电流的测试电路如图 7.2 所示，测试时将芯片的输入端接入测试机测试端，输出端悬空，共地端接地，使用加压测流的测试方法，在输入端施加指定电压，用高精度电流表测试此时流入芯片内部的电流大小，即为静态电流。

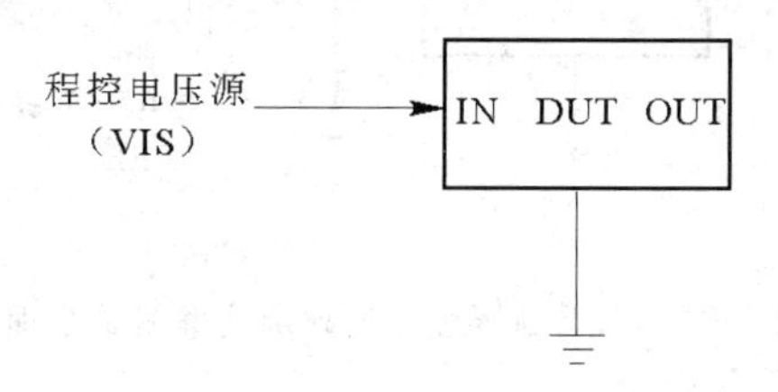

图 7.2　三端稳压芯片静态电流测试原理图

3. 线性调整率

线性调整率为三端稳压芯片的输出电流和环境温度保持不变时，由于芯片输入端电压的变化所引起的输出电压的相对变化量，也称为电压调整率。线性调整率的测试电路如图 7.3 所示。三端稳压芯片的输入端接测试机的测试端口，共地端接地，输出端连接程控电子负载和辅助运放的同相输入端，运放的输出端连接测试机的另一个测试端口。测试时在输入端口施加电压 U_1，输出端施加固定电流，使用高精度电压表测试输出端电压 U_{O1}，然后在输入端口施加另一电压 U_2，再用高精度电压表测试输出端电压 U_{O2}，最后在测试机内部通过公式计算出线性调整率，计算公式为

$$线性调整率=\frac{|U_{O1}-U_{O2}|}{100}$$

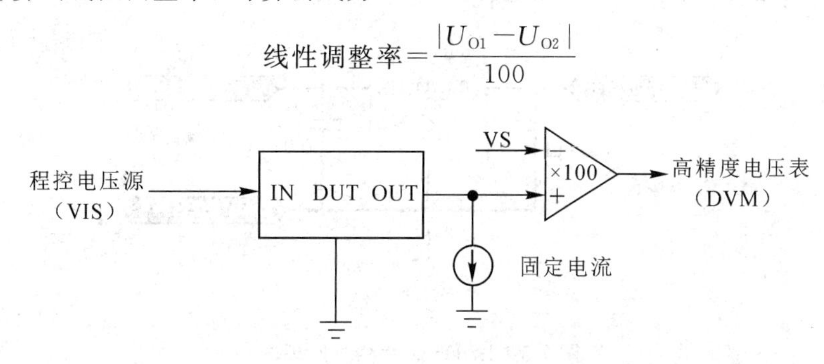

图 7.3　三端稳压芯片线性调整率测试原理图

4. 负载调整率

负载调整率为三端稳压芯片的输入电压和环境温度保持不变时，由于芯片输出电流（负载）的变化所引起的输出电压的相对变化量，也称为电流调整率。负载调整率的测试电路如图 7.4 所示，三端稳压芯片的输入端接测试机的电压源端口，共地端接地，输出端连接程控电子负载和辅助运放的同相输入端，运放的输出端连接测试机的另一个测试端口。测试时在输入端施加固定电压，输出端施加负载电流 I_1，使用高精度电压表测试输出端电压 U_{O1}，然后在输出端施加另一负载电流 I_2，再用高精度电压表测试输出端电压 U_{O2}，最后在测试机内部通过公式计算出负载调整率，计算公式为

$$负载调整率=\frac{|U_{O1}-U_{O2}|}{100}$$

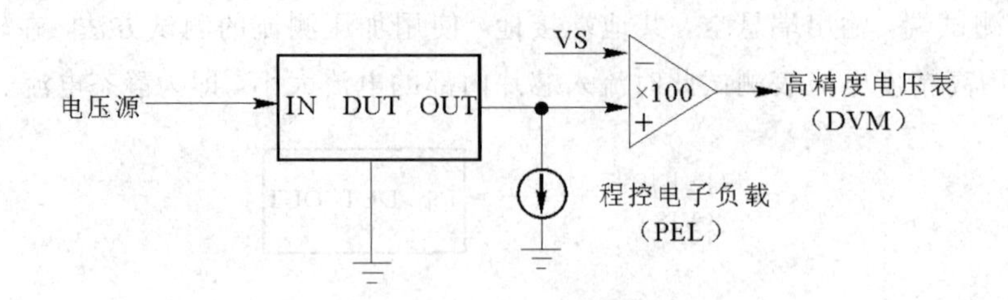

图 7-4 三端稳压芯片负载调整率测试原理图

7.2.2 L7805 三端稳压芯片测试

型号为 L7805 三端稳压芯片是一种常用的电压调节器，能够提供稳定的 5 V 直流电压以及 1 A 以上的输出电流，IC 内部集成有过压保护、过流保护、过热保护功能，具有良好的温度系数，性能稳定，使用方便，应用范围较广。在晶圆测试阶段，该芯片需要测试的参数主要有输出电压、静态电流、线性调整率、负载调整率。接下来简单介绍一下以上参数的测试原理。

L7805 三端稳压芯片的测试电路如图 7.5 所示，将 L7805 芯片的输入端 U_I 与测试机的 0 号电源端口 FOVIFH/SH0 相连，输出端 U_O 与测试机的 1 号电源端口 FOVIFH/SH1 相连，共地端 GND 与接地端口 FOVIFL/SL0－3 相连，在 U_I 与 GND 之间串联 0.33 μF 的电容，U_O 与 GND 之间串联 0.01 μF 的电容。

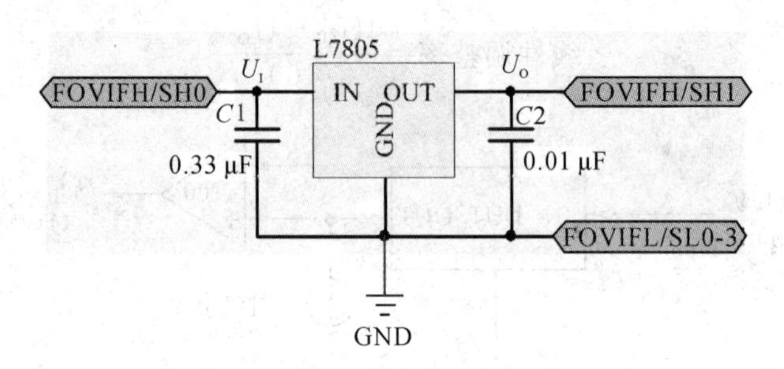

图 7.5 L7805 芯片测试原理图

L7805 型三端稳压芯片的测试参数主要有输出电压 U_O、静态电流 I_d、线性调整率 ΔU_{O1}、负载调整率 ΔU_{O2}。以上几项测试参数的测试规范如表 7.1 所示。

表 7.1 三端稳压芯片测试参数的测试规范

参数	符号	最小值	典型值	最大值	单位
输出电压	U_O	4.8	5	5.2	V
静态电流	I_d			8	mA
线性调整率	ΔU_{O1}		3	100	mV
负载调整率	ΔU_{O2}			100	mV

1. 输出电压 U_O 测试

测试三端稳压芯片的输出电压 U_O 时，通过编程控制测试机的 0 号电源端口在芯片的输入端施加 8 V 的输入电压，控制测试机的 1 号电源端口在芯片的输出端分别施加 5 mA 以及 1 A 的负载电流，测试芯片输出端的输出电压，与测试规范相对比；接着用同样的方法在芯片的输入端施加 20 V 的输入电压，在芯片的输出端分别施加 5 mA 以及 1 A 的负载电流，测试芯片输出端的输出电压，与测试规范相对比；若输出电压范围在 4.8 V 及 5.2 V之间，则说明芯片工作正常。输出电压的测试程序如下：

```
void  TEST_UO()
{
  FOVI_SetMode(CH0, FV, VRang_10V, IRang_100uA, IRang_100uA, -IRang_100uA);
  FOVI_SetMode(CH1, FI, IRang_1A, VRang_5V, VRang_5V, -VRang_5V);
  DelaymS(5);
  FOVI_SetOutVal(CH0, 8);
  FOVI_SetOutVal(CH1, -5);
  DelaymS(5);
  FOVI_MeasureV(CH1);
  FOVI_SetOutVal(CH1, -1000);
  FOVI_MeasureV(CH1);
  FOVI_SetMode(CH0, FV, VRang_10V, IRang_100uA, IRang_100uA, -IRang_100uA);
  FOVI_SetMode(CH1, FI, IRang_1A, VRang_5V, VRang_5V, -VRang_5V);
  DelaymS(5);
  FOVI_SetOutVal(CH0, 20);
  FOVI_SetOutVal(CH1, -5);
  DelaymS(5);
  FOVI_MeasureV(CH1);
  FOVI_SetOutVal(CH1, -1000);
  FOVI_MeasureV(CH1);
}
```

2. 静态电流 I_d测试

测试三端稳压芯片的静态电流 I_d时，首先将芯片的输出端开路，然后通过编程在芯片的输入端施加 8 V 的输入电压，测试此时流入芯片输入端的电流大小，接着将芯片输入端的电压变更为 25 V，再次测试流入芯片输入端的电流大小，将两次测试的输入端静态电流大小同测试规范相对比，若输入端静态电流小于 8 mA，则说明芯片工作正常，静态电流的测试程序如下：

```
void  TEST_Id()
{
  FOVI_SetMode(CH0, FV, VRang_10V, IRang_100uA, IRang_100uA, -IRang_100uA);
  DelaymS(5);
  FOVI_SetOutVal(CH0, 8);
  DelaymS(5);
  FOVI_MeasureI(CH0);
  FOVI_SetMode(CH0, FV, VRang_10V, IRang_100uA, IRang_100uA, -IRang_100uA);
  DelaymS(5);
```

```
    FOVI_SetOutVal(CH0, 25);
    DelaymS(5);
    FOVI_MeasureI(CH0);
}
```

3. 线性调整率 ΔU_{O1} 测试

测试三端稳压芯片的线性调整率 ΔU_{O1} 时，通过编程控制测试机的 1 号电源端口在芯片的输出端口施加 500 mA 的负载电流，控制测试机的 0 号电源端口在芯片的输入端施加 7 V 的输入电压，测试此时芯片输出端的输出电压 U_1，然后在芯片的输入端施加 25 V 的输入电压，测试此时芯片输出端的输出电压 U_2，芯片的线性调整率 ΔU_{O1} 为

$$\Delta U_{O1} = \text{fabs}(U_1 - U_2)$$

若该值小于 50 mV，则说明芯片工作正常。

线性调整率的测试程序如下：

```
void  TEST_DeltaUO1()
{
    float a, b, c;
    FOVI_SetMode(CH0, FV, VRang_10V, IRang_100uA, IRang_100uA, -IRang_100uA);
    FOVI_SetMode(CH1, FI, IRang_1A, VRang_5V, VRang_5V, -VRang_5V);
    DelaymS(5);
    FOVI_SetOutVal(CH0, 7);
    FOVI_SetOutVal(CH1, -500);
    DelaymS(5);
    FOVI_MeasureV(CH1);
    a=pSite->RealData[1];
    FOVI_SetOutVal(CH0, 25);
    FOVI_SetOutVal(CH1, -500);
    DelaymS(5);
    FOVI_MeasureV(CH1);
    b=pSite->RealData[1];
    c=abs(a-b);
}
```

4. 负载调整率 ΔU_{O2} 测试

测试三端稳压芯片的负载调整率 ΔU_{O2} 时，通过编程控制测试机的 0 号电源端口在芯片的输入端施加 10 V 的输入电压，控制测试机的 1 号电源端口在芯片的输出端施加 5 mA 的负载电流，测试此时芯片输出端的电压 U_1，然后在芯片的输出端施加 1.5 A 的负载电流，测试此时芯片输出端的电压 U_2，芯片的负载调整率 ΔU_{O2} 为

$$\Delta U_{O2} = \text{fabs}(U_1 - U_2)$$

若该值小于 100 mV，则说明芯片工作正常。

负载调整率的测试程序如下：

```
void  TEST_DeltaUO2()
```

```
{
  float a, b, c;
  FOVI_SetMode(CH0, FV, VRang_10V, IRang_100uA, IRang_100uA, -IRang_100uA);
  FOVI_SetMode(CH1, FI, IRang_2A, VRang_5V, VRang_5V, -VRang_5V);
  DelaymS(5);
  FOVI_SetOutVal(CH0, 10);
  FOVI_SetOutVal(CH1, -5);
  DelaymS(5);
  FOVI_MeasureV(CH1);
  a=pSite->RealData[1];
  FOVI_SetOutVal(CH0, 10);
  FOVI_SetOutVal(CH1, -1500);
  DelaymS(5);
  FOVI_MeasureV(CH1);
  b=pSite->RealData[1];
  c=abs(a-b);
}
```

采用 LK8820 测试机测试 L7805 三端稳压芯片的测试电路如图 7.6 所示，三端稳压芯片的电压输入端 IN 连接测试机的 1 号电源端口 FORCE1，电压输出端 OUT 连接测试机的 2 号电源端口 FORCE2，共地端口 GND 接地，电压输入端 IN、电压输出端 OUT 与共地端口 GND 之间分别串联 0.33 μF 和 0.01 μF 的电容，用以过滤纹波信号。

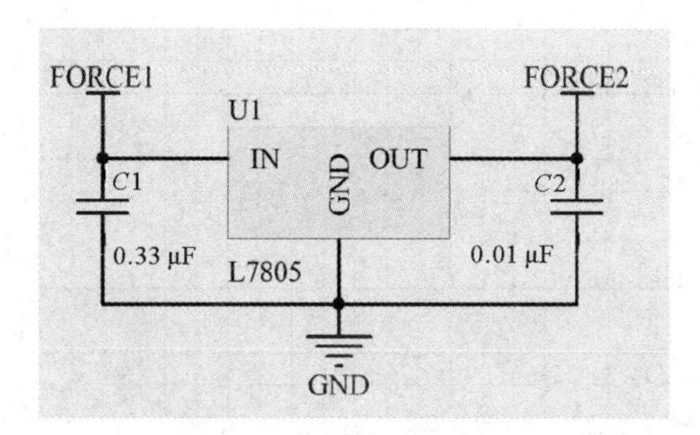

图 7.6　采用 LK8820 测试机测试 L7805 测试原理图

采用 LK8820 测试机测试 L7805 三端稳压芯片主要参数的方法与 CTA8280 测试机的基本一致，基于 LK8820 测试机函数编写的 L7805 三端稳压芯片的测试程序如下：

```
//输出电压 UO 测试程序
void UO()
{
  float VO;
  cy->_on_vpt(1, 3, 8);
  Sleep(20);
  cy->_on_ip(2, 5000);
```

```
    VO=cy->_measure_v(2, 2);
    MprintfExcel(L"UO", VO);
    cy->_reset();
}
//静态电流 Id测试程序
void Id()
{
    float Idd;
    cy->_on_vpt(1, 3, 8);
    Sleep(20);
    Idd=cy->_measure_i(1, 3, 2);
    MprintfExcel(L"Id", Idd);
    cy->_reset();
    cy->_on_vpt(1, 3, 8);
    Sleep(20);
    Idd=cy->_measure_i(1, 3, 2);
    MprintfExcel(L"Id", Idd);
    cy->_reset();
}
//线性调整率 ΔUO1测试程序
void LIR()
{
    float V0, V1, V;
    cy->_on_vpt(1, 3, 7);
    Sleep(20);
    cy->_on_ip(2, 500000);
    Sleep(20);
    V0=cy->_measure_v(2, 2);
    cy->_reset();
    cy->_on_vpt(1, 3, 25);
    Sleep(20);
    cy->_on_ip(2, 500000);
    Sleep(20);
    V1=cy->_measure_v(2, 2);
    V=fabs(V0 - V1);
    MprintfExcel(L"LIR", V);
    cy->_reset();
}
//负载调整率 ΔUO2测试程序
void LOR()
{
    float V, V1, V2;
```

```
    cy->_on_vpt(1, 3, 10);
    Sleep(20);
    cy->_on_ip(2, 5000);
    Sleep(20);
    V1=cy->_measure_v(2, 2);
    cy->_reset();
    cy->_on_vpt(1, 3, 10);
    Sleep(20);
    cy->_on_ip(2, 1500000);
    Sleep(20);
    V2=cy->_measure_v(2, 2);
    V=fabs(V1 - V2);
    MprintfExcel(L"LOR", V);
    cy->_reset();
}
```

7.3　集成运放芯片测试

7.3.1　集成运放芯片测试原理简介

集成运算放大器，简称集成运放，是模拟集成电路中一个重要的分支，也是各种电子系统中不可缺少的基本功能电路。集成运放具有输入阻抗高，输出阻抗低，差模增益高等优点，同时能够较好地抑制温度漂移，被广泛应用于模拟信号的处理以及产生电路之中。

如图 7.7 所示，集成运放一般由输入级、中间级、输出级和偏置电路这四部分电路所组成，它具有两个输入端，分别为同相输入端 u_P和反相输入端 u_N，一个输出端 u_O。输入级电路一般为一个双端输入单端输出的差分放大电路，输入级电路性能的优劣会直接影响整个集成运放的大部分性能参数，因此要求集成运放的输入级的输入阻抗高、差模增益大、共模抑制比高、静态功耗低，目前主流的集成运放主要采用有源负载结构的 CMOS 差分放大器作为输入级。中间级是集成运放的主放大器，其作用是进一步增强集成运放对于差分信号的放大能力，多采用恒流源负载的 CMOS 共源放大器作为中间级结构。集成运放的输出级应具有输出电压线性范围宽、输出阻抗低、非线性失真小等特点，集成运放的输出级多采用互补输出电路。偏置电路用于设置集成运放中各级放大电路的静态工作点，一般采用 CMOS 电流镜电路作为偏置电路。

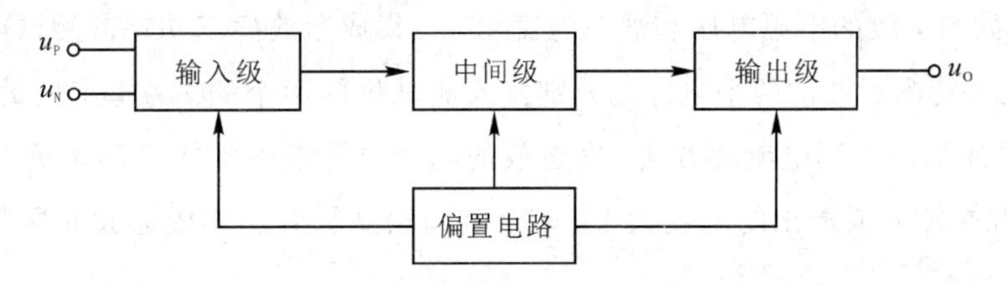

图 7.7　集成运放结构示意图

集成运放的性能参数有很多，其中能够反映运算放大器精度、速度、放大能力的重要指标主要包括输入失调电压、偏置电流、电源电流、输出摆幅、开环增益、电源电压抑制比、共模抑制比等参数，因此以上几项参数为衡量集成运放性能的关键参数。电源电压抑制比、共模抑制比这两个参数的测试电路较为复杂，受限于硬件条件。接下来通过一个典型的集成运放芯片，介绍一下集成运放在晶圆测试阶段的失调电压、静态功耗、输出摆幅、开环增益这几个参数该如何进行测试。

1. 输入失调电压测试原理

一个理想的集成运放，两个输入端施加相同的直流电压时，其输出端的电压应等于零，但是由于运放内部元器件的参数不对称，导致实际输出电压不为零，为了使集成运放的输出电压回到零，必须在集成运放的一个输入端加上一个电压来补偿，该电压为集成运放的失调电压，用U_I表示。U_I越小，说明集成运放的对称性越好。集成运放的输入失调电压的测试原理图如图 7.8 所示。辅助运放的输出端连接测试机测试端口，测试时测试机内部的高精度电压表测试出辅助运放的输出端的电压 U_L，然后通过公式计算出待测运放的失调电压。计算公式为

$$U_I=\frac{R_1}{R_1+R_F}\cdot U_L$$

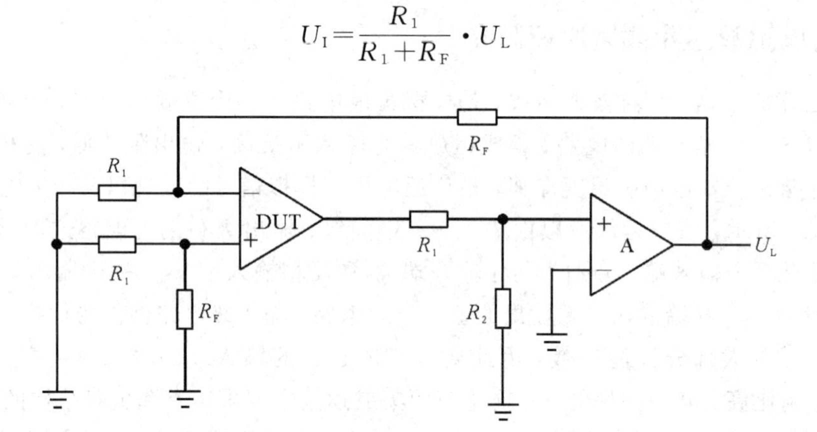

图 7.8　集成运放输入失调电压测试原理图

2. 静态功耗测试原理

集成运放的静态功耗是指在运放输入端无输入信号，集成运放内部所消耗的功率，记为 P_D。该参数与运放的电源电压和静态电流相关。集成运放静态功耗的测试电路如图 7.9 所示。测试时，待测运放的两个电源端分别接入测试机的两个测试端口，辅助运放的输出端口悬空，采用加电压测电流的方法，在运放的两个电源端施加指定的正负工作电压，测试此时从电源端流入或流出的电流大小，然后通过公式计算出集成运放的静态功耗，计算公式如下：

$$P_D=(U_+\cdot I_+)+(U_-\cdot I_-)$$

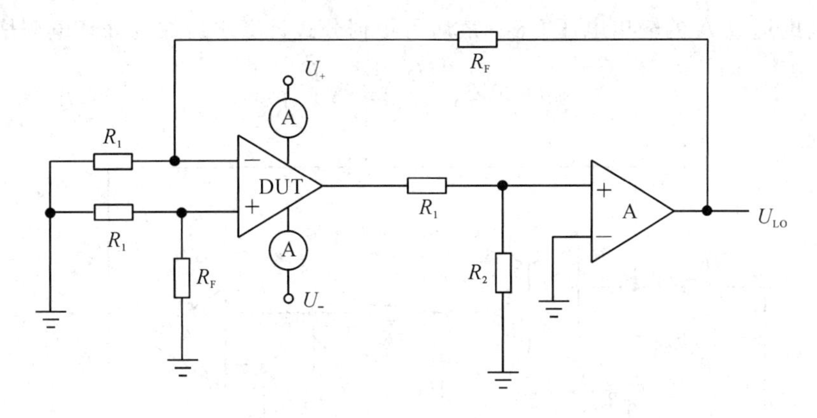

图 7.9　集成运放静态功耗测试原理图

3. 输出摆幅测试原理

输出摆幅是指集成运放在规定的电源电压和负载下，所能输出的最大正峰值电压和最大负峰值电压，该值越接近电源电压，说明集成运放的性能越好。输出摆幅的测试电路如图 7.10 所示，测试时将集成运放的输出端接指定负载 R_L、C_L，并与测试机的测试端口相连，反向输入端接地，先将开关 S 置于位置 1，使集成运放的同相输入端接正电源电压 U_+，测试输出端电压 U_{O1}，电压 U_{O1} 为集成运放的正峰值电压，再将开关 S 置于位置 2，测试输出端电压 U_{O2}，电压 U_{O2} 为集成运放的负峰值电压。

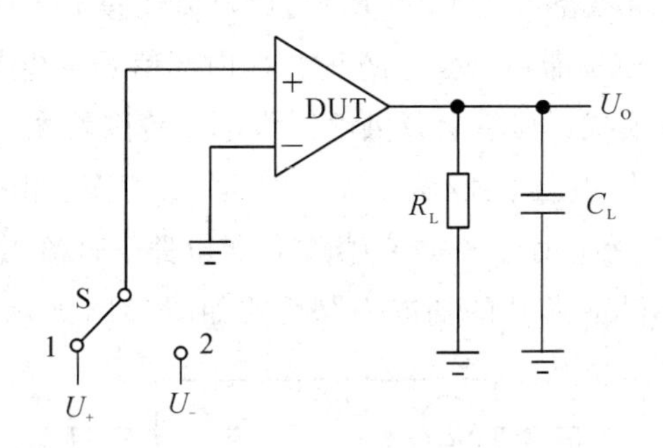

图 7.10　集成运放输出摆幅测试原理图

4. 开环增益测试原理

开环增益是指集成运放在开环状态下，运放的输出电压变化与差模输入电压变化之比，记为 A_{UO}。这是运放一个非常重要的参数，开环增益越大，运放的性能越好。开环增益的测试电路如图 7.11 所示。测试时，先将开关 S 置于 $+U_{REF}$ 位置，由于辅助运放的同相输入端虚地，此时待测运放(DUT)的输出电压为

$$U_{O1}=-\frac{R_1}{R_2}U_{REF}$$

测试此时辅助运放 A 的输出电压为 U_{L1}。接着再将开关 S 置于 $-U_{REF}$ 位置，此时待测运放(DUT)的输出电压为

$$U_{O2}=\frac{R_1}{R_2}U_{REF}$$

测试此时辅助运放 A 的输出电压 U_{L2}，最后可根据公式计算出运放的开环电压增益为

$$A_{UO}=20\lg\frac{2U_{REF}}{U_{L2}-U_{L1}}\cdot\frac{R_1+R_F}{R_2}$$

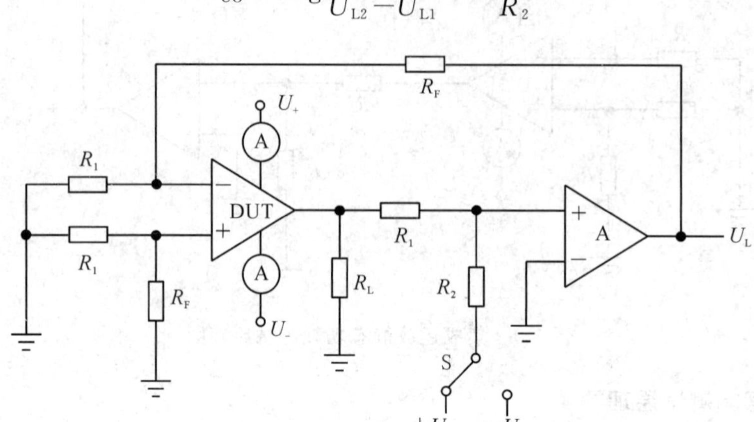

图 7.11　集成运放开环增益测试原理图

7.3.2　LM358 集成运放芯片测试

LM358 是一种常用的双通道集成运算放大器芯片，芯片内部集成了两个独立的高增益运算放大器，其直流电压增益可达 100 dB。芯片内部还集成了频率补偿电路，可有效补偿运放工作过程中产生的相位滞后现象，防止芯片内部信号发生振荡。芯片可工作于单电源供电和双电源供电两种模式，其单电源供电工作电压范围较宽，可在 3 V～30 V 之间正常工作，双电源供电的工作电压范围为±1.5 V 至±15 V。由于其良好的性能，因此 LM358 集成运放芯片被广泛应用于各类传感放大器电路、直流增益模块以及其他集成运放的典型应用电路中，LM358 芯片的功能引脚说明如图 7.12 所示。

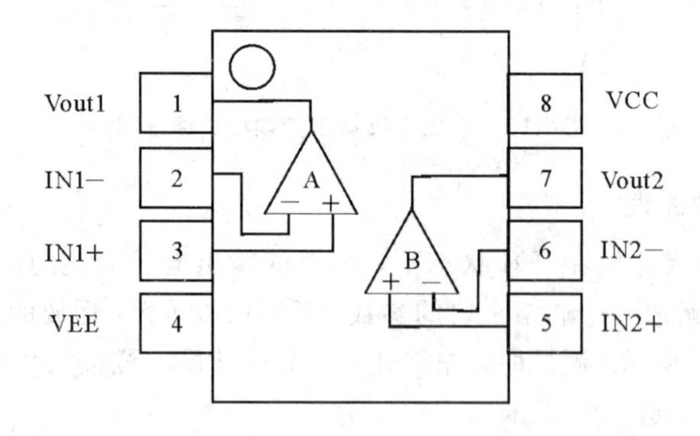

图 7.12　LM358 芯片示意图

VCC：正电源电压输入端；

VEE：负电源电压输入端；

IN1＋：运放 A 同相输入端；

IN1－：运放 A 反相输入端；

Vout1：运放 A 输出端；

IN2＋：运放 B 同相输入端；

IN2－：运放 B 反相输入端；

Vout2：运放 B 输出端。

LM358 芯片的测试电路如图 7.13 所示，测试时需要使用辅助运放 OPA4227。LM358 芯片的正电源电压输入端 VCC 连接测试机的 3 号供电端口 FOVIFH/SH3，负电源电压输入端 VEE 连接测试机的 2 号供电端口 FOVIFH/SH2。LM358N 内部运放 A 的同相输入端 IN1＋通过测试机内部继电器 K2 连接到 0 号供电端口 FOVIFH/SH0，反相输入端IN1－接地，运放 A 的输出端 Vout1 通过继电器 K1 连接到由 10 kΩ 电阻 $R1$ 和 20 pF 电容 $C1$ 组成的负载上，同时连接 1 号测试端口 FOVISH1。LM358N 内部运放 B 的同相输入端 IN2＋连接 100 Ω 的负载 $R5$，反向输入端 IN2－连接 100 Ω 的负载 $R6$，电阻 $R5$、$R6$ 的另一端接地。IN2－通过 10 kΩ 的反馈电阻 R_F 连接至辅助运放 OPA4227 的输出端 OutA，构成负反馈网络，辅助运放的输出端 OutA 同时连接到测试机 7 号测试端 FOVISH7。LM358N 内部运放 B 的输出端 Vout2 通过 10 kΩ 电阻 $R2$ 连接至辅助运放 OPA4227 的同相输入端＋INA，Vout2 经过继电器 K3 连接 100 kΩ 的负载电阻 R_L，R_L 另外一端接地。辅助运放的同相输入端＋INA 同时经过 10 kΩ 的电阻 $R4$ 和内部继电器 K4 和 K5 分别连接到接地端和测试机的 6 号供电端口 FOVIFH/SH6。辅助运放 OPA4227 的电源端 V＋和 V－分别连接到测试机的 4 号电源端口 FOVIFH/SH4 和 5 号电源端口 FOVIFH/SH5。

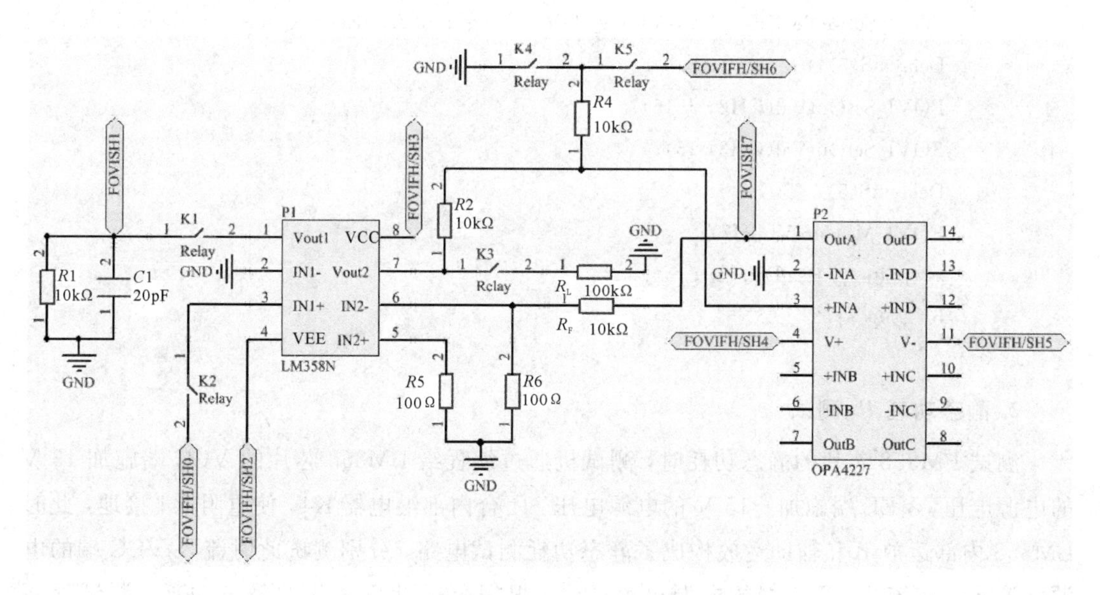

图 7.13　LM358 芯片测试电路图

LM358 芯片的测试参数主要包括输入失调电压 U_{OS}，静态功耗 P_D，输出摆幅 U_{OL}、U_{OH}，开环增益 A_{UO}，其测试规范如表 7.2 所示。

表 7.2 LM358 芯片参数的测试规范

参　数	符号	最小值	典型值	最大值	单位
输入失调电压	U_{OS}	−3	±1	3	V
静态功耗	P_D			60	mW
最小输出电压	U_{OL}		−14.85	−14.7	V
最大输出电压	U_{OH}	14.7	14.75		V
开环增益	A_{UO}	98	110		dB

1. 输入失调电压 U_{OS} 测试

测试 LM358 芯片的输入失调电压时，测试机通过编程给 LM358 芯片的 VCC 端施加 15 V 的电源电压，VEE 端施加−15 V 的电源电压，闭合内部继电器 K4，使电阻 $R4$ 接地，此时 LM358 内部运放 B 和辅助运放 OPA4227 构成了输入失调电压测试电路，测试此时辅助运放输出端 OutA 电压 U_{LO}，根据公式计算芯片输入失调电压大小，测试程序如下：

```
void  TEST_UOS()
{
  float a, b;
  CBIT_SRelayOn(4, -1);
  FOVI_SetMode(CH2, FV, VRang_20V, IRang_100uA, IRang_100uA, -IRang_100uA);
  FOVI_SetMode(CH3, FV, VRang_20V, IRang_100uA, IRang_100uA, -IRang_100uA);
  DelaymS(5);
  FOVI_SetOutVal(CH2, -15);
  FOVI_SetOutVal(CH3, 15);
  DelaymS(5);
  FOVI_MeasureV(CH7);
  a=pSite->RealData[1];
  b=9.9 * a;
}
```

2. 静态功耗 P_D 测试

测试 LM358 芯片的静态功耗时，测试机通过编程给 LM358 芯片的 VCC 端施加 15 V 的电源电压，VEE 端施加−15 V 的电源电压，闭合内部继电器 K4，使电阻 $R4$ 接地，此时 LM358 内部运放 B 和辅助运放构成了静态功耗测试电路，分别测试此时流入 VCC 端的电源电流 $I+$ 和流入 VEE 端的电源电流 $I-$，根据公式计算芯片的静态功耗，测试程序如下：

```
void  TEST_PD()
{
  float a, b, c;
```

```
  CBIT_SRelayOn(4, -1);
  FOVI_SetMode(CH2, FV, VRang_20V, IRang_100uA, IRang_100uA, -IRang_100uA);
  FOVI_SetMode(CH3, FV, VRang_20V, IRang_100uA, IRang_100uA, -IRang_100uA);
  DelaymS(5);
  FOVI_SetOutVal(CH2, -15);
  FOVI_SetOutVal(CH3, 15);
  DelaymS(5);
  FOVI_MeasureI(CH2);
  a=pSite->RealData[1];
  FOVI_MeasureI(CH3);
  b=pSite->RealData[1];
  c=-15*a+15*b;
}
```

3. 输出摆幅 U_{OL}、U_{OH} 测试

测试 LM358 芯片的输出摆幅时，通过编程给 LM358 芯片的 VCC 端施加 15 V 的电源电压，VEE 端施加－15 V 的电源电压，闭合内部继电器 K1，此时 LM358 内部运放 A 的输出端 Vout1 与负载 $R1$ 和 $C1$ 相连，闭合内部继电器 K2，0 号电源端口施加＋15 V 电压至运放 A 输入端 IN1＋，测试此时运放 A 输出端 Vout1 的电压，该电压值即为 U_{OH}，接着使 0 号电源端口施加－15 V 电压至运放 A 输入端 1N1＋，测试此时运放 A 输出端 Vout1 的电压，该电压值即为 U_{OL}，测试程序如下：

```
//UOH测试程序
void  TEST_UOH()
{
  CBIT_SRelayOn(1, 2, -1);
  FOVI_SetMode(CH2, FV, VRang_20V, IRang_100uA, IRang_100uA, -IRang_100uA);
  FOVI_SetMode(CH3, FV, VRang_20V, IRang_100uA, IRang_100uA, -IRang_100uA);
  FOVI_SetMode(CH0, FV, VRang_20V, IRang_100uA, IRang_100uA, -IRang_100uA);
  DelaymS(5);
  FOVI_SetOutVal(CH2, -15);
  FOVI_SetOutVal(CH3, 15);
  FOVI_SetOutVal(CH0, 15);
  DelaymS(5);
  FOVI_MeasureV(CH1);
}
//UOL测试程序
void  TEST_UOL()
{
  CBIT_SRelayOn(1, 2, -1);
  FOVI_SetMode(CH2, FV, VRang_20V, IRang_100uA, IRang_100uA, -IRang_100uA);
```

```
    FOVI_SetMode(CH3, FV, VRang_20V, IRang_100uA, IRang_100uA, -IRang_100uA);
    FOVI_SetMode(CH0, FV, VRang_20V, IRang_100uA, IRang_100uA, -IRang_100uA);
    DelaymS(5);
    FOVI_SetOutVal(CH2, -15);
    FOVI_SetOutVal(CH3, 15);
    FOVI_SetOutVal(CH0, -15);
    DelaymS(5);
    FOVI_MeasureV(CH1);
}
```

4. 开环增益 A_{UO} 测试

测试 LM358 芯片的开环增益时，通过编程给 LM358 芯片的 VCC 端施加 15 V 的电源电压，VEE 端施加－15 V 的电源电压，闭合内部继电器 K3，使运放 B 的输出端 Vout2 连接 100 kΩ 负载电阻 R_L，闭合内部继电器 K5，使电阻 $R4$ 连接到 6 号电源端口，此时 LM358 内部运放 B 和辅助运放构成了开环增益测试电路。首先通过编程控制 6 号电源端口输出＋10 V 电压，测试此时辅助运放输出端 OutA 的电压，记为 U_{L1}，然后通过编程控制 6 号电源端口输出－10 V 电压，测试此时辅助运放输出端 OutA 的电压，记为 U_{L2}，将上述参数代入公式，可计算出运放的开环增益参数，测试程序如下：

```
void  TEST_AUO()
{
    float a, b, c;
    CBIT_SRelayOn(3, 5, -1);
    FOVI_SetMode(CH2, FV, VRang_20V, IRang_100uA, IRang_100uA, -IRang_100uA);
    FOVI_SetMode(CH3, FV, VRang_20V, IRang_100uA, IRang_100uA, -IRang_100uA);
    FOVI_SetMode(CH6, FV, VRang_20V, IRang_100uA, IRang_100uA, -IRang_100uA);
    DelaymS(5);
    FOVI_SetOutVal(CH2, -15);
    FOVI_SetOutVal(CH3, 15);
    FOVI_SetOutVal(CH6, 10);
    DelaymS(5);
    FOVI_MeasureV(CH7);
    a=pSite->RealData[1];
    FOVI_SetOutVal(CH6, -10);
    DelaymS(5);
    FOVI_MeasureV(CH7);
    b=pSite->RealData[1];
    c=20 * log10 * 20 * 10000/(b - a);
}
```

采用 LK8820 测试机测试 LM358 集成运放芯片的测试电路如图 7.14 所示，其原理与 CTA8280 的测试电路基本一致，测试程序如下：

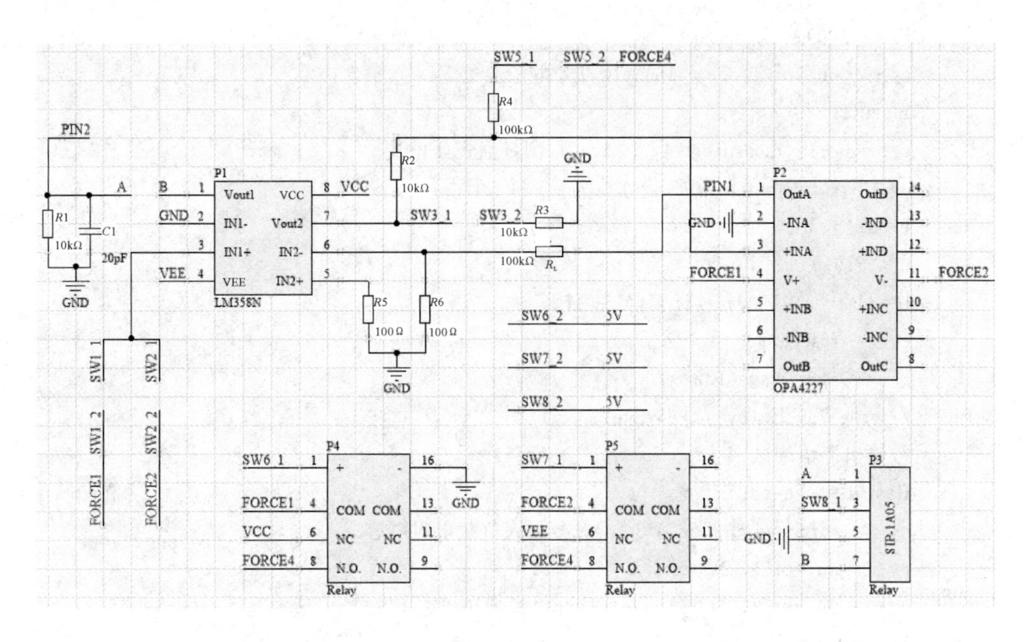

图 7.14　采用 LK8820 测试机测试 LM358 芯片的测试电路图

```
void PASCAL J8820_luntek()
{
  J8820_luntek_inf()；
  //输入失调电压测试
  float a=0；
  cy ->_on_vpt(1，3，16)；
  cy ->_on_vpt(2，3，-16)；//打开电源通道 FORCE1，FORCE2
  Sleep(20)；
  a=cy ->_read_pin_voltage(1，3，2)；//读取 PIN2 脚的电压，即输入失调电压
  cy ->_reset()；
  //静态功耗测试
  float b=0，c=0；
  cy ->_on_vpt(1，2，16)；
  cy ->_on_vpt(2，2，-16)；//打开电源通道 F1，F2
  Sleep(10)；
  cy ->_turn_switch("on"，6，0)；
  Sleep(100)；
  cy ->_on_vpt(4，2，16)；//打开电源通道 F4
  Sleep(20)；
  b=-cy ->_measure_i(4，2，2)；//测量通道 4 电流
  Sleep(20)；
  cy ->_off_vpt(4)；//关闭电源通道 F4
  cy ->_turn_switch("off"，6，0)；
  Sleep(100)；
  cy ->_turn_switch("on"，7，0)；
```

```
Sleep(100);
cy->_on_vpt(4, 2, -16); //打开电源通道 F4
Sleep(20);
c=-cy->_measure_i(4, 2, 2); //测量通道 4 电流
cy->_turn_switch("off", 7, 0);
b=16 * b;
c=-16 * c;
b=(b + c)/1000; //计算静态功耗
cy->_reset();
//cy->get_wave(1024);
//writeWaveEx(cy->dWave);
//输出摆幅测试
float d=0, e=0;
cy->_turn_switch("on", 8, 0); //加入负载电阻电容
cy->_on_vpt(1, 2, 16);
cy->_on_vpt(2, 2, -16); //打开电源通道 F1, F2
Sleep(10);
cy->_turn_switch("on", 1, 0); //输入 V+接 F1
Sleep(100);
d=cy->_read_pin_voltage(2, 3, 1); //读取输出正电压
cy->_turn_switch("off", 1, 0);
Sleep(20);
cy->_turn_switch("on", 2, 0); //输入 V-接 F2
Sleep(100);
e= cy->_read_pin_voltage(2, 3, 1); //读取输出负电压
cy->_turn_switch("off", 2, 0);
cy->_reset();
//开环增益测试
float f=0, g=0, h=0, i=0;
float k=0;
int j;
cy->_turn_switch("on", 3, 0); //打开继电器 3, 将 RL 接入
Sleep(10);
cy->_on_vpt(1, 2, 16);
cy->_on_vpt(2, 2, -16); //打开电源通道 F1, F2
Sleep(10);
cy->_on_vpt(4, 2, 10);
Sleep(10);
cy->_turn_switch("on", 5, 0); //电源通道 4 输入 10 V
Sleep(50);
f=cy->_read_pin_voltage(1, 3, 2); //读取 V+电压
cy->_turn_switch("off", 5, 0);
cy->_off_vpt(4);
```

```
    Sleep(10);
    cy->_on_vpt(4, 2, -10);
    Sleep(10);
    cy->_turn_switch("on", 5, 0); //电源通道4输入-10 V
    Sleep(50);
    g=cy->_read_pin_voltage(1, 3, 2); //读取V
    h=fabs((101 * 20)/(f - g));
    i=20 * log10(h); //计算开环增益
    cy->_reset();

    delete cy;
    cy=NULL;
    //输出结果实例1
    MprintfExcel(L"VL1", a);
    MprintfExcel(L"Pd", b);
    MprintfExcel(L"Vo+", d);
    MprintfExcel(L"Vo-", e);
    MprintfExcel(L"V1", f);
    MprintfExcel(L"V2", g);
    MprintfExcel(L"Avd", i);
    MprintfExcel(L"Vollc", -14.3f);
    MprintfExcel(L"LVoh", 3.4f);
    MprintfExcel(L"LVol", 1.1f);
}
```

7.4　DAC/ADC芯片测试

随着现代科学技术的迅猛发展，特别是数字系统已广泛应用于各种学科领域及日常生活，微型计算机就是一个典型的数字系统。但是数字系统只能对输入的数字信号进行处理，其输出信号也是数字信号。而在工业检测控制和生活中的许多物理量都是连续变化的模拟量，如温度、压力、流量、速度等，这些模拟量可以通过传感器或换能器变成与之对应的电压、电流或频率等电模拟量。为了实现数字系统对这些电模拟量进行检测、运算和控制，就需要一个模拟量与数字量之间的相互转换的过程。即常常需要将模拟量转换成数字量，简称为AD转换，完成这种转换的电路称为模数转换器(analog to digital converter)，简称ADC；或将数字量转换成模拟量，简称D/A转换，完成这种转换的电路称为数模转换器(digital to analog converter)，简称DAC。接下来以一种常用的DAC/ADC芯片为例，介绍一下DAC/ADC芯片在晶圆测试阶段主要的测试参数。

7.4.1　ADC0804芯片测试

ADC0804是一款8位、单通道、高性价比的A/D转换器，其主要特点是：模数转换时间大约100 μs；具有TTL和CMOS标准接口；可以满足差分电压输入；具有参考电压输入端；内含时钟发生器；单电源工作时输入电压范围是 0～5 V；不需要调零等。在晶圆测试阶段，主要需要对 A/D 转换器的静态工作电流以及 AD 转换功能进行验证，ADC0804 芯片的功能引脚说明如图 7.15 所示。

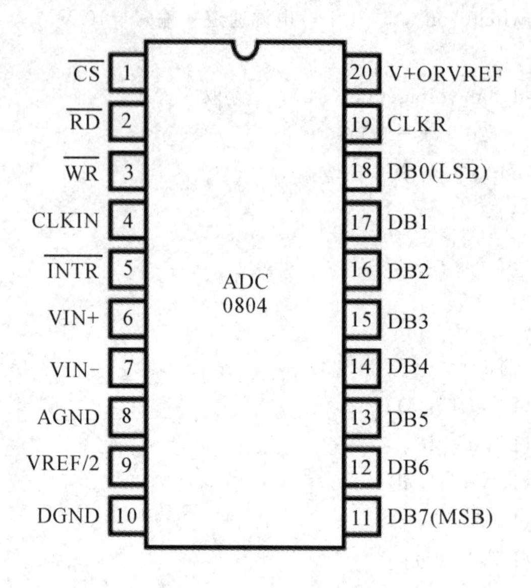

图 7.15　ADC0804 芯片引脚图

VIN＋、VIN－：为两个模拟信号输入端，可以接收单极性、双极性和差模输入信号。

DB0～DB7：具有三态特性数字信号输出端，输出结果为 8 位二进制结果。

CLKIN：时钟信号输入端。

CLKR：内部时钟发生器的外接电阻、电容端，与 CLKIN 端配合可由芯片自身产生时钟脉冲，时钟脉冲频率的计算方式是：$f_{ck}=1/(1.1RC)$。

$\overline{\text{CS}}$：片选信号输入端，低电平有效。

$\overline{\text{WR}}$：写信号输入端，低电平启动 AD 转换。

$\overline{\text{RD}}$：读信号输入端，低电平输出端有效。

$\overline{\text{INTR}}$：转换完毕中断信号输出端，A/D 转换结束后，输出低电平信号表示本次转换已完成。

VREF/2：参考电平输入端，决定量化单位。

VCC：芯片 5 V 电源输入。

AGND：模拟信号地。

DGND：数字信号地。

ADC0804 芯片的测试电路如图 7.16 所示，测试时采用单极性信号输入，同相电压输入端口 VIN＋连接 0 号电源端口 FOVIFH0 接受输入模拟信号，反相电压输入端 VIN－接地。内置时钟信号发生器端 CLKR 与时钟信号输入端 CLKIN 之间串联 10 kΩ 电阻，可以为芯片提供 1.6 MHz 的时钟脉冲信号。片选信号输入端$\overline{\text{CS}}$、读信号输入端$\overline{\text{RD}}$、写信号输入端$\overline{\text{WR}}$、参考电压输入端 VREF/2、电源电压输入端 VCC 分别连接 FOVIFH1～FOVIFH5 电源端口。8 位数字信号输出端 DB0～DB7 分别连接 FOVISH6～FOVISH13 测试端口，转换完毕中断信号输出端$\overline{\text{INTR}}$连接 FOVISH14 测试端口，芯片数字接地端和模拟接地端分别由 FOVISL/FL0-15 连接到 GND。

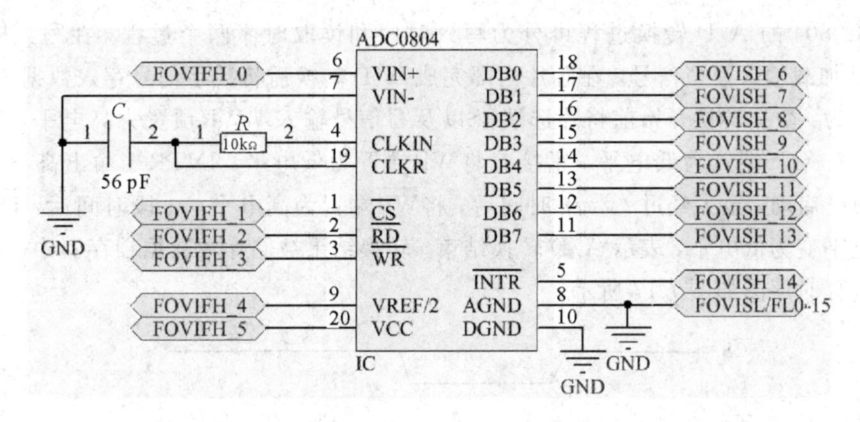

图 7.16　ADC0804 芯片测试电路图

ADC0804 芯片的测试参数主要介绍静态工作电流和 AD 转换功能测试，其测试规范如表 7.3 所示。

表 7.3　ADC0804 芯片测试参数的测试规范

参　数	符号	最小值	典型值	最大值	单位
静态工作电流	I_{CC}		1.9	2.5	mA
输入高电平	U_{IH}	2			V
输入低电平	U_{IL}			0.8	V
输出高电平	U_{OH}	4			V
输出低电平	U_{OL}			0.7	V

1. 静态工作电流测试

静态工作电流为 ADC 的片选端$\overline{CS}$在高电平状态下，在芯片的电源端施加一定的电压，此时流经芯片内部的电流。测试 ADC0804 芯片的静态工作电流时，首先在芯片电源端 VCC 施加 5 V 的工作电压，然后在芯片片选端$\overline{CS}$输入 5 V 电平，使 ADC 处于非工作状态(静态)，测试此时流入电源端 VCC 的电流大小，并与芯片测试规范相对比，若测得的静态工作电流小于 2.5 mA，则芯片工作正常。ADC 静态工作电流的测试程序如下：

```
void  TEST_Icc()
{
  FOVI_SetMode(CH5, FV, VRang_10V, IRang_100uA, IRang_100uA, -IRang_100uA);
  FOVI_SetMode(CH1, FV, VRang_10V, IRang_100uA, IRang_100uA, -IRang_100uA);
  DelaymS(5);
  FOVI_SetOutVal(CH5, 5);
  FOVI_SetOutVal(CH1, 5);
  DelaymS(5);
  FOVI_MeasureI(CH5);
}
```

2. A/D 转换功能测试

ADC0804 的 A/D 转换过程可分为写入时序和读取时序两个过程。在写入时序过程中，ADC 加载输入模拟信号，在芯片内部完成 A/D 转换后将数字信号存入数据锁存器中。具体过程为：数据转换开始前将片选端$\overline{CS}$以及写信号输入端$\overline{WR}$预置为高电平，数据转换开始时，先将$\overline{CS}$端置为低电平，紧接着将$\overline{WR}$端置为低电平，$\overline{INTR}$端输出高电平，表明 A/D转换已启动，至少经过 $t_{W(\overline{WR})L}$时间后，将$\overline{WR}$端置为高电平，一段时间后，$\overline{INTR}$端输出由高电平变为低电平，表示 A/D 转换结束，转换结果被储存在数据锁存器中。ADC0804 的写入过程时序图如图 7.17 所示。

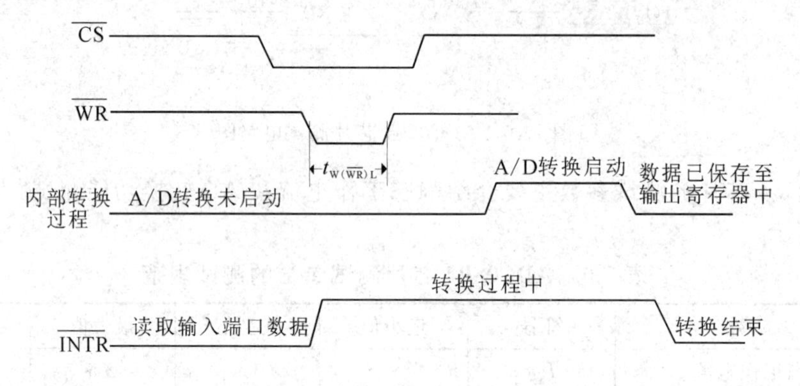

图 7.17　ADC0804 写入过程时序图

读取时序过程中，通过向读信号端$\overline{RD}$发送读取指令，将存储在数据锁存器中的转换结果传输至数字输出引脚，具体过程为：将$\overline{RD}$端置为低电平，至少经过时间 t_{ACC}后，数字输出端的数据达到稳定状态，此时可通过测试机读取芯片输出引脚的信号，ADC0804 的读取过程时序图如图 7.18 所示。

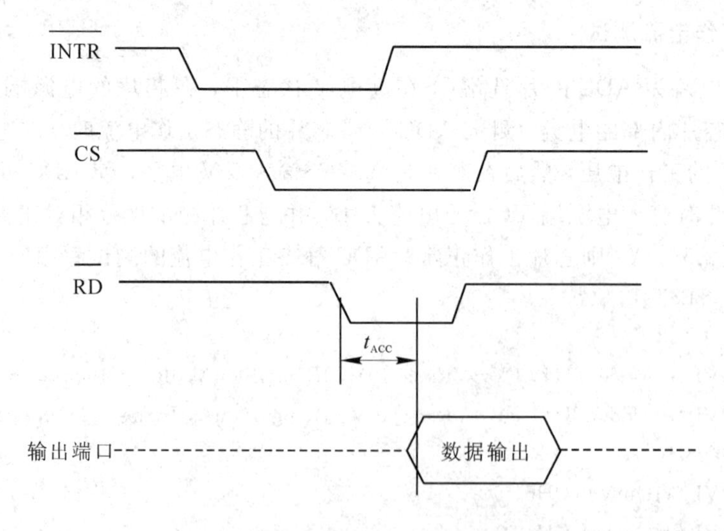

图 7.18　ADC0804 读取过程时序图

测试 ADC 芯片的 A/D 转换功能时，可在芯片的参考电压输入 VREF/2 端加 2.5 V 输入电压，芯片的模拟信号输入端口 V_{IN}+加满量程电压 5 V，然后通过控制$\overline{CS}$、$\overline{WR}$、$\overline{RD}$端口来进行 A/D 转换，转换完成之后读取输出端的电压值，判断各输出端电压值是否均为高电平，ADC 的 A/D 转换功能测试程序如下：

```
void TEST_FUNCTION()
{
  int a, b, i;
  FOVI_SetMode(CH0, FV, VRang_10V, IRang_100uA, IRang_100uA, -IRang_100uA);
  FOVI_SetMode(CH4, FV, VRang_10V, IRang_100uA, IRang_100uA, -IRang_100uA);
  FOVI_SetMode(CH1, FV, VRang_10V, IRang_100uA, IRang_100uA, -IRang_100uA);
  FOVI_SetMode(CH2, FV, VRang_10V, IRang_100uA, IRang_100uA, -IRang_100uA);
  FOVI_SetMode(CH3, FV, VRang_10V, IRang_100uA, IRang_100uA, -IRang_100uA);
  DelaymS(5);
  FOVI_SetOutVal(CH4, 2.5);
  FOVI_SetOutVal(CH0, 5);
  FOVI_SetOutVal(CH1, 0);
  FOVI_SetOutVal(CH2, 5);
  FOVI_SetOutVal(CH3, 0);
  DelaymS(5);
  FOVI_MeasureV(CH14);
  a=pSite->RealData[1];
  if (a < 4.5);
  {
  return;
  }
  else
  FOVI_SetOutVal(CH3, 5);
  DelaymS(10);
  for(i=0; i < 30000; )
  {
  FOVI_MeasureV(CH14);
  b=pSite->RealData[1];
  if(b >= 4.5)i++;
  else
  return;
  }
  FOVI_SetOutVal(CH2, 0);
  DelaymS(10);
  FOVI_MeasureV(CH6);
  FOVI_MeasureV(CH7);
  FOVI_MeasureV(CH8);
  FOVI_MeasureV(CH9);
  FOVI_MeasureV(CH10);
  FOVI_MeasureV(CH11);
  FOVI_MeasureV(CH12);
```

```
    FOVI_MeasureV(CH13);
}
```

采用LK8820测试机测试ADC0804 A/D转换芯片的测试电路如图7.19所示。测试时采用单极性信号输入，同相电压输入端IN＋连接4号电源端口FORCE4接受输入模拟信号，反相电压输入端IN－接地。内置时钟信号发生器端CLKOUT与时钟信号输入端CLKIN之间串联10 kΩ电阻，可以为芯片提供1.6 MHz的时钟脉冲信号。参考电压输入端VREF/2、电源电压输入端VCC分别连接FORCE2、FORCE1电源端口，$\overline{\text{CS}}$片选信号输入端 、$\overline{\text{RD}}$读信号输入端、$\overline{\text{WR}}$写信号输入端分别连接PIN1～PIN3端口，8位数字信号输出端DB0～DB7分别连接PIN7～PIN14端口，转换完毕中断信号输出端连接PIN5端口，芯片数字接地端和模拟接地端分别连接GND。

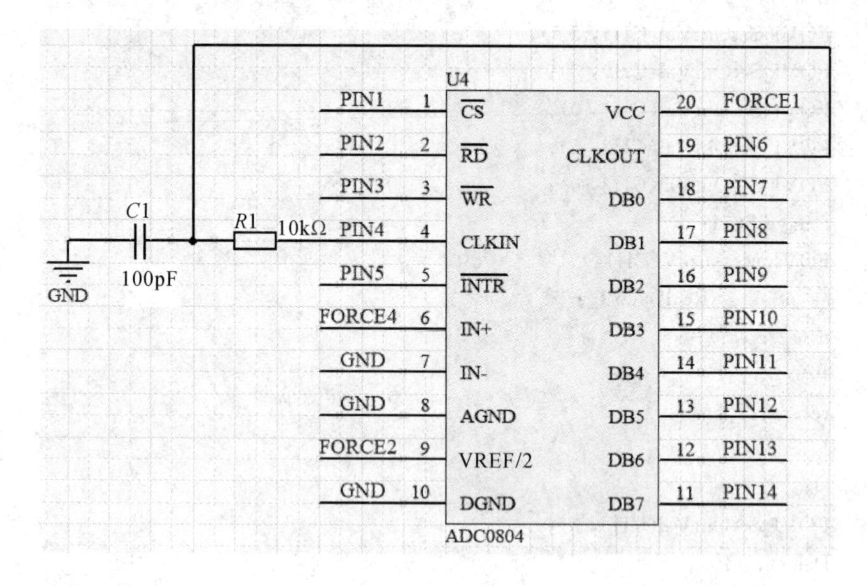

图7.19 采用LK8820测试机测试ADC0804的测试电路图

采用LK8820测试机测试ADC0804 A/D转换芯片主要参数的方法与CTA8280测试机的基本一致，基于LK8820测试机函数编写的ADC0804 A/D转换芯片的测试程序如下：

```
//ADC静态工作电流测试程序
void ICC()
{
    float Icc;
    cy->_on_vpt(1, 3, 5);
    Sleep(50);
    cy->_set_logic_level(5, 0.2, 5, 0.4);
    cy->_sel_drv_pin(1, 0);
    cy->_set_drvpin("H", 1, 0);
    Sleep(10);
    Icc=cy->_measure_i(1, 3, 2);
    MprintfExcel(L"ICC", Icc);
}
```

```
//ADC A/D 转换功能测试程序
void function()
{
    float DBout[8];
    int i;
    cy->_on_vpt(1, 5, 5);
    Sleep(50);
    cy->_on_vpt(2, 5, 2.5);
    Sleep(50);
    cy->_set_logic_level(2, 0.8, 3, 0.4);
    cy->_sel_drv_pin(1, 2, 3, 0);
    cy->_sel_comp_pin(5, 7, 8, 9, 10, 11, 12, 13, 14, 0);
    cy->_on_vpt(4, 5, 1.65);
    Sleep(50);

    cy->_set_drvpin("L", 1, 3, 0);
    Sleep(20);
    cy->_set_drvpin("H", 2, 0);
    Sleep(50);
    cy->_set_drvpin("H", 1, 3, 0);
    Sleep(50);
    cy->_set_drvpin("L", 1, 2, 0);
    Sleep(50);

    DBout[0]=cy->_rdcmppin(7);
    DBout[1]=cy->_rdcmppin(8);
    DBout[2]=cy->_rdcmppin(9);
    DBout[3]=cy->_rdcmppin(10);
    DBout[4]=cy->_rdcmppin(11);
    DBout[5]=cy->_rdcmppin(12);
    DBout[6]=cy->_rdcmppin(13);
    DBout[7]=cy->_rdcmppin(14);

    MprintfExcel(L"DBout0", DBout[0]);
    MprintfExcel(L"DBout1", DBout[1]);
    MprintfExcel(L"DBout2", DBout[2]);
    MprintfExcel(L"DBout3", DBout[3]);
    MprintfExcel(L"DBout4", DBout[4]);
    MprintfExcel(L"DBout5", DBout[5]);
    MprintfExcel(L"DBout6", DBout[6]);
    MprintfExcel(L"DBout7", DBout[7]);
}
```

7.4.2　DAC0832 芯片测试

DAC0832 是一种 8 位分辨率的 D/A 转换集成芯片，与微处理器完全兼容。该 DAC 芯片以其价格低廉、接口简单、转换控制容易等优点，在单片机应用系统中得到广泛的应用。DAC0832 内部由 8 位输入锁存器、8 位 DAC 寄存器、8 位 D/A 转换电路及转换控制电路构成。在晶圆测试阶段，主要对 DAC 的静态工作电流以及 D/A 转换功能进行验证。DAC0832 芯片的功能引脚说明如图 7.20 所示。

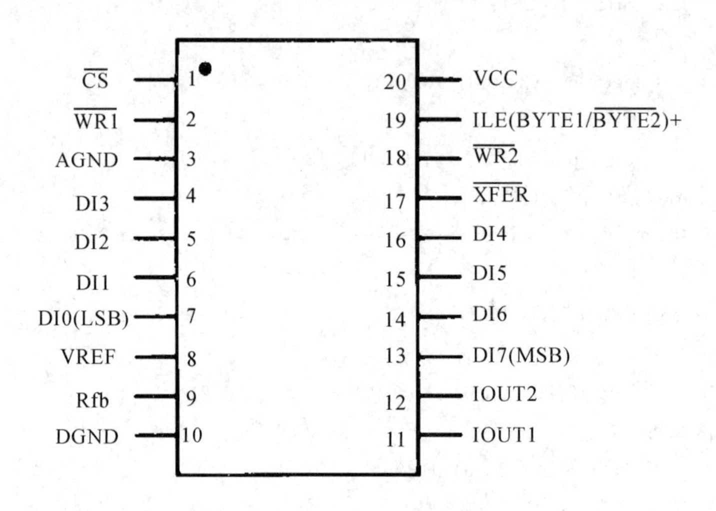

图 7.20　DAC0832 芯片示意图

DI0～DI7：数字信号输入端。

ILE：输入寄存器使能端，高电平有效。

$\overline{\text{CS}}$：片选信号输入端，低电平有效。

$\overline{\text{WR1}}$：写入信号输入端 1，低电平有效。

$\overline{\text{XFER}}$：数据传送控制信号输入端，低电平有效。

$\overline{\text{WR2}}$：写入信号输入端 2，低电平有效。

IOUT1：模拟电流输出端 1。

IOUT2：模拟电流输出端 2。

Rfb：内置反馈电阻接入端。

VREF：基准电压（－10 V～＋10 V）。

VCC：电源电压（＋5 V～＋15 V）。

AGND：模拟信号地。

DGND：数字信号地。

DAC0832 芯片的测试电路如图 7.21 所示，数字信号输入端 DI0～DI7 分别连接 FOVIFH0～FOVIFH7 电源端口，输入寄存器使能端 ILE、片选信号输入端$\overline{\text{CS}}$、1 号写入信号输入端$\overline{\text{WR1}}$、2 号写入信号输入端$\overline{\text{WR2}}$、传送控制信号输入端$\overline{\text{XFER}}$、电源电压输入端 VCC、参考电压输入端 VREF 分别连接 FOVIFH8～FOVIFH14 电源端口。模拟信号地端 AGND 和数字信号地端 DGND 分别连接测试设备接地端口。

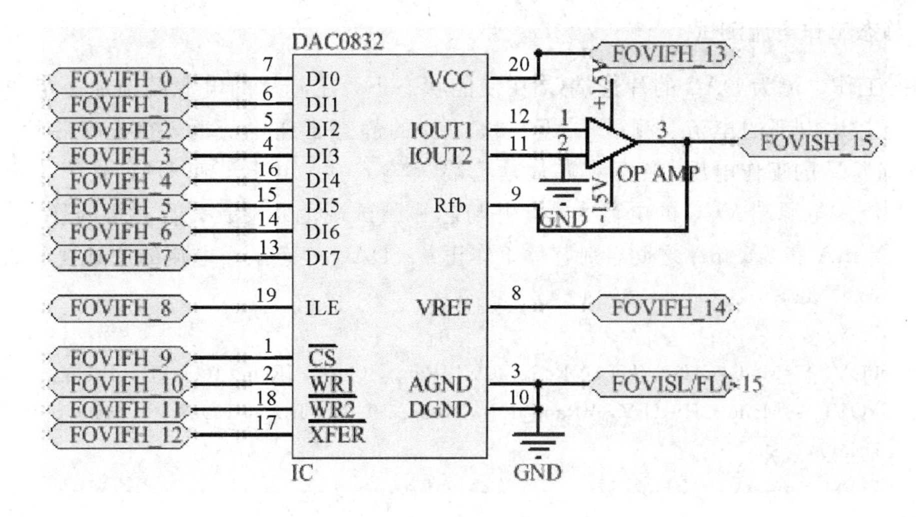

图 7.21　DAC0832 芯片测试电路图

由于 DAC0832 输出的模拟信号为电流信号，因此需要在芯片模拟电流输出端 IOUT1、IOUT2 与内置电阻端 Rfb 直接连接一个运放组成电流-电压转换电路，如图 7.22 所示。该电路将 DAC 输出的电流转换为负的输出电压，输出电压的计算公式为

$$VOUT = -IOUT1 \cdot Rfb$$

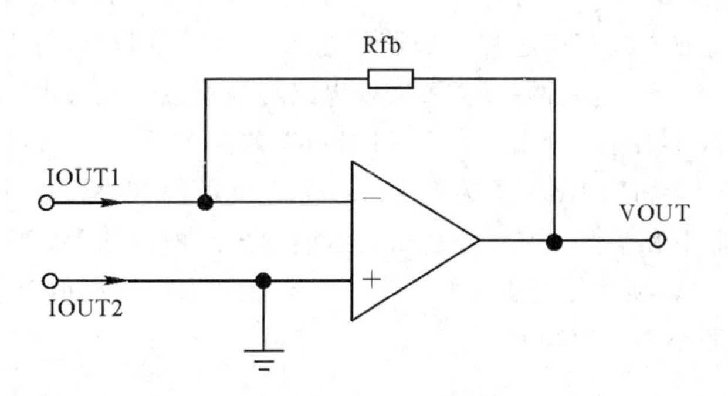

图 7.22　电流-电压转换电路

DAC0832 芯片的测试参数主要有静态工作电流和 D/A 转换功能类测试参数，其测试规范如表 7.4 所示。

表 7.4　DAC0832 测试规范

参　数	符号	最小值	典型值	最大值	单位
静态工作电流	I_{CC}	1.2		3.5	mA
输入高电平	U_{IH}	2			V
输入低电平	U_{IL}			0.8	V
输出高电平	U_{OH}	3			V
输出低电平	U_{OL}			0.7	V
最大输出电压绝对值	$\|U_{OMAX}\|$	4.95		5.05	V
最小输出电压绝对值	$\|U_{OMIN}\|$			0.2	V

1. 静态工作电流测试

静态工作电流为 DAC 的片选端$\overline{CS}$在使能状态下，在芯片的电源端施加一定的电压，此时流经芯片内部的电流。测试 DAC0832 芯片的静态工作电流时，首先在芯片电源端 VCC 施加 5 V 的工作电压，然后在芯片片选端$\overline{CS}$输入 0 V 电压，使 DAC 处于片选状态，测试此时流入电源端 VCC 的电流大小，并与芯片测试规范相对比，若测得的静态工作电流介于 1.2 mA 和 3.5 mA 之间，则芯片工作正常。DAC 静态工作电流的测试程序如下：

```
void  TEST_ICC()
{
FOVI_SetMode(CH13, FV, VRang_20V, IRang_100uA, IRang_100uA, -IRang_100uA);
FOVI_SetMode(CH9, FV, VRang_10V, IRang_100uA, IRang_100uA, -IRang_100uA);
DelaymS(5);
FOVI_SetOutVal(CH13, 5);
FOVI_SetOutVal(CH9, 0);
DelaymS(5);
FOVI_MeasureI(CH13);
}
```

2. D/A 转换功能测试

DAC0832 在进行 D/A 转换时有三种工作方式，分别为：单缓冲方式、双缓冲方式以及直通方式。其中直通方式工作过程中屏蔽了输入寄存器和 DAC 寄存器，输入数字信号直接经过内部 8 位 R－2R 电阻网络 D/A 转换电路转为模拟信号输出。本次测试 DAC0832 的 D/A 转换功能时，采用直通方式，使$\overline{WR1}$端和$\overline{CS}$端置为低电平，ILE 置为高电平，屏蔽输入寄存器，使$\overline{WR2}$端和$\overline{XFER}$端置为低电平，屏蔽 DAC 寄存器，数字信号输入端 DI0～DI7 分别输入全高电平和全低电平，分别测试运放输出端的电压值，将该电压值与测试规范相比较，判断 D/A 转换功能是否正常。DAC0832 的 D/A 转换功能测试程序如下：

```
void  TEST_FUNCTION()
{
FOVI_SetMode(CH13, FV, VRang_10V, IRang_100uA, IRang_100uA, -IRang_100uA);
FOVI_SetMode(CH14, FV, VRang_10V, IRang_100uA, IRang_100uA, -IRang_100uA);
FOVI_SetMode(CH0, FV, VRang_10V, IRang_100uA, IRang_100uA, -IRang_100uA);
FOVI_SetMode(CH1, FV, VRang_10V, IRang_100uA, IRang_100uA, -IRang_100uA);
FOVI_SetMode(CH2, FV, VRang_10V, IRang_100uA, IRang_100uA, -IRang_100uA);
FOVI_SetMode(CH3, FV, VRang_10V, IRang_100uA, IRang_100uA, -IRang_100uA);
FOVI_SetMode(CH4, FV, VRang_10V, IRang_100uA, IRang_100uA, -IRang_100uA);
FOVI_SetMode(CH5, FV, VRang_10V, IRang_100uA, IRang_100uA, -IRang_100uA);
FOVI_SetMode(CH6, FV, VRang_10V, IRang_100uA, IRang_100uA, -IRang_100uA);
FOVI_SetMode(CH7, FV, VRang_10V, IRang_100uA, IRang_100uA, -IRang_100uA);
FOVI_SetMode(CH8, FV, VRang_10V, IRang_100uA, IRang_100uA, -IRang_100uA);
FOVI_SetMode(CH9, FV, VRang_10V, IRang_100uA, IRang_100uA, -IRang_100uA);
FOVI_SetMode(CH10, FV, VRang_10V, IRang_100uA, IRang_100uA, -IRang_100uA);
FOVI_SetMode(CH11, FV, VRang_10V, IRang_100uA, IRang_100uA, -IRang_100uA);
```

```
FOVI_SetMode(CH12, FV, VRang_10V, IRang_100uA, IRang_100uA, -IRang_100uA);
DelaymS(5);
FOVI_SetOutVal(CH13, 5);
FOVI_SetOutVal(CH14, 5);
FOVI_SetOutVal(CH9, 0);
FOVI_SetOutVal(CH10, 0);
FOVI_SetOutVal(CH11, 0);
FOVI_SetOutVal(CH12, 0);
FOVI_SetOutVal(CH8, 5);
FOVI_SetOutVal(CH0, 5);
FOVI_SetOutVal(CH1, 5);
FOVI_SetOutVal(CH2, 5);
FOVI_SetOutVal(CH3, 5);
FOVI_SetOutVal(CH4, 5);
FOVI_SetOutVal(CH5, 5);
FOVI_SetOutVal(CH6, 5);
FOVI_SetOutVal(CH7, 5);
DelaymS(5);
FOVI_MeasureV(CH15);
FOVI_SetMode(CH13, FV, VRang_10V, IRang_100uA, IRang_100uA, -IRang_100uA);
FOVI_SetMode(CH14, FV, VRang_10V, IRang_100uA, IRang_100uA, -IRang_100uA);
FOVI_SetMode(CH0, FV, VRang_10V, IRang_100uA, IRang_100uA, -IRang_100uA);
FOVI_SetMode(CH1, FV, VRang_10V, IRang_100uA, IRang_100uA, -IRang_100uA);
FOVI_SetMode(CH2, FV, VRang_10V, IRang_100uA, IRang_100uA, -IRang_100uA);
FOVI_SetMode(CH3, FV, VRang_10V, IRang_100uA, IRang_100uA, -IRang_100uA);
FOVI_SetMode(CH4, FV, VRang_10V, IRang_100uA, IRang_100uA, -IRang_100uA);
FOVI_SetMode(CH5, FV, VRang_10V, IRang_100uA, IRang_100uA, -IRang_100uA);
FOVI_SetMode(CH6, FV, VRang_10V, IRang_100uA, IRang_100uA, -IRang_100uA);
FOVI_SetMode(CH7, FV, VRang_10V, IRang_100uA, IRang_100uA, -IRang_100uA);
FOVI_SetMode(CH8, FV, VRang_10V, IRang_100uA, IRang_100uA, -IRang_100uA);
FOVI_SetMode(CH9, FV, VRang_10V, IRang_100uA, IRang_100uA, -IRang_100uA);
FOVI_SetMode(CH10, FV, VRang_10V, IRang_100uA, IRang_100uA, -IRang_100uA);
FOVI_SetMode(CH11, FV, VRang_10V, IRang_100uA, IRang_100uA, -IRang_100uA);
FOVI_SetMode(CH12, FV, VRang_10V, IRang_100uA, IRang_100uA, -IRang_100uA);
DelaymS(5);
FOVI_SetOutVal(CH13, 5);
FOVI_SetOutVal(CH14, 5);
FOVI_SetOutVal(CH9, 0);
FOVI_SetOutVal(CH10, 0);
FOVI_SetOutVal(CH11, 0);
FOVI_SetOutVal(CH12, 0);
FOVI_SetOutVal(CH8, 5);
FOVI_SetOutVal(CH0, 0);
```

```
FOVI_SetOutVal(CH1，0)；
FOVI_SetOutVal(CH2，0)；
FOVI_SetOutVal(CH3，0)；
FOVI_SetOutVal(CH4，0)；
FOVI_SetOutVal(CH5，0)；
FOVI_SetOutVal(CH6，0)；
FOVI_SetOutVal(CH7，0)；
DelaymS(5)；
FOVI_MeasureV(CH15)；
}
```

采用 LK8820 测试机测试 DAC0832 D/A 转换芯片的测试电路如图 7.23 所示，数字信号输入端 DI0～DI7 分别连接 PIN1～PIN8 端口，输入寄存器使能端 ILE、片选信号输入端 $\overline{CS}$、1 号写入信号输入端 $\overline{WR1}$、2 号写入信号输入端 $\overline{WR2}$、传送控制信号输入端 $\overline{XFER}$ 分别连接 PIN12、PIN9、PIN14、PIN11、PIN10 端口，电源电压输入端 VCC、参考电压输入端 VREF 分别连接 FORCE1、FORCE2 电源端口，模拟信号地端和数字信号地端分别连接测试设备接地端，模拟电流输出端经过辅助运放转换为电压输出连接 PIN13 端。

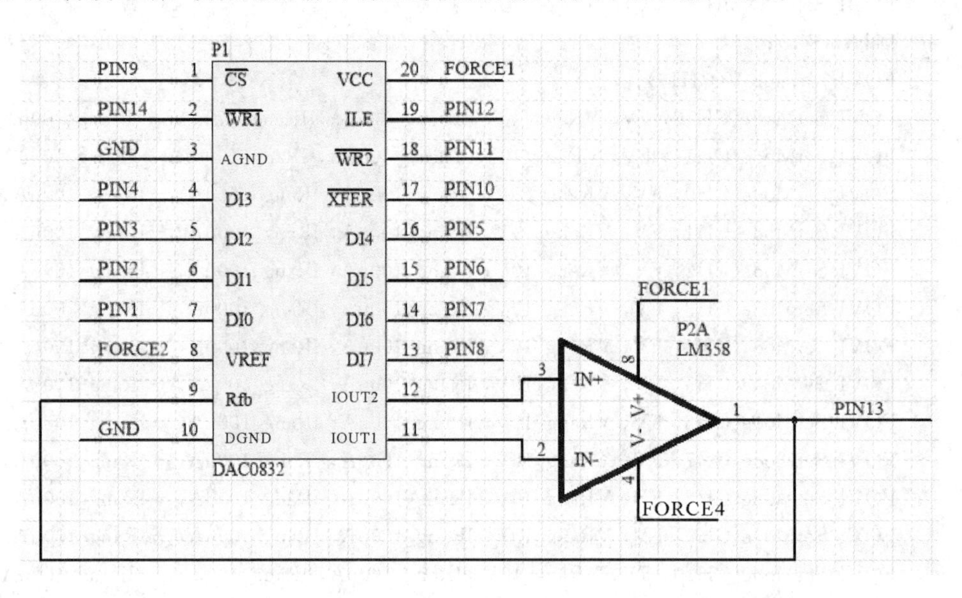

图 7.23　采用 LK8820 测试机测试 DAC0832 的测试电路图

采用 LK8820 测试机测试 DAC0832 D/A 转换芯片主要参数的方法与 CTA8280 机的基本一致，基于 LK8820 测试机函数编写的 DAC0832 D/A 转换芯片的测试程序如下：

```
//DAC 静态工作电流测试程序
void Icc()
{
  float icc；
  cy->_on_vpt(1，3，5)；
  Sleep(50)；
  cy->_set_logic_level(2，0.8，3，0.7)；
```

```
    cy->_sel_drv_pin(1, 0);
    cy->_set_drvpin("H", 1, 0);
    Sleep(50);
    icc=cy->_measure_i(1, 3, 2)/1000;
    MprintfExcel(L"ICC", fabs(icc));
    cy->_off_vpt(1);
}
//DAC D/A 转换功能测试程序
void function()
{
    float Vout[4];
    cy->_on_vpt(1, 5, 15);
    Sleep(50);
    cy->_on_vpt(2, 5, 5);
    Sleep(50);
    cy->_on_vpt(4, 5, -15);
    Sleep(50);
    cy->_set_logic_level(2, 0.8, 3, 0.7);
    cy->_sel_drv_pin(1, 2, 3, 4, 5, 6, 7, 8, 9, 10, 11, 12, 14, 0);
    cy->_sel_comp_pin(13, 0);
    cy->_set_drvpin("H", 12, 0);
    Sleep(20);
    cy->_set_drvpin("L", 9, 10, 11, 14, 0);
    Sleep(20);
    /**************DI0~DI7=11110000****************/
    cy->_set_drvpin("H", 1, 2, 3, 4, 0);
    cy->_set_drvpin("L", 5, 6, 7, 8, 0);
    Sleep(50);
    Vout[0]=cy->_read_pin_voltage(13, 3, 2);
    MprintfExcel(L"VOUT1", Vout[0]);
    /**************DI0~DI7=10111000****************/
    cy->_set_drvpin("H", 1, 3, 4, 5, 0);
    cy->_set_drvpin("L", 2, 6, 7, 8, 0);
    Sleep(50);
    Vout[1]=cy->_pmu_test_iv(13, 3, 0, 2);
    MprintfExcel(L"VOUT2", Vout[1]);
    /**************DI0~DI7=01010101****************/
    cy->_set_drvpin("H", 2, 4, 6, 8, 0);
    Sleep(20);
    cy->_set_drvpin("L", 1, 3, 5, 7, 0);
    Sleep(50);
    Vout[2]=cy->_pmu_test_iv(13, 3, 0, 2);
    MprintfExcel(L"VOUT3", Vout[2]);
```

```
    /**************DI0~DI7=10101010*****************/
    cy->_set_drvpin("H", 1, 3, 5, 7, 0);
    Sleep(20);
    cy->_set_drvpin("L", 2, 4, 6, 8, 0);
    Sleep(50);
    Vout[3]=cy->_pmu_test_iv(13, 3, 0, 2);
    MprintfExcel(L"VOUT4", Vout[3]);
    cy->_off_vpt(1);
    cy->_off_vpt(2);
    cy->_off_vpt(4);
}
```

7.5　电源管理芯片测试

电源管理集成电路是近年来发展速度最快的模拟集成电路类型，这类芯片的技术趋势是高效能、低功耗、智能化。电源管理芯片都和具体的应用相联系，不同的应用有不同类型的电源管理芯片。目前电源管理芯片大致可以分成以下几大类：

(1) AC/DC 调制 IC，内含低电压控制电路及高压开关晶体管；

(2) DC/DC 调制 IC，包括升压/降压调节器，以及电荷泵；

(3) 线性调制 IC(如线性低压降稳压器 LDO 等)，有正向和负向之分；

(4) 脉冲宽度调制或脉冲频率调制 PWM/ PFM 控制 IC，为脉冲宽度调制和/或脉冲频率调制控制器，用于驱动外部开关；

(5) 电池充电和管理 IC，包括电池充电、保护及电量显示 IC 等；

(6) 功率因数控制 PFC 预调制 IC，提供具有功率因数校正功能的电源输入电路。

电源管理芯片的测试要遵循模拟集成电路测试的基本原理和方法。由于模拟集成电路种类繁多，每一种电路的电参数又各不相同，在信号变化范围内需要测试的点数量多，影响测试结果的因素也很多，并且测试精度和灵敏度等要求较高，因此相比于数字集成电路来说，模拟集成电路的测试较为复杂。常见的模拟集成电路测试包括以下两种方法：

(1) 模拟式测试方法。这种方法测试量都作为连续的模拟信号来处理，通过模拟信号源、模拟电压表、模拟滤波器和模拟放大器等硬件组成一个测试系统来进行电路的测试，这种方法的测试速度和测试精度都比较受限制。

(2) DSP 式测试方法。这种方法用处理机中的数学模型来实现信号发生器、滤波器、电压表等测试硬件的功能，通过两个接口单元，将待测电路的输入端和输出端与处理机连接起来，对于合成波形或者分析波形都把信号看成是离散数的集合，并且保证测量部分和待测电路保持同步，在减少测试硬件的同时增加了测试速度，提高了测试精度。

下面针对几类电源管理芯片具体介绍一下测试方案。

7.5.1　电压基准的测试

1. 电路简介

SX2002 是一个高精密、低功耗、低压降的电压基准，不需要外接电容即可稳定工作于各种容性负载。在没有负载的情况下其压降可低至 1 mV；低功耗(最大 50 μA)的特点使其非常适用于手持设备供电的应用。该电路的原理框图如图 7.24 所示。

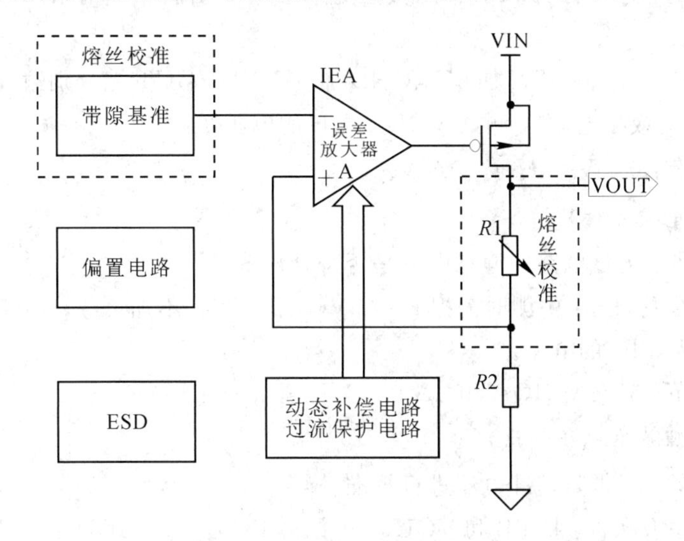

图 7.24　SX2002 电压基准原理框图

图 7.24 中，偏置电路为整个电路提供偏置电流；带隙基准为误差放大器提供参考电压；误差放大器驱动输出 PMOS 管，输出电压经 $R1$、$R2$ 分压反馈到误差放大器的同相输入端；动态补偿电路加快电路的响应速度，可省去输出负载电容；过流保护电路在发生输出过流时拉高输出 PMOS 管的栅极电位，从而减小输出电流，保护电路不被损坏。

2. 测试方案

针对上述电路，制定表 7.5 所示的晶圆测试方案。

表 7.5　SX2002 测试方案

序号	符号	中文描述 (简述符号定义)	规　范	测试条件
1	CON	接触测试	0.4 V<$\lvert U_F \rvert$<0.8 V	VIN 和 GND 接 0 V，从 VOUT 引脚输入±100 μA 电流
2	IQ	静态电流	30 μA<IQ<50 μA	VIN=5.5 V，无负载(I_L=0)
3	VBG	带隙基准电压测试	1.2 V<VBG<1.35 V	VIN=5 V，无负载(I_L=0)
4	VOUT	输出电压测试	2.940 V<VOUT<3.062 V	VIN=5 V，无负载(I_L=0)
5	LINE REGU-LATION	线性调整率	ΔU<0.825 mV	3.3 V<VIN<5.5 V
6	LOAD REG-ULATION	负载调整率	ΔU<2.5 mV	VIN=3.5 V，0 mA<I_{LOAD}<25 mA

注：圆片测试过程中需要对 VBG 和 VOUT 选项进行熔丝校准。

表 7.5 中各个测试项的具体定义如下：

1) CON(接触测试)

(1) 测试目的：检测探针和引脚的接触是否良好，引脚是否存在开路、短路等失效现象。

(2) 测试方法及条件：VIN 加 0V，GND 加 0V，从 VOUT 端分别输入±100 μA 电流(即 100 μA 灌电流或拉电流)，测试 VOUT 端口的电压 U_F。

(3) 测试规范：0.4 V<$|U_F|$<0.8 V。

2) IQ(静态电流测试)

(1) 测试目的：测试电路的静态电流是否符合规范。

(2) 测试方法及条件：中测时需把 FB 和 VOUT 短接，不加负载，VIN 加 5.5 V，GND 加 0 V，测试流入 VIN 的电流。

(3) 测试规范：30 μA<IQ<50 μA。

3) VBG(带隙基准电压测试)

(1) 测试目的：对带隙基准电压进行校准。

(2) 测试方法及条件：把 FB 和 VOUT 短接，VIN 加 5 V，GND 加 0 V，无负载。测试 F38 引脚的电压并熔断相应的熔丝对 F38 进行校准。F38 的电压即是 VBG。

(3) 测试规范：1.2 V<VBG<1.35 V。

(4) 熔丝校准说明。

① 熔断 F41 和 F42 之间的熔丝，带隙基准电压降低；熔断 F31～F38 之间 8 根熔丝，带隙基准电压升高。由于带隙基准电压的初始值不一定会导致调节的幅度有些差异，表7.6中的电压值供参考。

② 校准带隙基准电压时，F38 既是熔丝 Pad，也是带隙基准电压输出 Pad。首先测试 F38 的电压值是否高于目标值，如果高于目标值，则先把 F41 和 F42 之间的熔丝熔断，熔断后 VBG 电压下降至低于目标值，然后在查表 7.6 熔断 F31～F38 之间的熔丝，使带隙基准电压的值尽可能接近目标值，以获得最佳温度系数。

表 7.6　带隙基准熔丝校准方法

熔丝位置	功　能	详 细 描 述
F41—F42	降低带隙基准电压	熔断 F41 和 F42 之间的熔丝，可使带隙基准电压降低约 113 mV(带隙基准初始值为 1.33 V 时)
F38—F37	升高带隙基准电压	最高有效位，熔断后带隙基准电压约上升 64 倍最低有效位电压(64 mV)
F37—F36	升高带隙基准电压	熔断后带隙基准电压约上升 32 倍最低有效位电压(32 mV)
F36—F35	升高带隙基准电压	熔断后带隙基准电压约上升 16 倍最低有效位电压(16 mV)
F35—F34	升高带隙基准电压	熔断后带隙基准电压约上升 8 倍最低有效位电压(8 mV)
F34—F33	升高带隙基准电压	熔断后带隙基准电压约上升 4 倍最低有效位电压(4 mV)
F33—F32	升高带隙基准电压	熔断后带隙基准电压约上升 2 倍最低有效位电压(2 mV)
F32—F31	升高带隙基准电压	最低有效位，熔断后带隙基准电压约上升 1 mV

4) VOUT(输出电压测试)

(1) 测试目的：对输出电压进行校准和测试。

(2) 测试方法及条件：把 FB 和 VOUT 短接，VIN 加 5 V，GND 加 0 V，无负载。测试 VOUT 的电压并熔断相应的熔丝对输出电压进行校准。

(3) 测试规范：2.940 V＜VOUT＜3.062 V。

(4) 熔丝校准说明：

① 输出电压也是通过熔丝校准到目标值。熔断 F26 和 GND 之间熔丝可使输出电压降低约 0.3 V；熔断 F24 到 FB 之间的 7 根熔丝(具体见表 7.7)可使输出电压升高约 0.35 V。根据初始电压的不同，熔丝校准的幅度也会有差异，需要根据实际测试确定调整的规律。

② 校准输出电压时 FB 和 VOUT 引脚需要短接在一起，测试 VOUT 的电压，如果高于目标值，则先熔断 F26 和 GND 之间的熔丝，使输出电压低于目标值；然后通过熔断 F24～FB 之间 7 根熔丝精调输出电压值。

表 7.7　输出电压熔丝校准方法

熔丝位置	功　能	详细描述
F26—GND	降低输出电压	熔断 F26 和 GND 之间的熔丝，可使输出电压降低
F24—F23	升高输出电压	最高有效位，熔断后输出电压约上升 64 倍最低有效位电压
F23—F22	升高输出电压	熔断后输出电压约上升 32 倍最低有效位电压
F22—F21	升高输出电压	熔断后输出电压约上升 16 倍最低有效位电压
F21—F20	升高输出电压	熔断后输出电压约上升 8 倍最低有效位电压
F20—F12	升高输出电压	熔断后输出电压约上升 4 倍最低有效位电压
F12—F11	升高输出电压	熔断后输出电压约上升 2 倍最低有效位电压
F11—FB	升高输出电压	最低有效位，熔断后可使输出电压上升

5) LINE REGULATION(线性调整率测试)

(1) 测试目的：测试电路的线性调整率。

(2) 测试方法及条件：把 FB 和 VOUT 短接，GND 接 0 V。VIN 分别加 3.3 V 和 5.5 V，测试 VOUT 端的电压变化值 ΔU。

(3) 测试规范：ΔU＜0.825 mV。

6) LOAD REGULATION(负载调整率测试)

(1) 测试目的：测试电路的负载调整率。

(2) 测试方法及条件：把 FB 和 VOUT 短接，VIN 加 3.5 V，GND 接 0 V。不加负载的时候测 VOUT 端电压，然后 VOUT 和 GND 之间加 120 Ω 电阻(测试输出电流是 25 mA)再测 VOUT 端电压，计算出两次测试 VOUT 端的电压变化值 ΔU。

(3) 测试规范：ΔU＜2.5 mV。

7.5.2　PWM 降压转换器的测试

1. 电路简介

SX2003 是一款 1.5 MHz 恒定频率的电流模式 PWM 降压转换器，在采用单节锂电池供电输出 1.5 A 电流时的效率仍能达到 90%以上，非常适合蜂窝移动电话、数字相机、DSP 供电、PDA、手持仪器等智能手机便携设备。在占空比为 100%时工作在低压降状态，延长了手持设备电池的供电时间，在负载较轻时输出纹波极小，对噪声敏感设备影响极小。在输入电压为 2.5 V～5.5 V 范围内能提供高达 1.5 A 的负载电流，输出电压可以低至 0.6 V(范围为 0.6 V～VIN)。该电路的原理框图如图 7.25 所示。

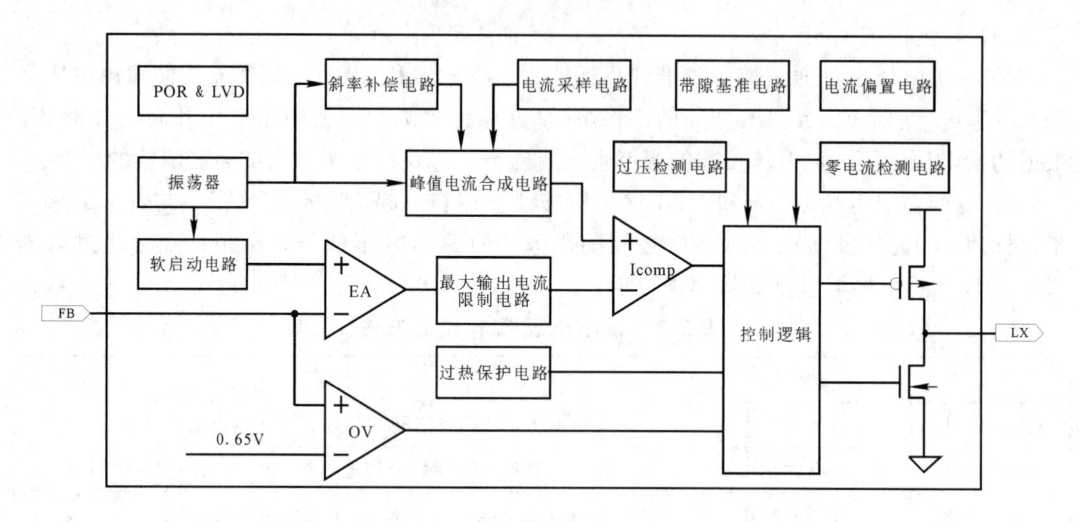

图 7.25　SX2003 降压器原理框图

2. 测试方案

针对上述电路，制定表 7.8 所示的晶圆测试规范。

表 7.8　SX2003 测试规范

序号	符号	中文描述(简述符号定义)	规范	测试条件
1	CON	接触测试	PASS/FAIL	VDD=0.0 V
2	IQ1	活动模式(active mode)输入直流电流	典型 300 μA 最大 500 μA	VFB=0.5 V
3	IQ2	关断模式(shutdown mode)输入直流电流	典型 0.1 μA 最大 1 μA	VEN=0 V VAIN=5.5 V
4	IFB	反馈输入偏置电流	最大 30 nA	VFB=0.65 V
5	VFB	稳压反馈电压	最小 0.5880 V 典型 0.6000 V 最大 0.6120 V	TA=25℃
6	FOSC	振荡器频率	典型 1.5 MHz 最大 1.2 MHz 最小 1.8 MHz	VFB=0.6 V
7	VENL	使能端(EN)低电平阈值	最大 0.3 V	
8	VENH	使能端(EN)高电平阈值	最小 1.5 V	
9	IEN	使能端(EN)输入电流	最小－1 μA 最大 1 μA	

表 7.8 中各个测试项的具体定义如下：

1) CON(接触测试)

(1) 测试目的：检查承载电路的插座和测试仪的 DUT 板之间的焊接是否存在开路或短路，保证以下各项目测试的顺利进行。

(2) 测试方法及条件：芯片电源脚 VDD 置 0.0 V，对每个引脚加入－100 μA 电流，测试每个引脚的输出电压。典型测试值－600 mV，测试规范－900.0 mV～－300 mV；芯片电源脚 VDD 置 0.0 V，对每个引脚加入＋100 μA 电流，测试每个引脚的输出电压。典型测试值 600 mV，测试规范 300 mV～900 mV。

2) IQ1(活动模式(active mode)输入直流电流测试)

(1) 测试目的：测试电路在活动模式所消耗的电流。

(2) 测试方法及条件：EN、IN、AIN 加 3.6 V 电压，PGND、AGND 加 0 V 电压，FB 加 0.5 V 电压，测试流入 IN 和 AIN 引脚的电流之和。

(3) 测试规范：典型 300 μA，最大 500 μA。

3) IQ2(关断模式(shutdown mode)输入直流电流测试)

(1) 测试目的：测试电路在关断模式所消耗的电流。

(2) 测试方法及条件：IN、AIN 加 5.5 V 电压，EN、PGND、AGND 加 0 V 电压，FB 悬空，测试流入 IN 和 AIN 引脚的电流之和。

(3) 测试规范：典型 0.1 μA，最大 1 μA。

4) IFB(反馈输入偏置电流测试)

(1) 测试目的：测试 FB 引脚反馈输入电流值是否符合规范。

(2) 测试方法及条件：EN、IN、AIN 加 3.6 V 电压，PGND、AGND 加 0 V 电压，FB 加 0.65 V 电压，测试流入 FB 引脚的电流值。

(3) 测试规范：最大 30 nA。

5) VFB(稳压反馈电压测试)

(1) 测试目的：测试 FB 引脚稳压反馈电压值是否符合规范。

(2) 测试方法及条件：连接如图 7.26 所示。

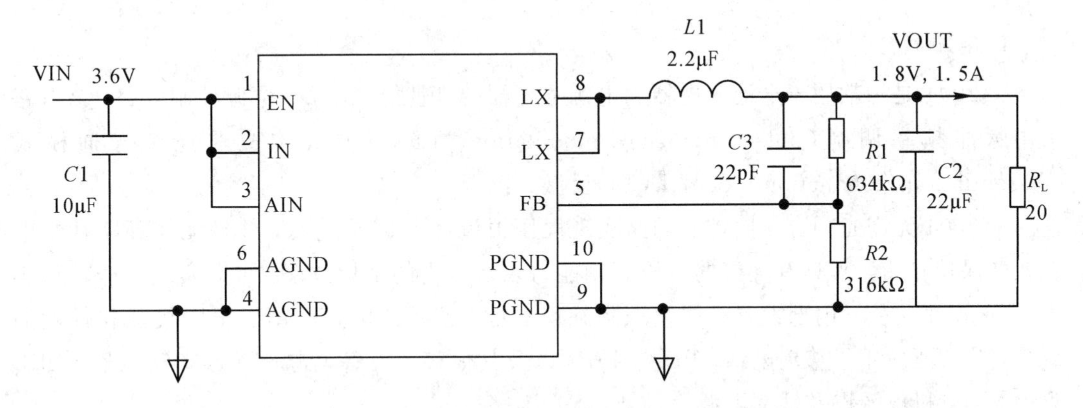

图 7.26　SX2003 VFB 测试连接图

图 7.26 中 EN、IN、AIN 加 3.6 V 电压，PGND、AGND 加 0 V 电压，测试 FB 引脚的电压值。负载电阻 R_L 的作用是使电路有一个负载，其取值只要使电路有一个 50 mA 以上的输出电流就可以(阻值不要小于 1 Ω)，否则空载时可能测不准。$R1$ 和 $R2$ 是比例电阻，也没有必要取准确值和准确比例，只要比值 $R1/R2$ 在 1 到 4 之间(输出电压 1.2 V～3 V)。

(3) 测试规范：典型值 0.6 V，最小值 0.588 V，最大值 0.612 V。

6) FOSC(振荡器频率测试)

(1) 测试目的：测试内部振荡器的频率是否符合规范。

(2) 测试方法及条件：在测试 VFB 时同时测量 LX 引脚的频率。

(3) 测试规范：典型值 1.5 MHz，最小值 1.2 MHz，最大值 1.8 MHz。

7) VENL(使能端(EN)输入低电平阈值测试)

(1) 测试目的：测试使能端输入低电平阈值是否符合规范。

(2) 测试方法及条件：电路连接同 VFB 测试项(EN 引脚除外，EN 引脚加 0.3 V)，测量输出电压 VOUT。

(3) 测试规范：输出电压为 0 V。

8) VENH(使能端(EN)输入高电平阈值测试)

(1) 测试目的：测试使能端输入高电平阈值是否符合规范。

(2) 测试方法及条件：电路连接同 VFB 测试项(EN 引脚除外，EN 引脚加 1.5 V)，测量输出电压 VOUT。

(3) 测试规范：1.8 V(如果反馈分压电阻比值不同，则 VOUT 也不同)。

9) IEN(使能端(EN)输入电流测试)

(1) 测试目的：测试使能端输入电流是否符合规范。

(2) 测试方法及条件：IN、AIN、EN 加 5.5 V 电压，PGND、AGND 加 0 V 电压，FB 悬空，测量流入 EN 引脚的电流。

(3) 测试规范：最大值 1 μA，最小值 −1 μA。

7.5.3 PFM AC/DC 电源控制电路的测试

1. 电路简介

SX2004 是一款用于电池充电器和电源适配器的高性能 AC/DC 电源控制电路。该电路采用脉冲频率调制(pulse frequency modulation，PFM)方式构成非连续导通模式(discontinuous conduction mode，DCM)反激式电源。

SX2004 无需光耦合二次控制回路实现恒压恒流(CV/CC)电源，并且无需环路补偿电流就能保持稳定，其具有优秀的电压调制能力以及较高的平均效率，可以实现空载功耗小于 30 mW 的方案；内部设置有线缆压降补偿功能，使得该电路适用于不同线径和长度的线缆，被广泛应用于移动电话、PDA、MP3 以及其他移动设备电源适配器和充电器、LED 驱动器、待机电源以及辅助电源等。

SX2004 原理框图如图 7.27 所示。

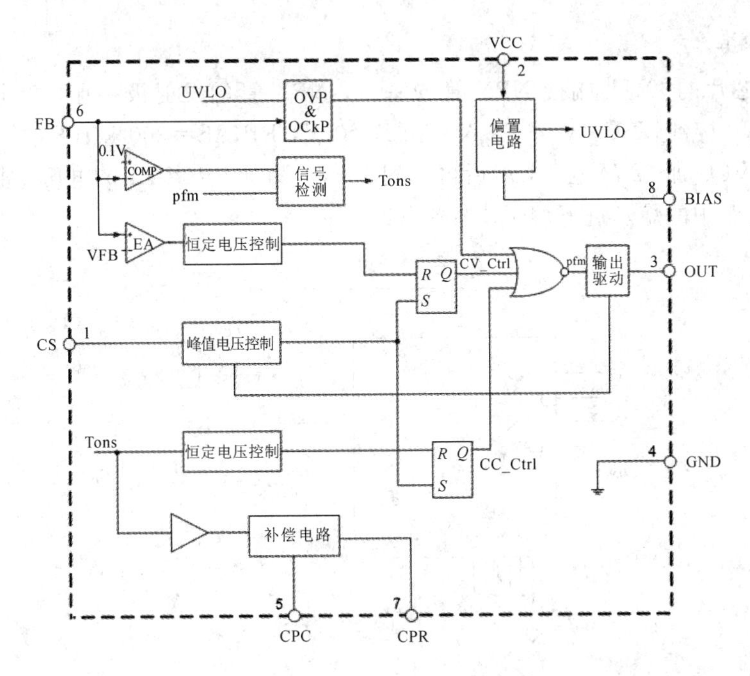

图 7.27　SX2004 原理框图

图 7.27 所示的 SX2004 有 CV/CC 功能，为峰值电流模式 PFM 控制器。系统工作在固定导通时间的 PFM 控制方式下。导通时间由原边电感值，采样电阻以及内部的一个 500 mV 基准电压决定；关断时间则根据误差放大器 EA 输出电压决定。如果系统输出电压减小，误差放大器 EA 输出电压会减小，经采样保持电路 S&H 后输入到 COMP4 的参考电压减小，允许通过的振荡器脉冲个数减少，即系统关断时间也会减小。由于导通时间固定，实际上增大了开关信号的占空比，允许更多的能量传输到输出端，使输出电压升高，达到自动调节的能力，从而实现 CV 功能；反之，亦然。

2. 测试方案

针对上述电路，制定表 7.9 所示的晶圆测试规范。

表 7.9　SX2004 测试规范

序号	符　号	中文描述(简述符号定义)	规　范
0	VREF、VBIAS	熔丝校准	
1	CON	接触测试	PASS/FAIL
2	UVLO_ON	低压锁定解除电压值	17 V～21 V
3	UVLO_OFF	低压锁定电压值	8.2 V～10.2 V
4	VBIAS	偏置电压	1 V～1.2 V
5	IST	启动电流	＜3 μA
6	ICC	工作电流	＜480 μA
7	IOUT	输出电流	28 mA～44 mA
8	VCS	电流感应阈值	490 mV～535 mV
9	IFB	FB 端输入电流	1.8 μA～3.0 μA

1. 熔丝校准

SX2004 芯片的 OUT 端接 NPN 管的基极，NPN 管的发射极接地，集电极通过一个 200 kΩ电阻 $R0$ 接到 VCC，VCS＝1 V，VFB＝0 V，RBIAS＝200 kΩ($R1$)，如图 7.28 所示。校准时，VCC 加 22 V 电压，然后再降到 15 V，测试 PROBE1 的电压。根据 PROBE1 的电压值对电路中的熔丝进行熔断，如图 7.29 所示。

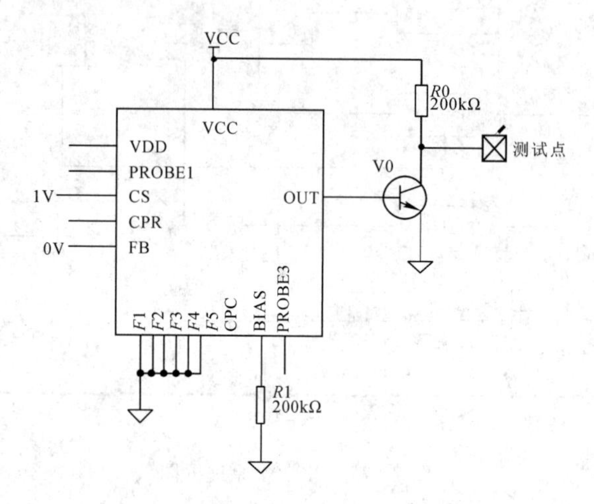

图 7.28　SX2004 熔丝校准连接图

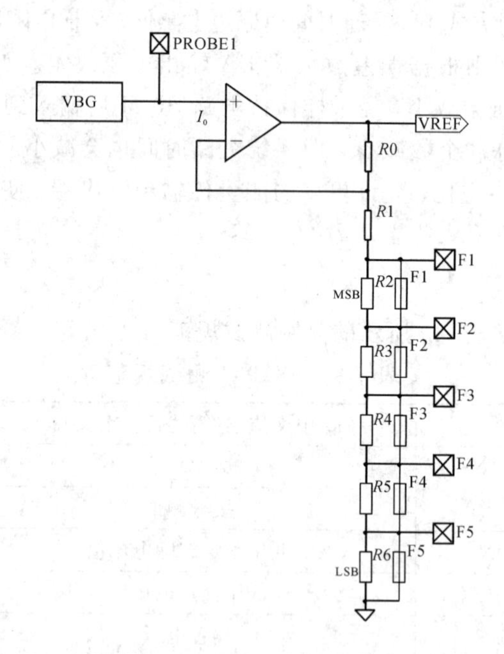

图 7.29　SX2004 熔丝校准结构图

第一步：VREF 校准。测试之前需先测试 PROBE1 的电压，根据 PROBE1 电压的值确定如何烧写 F1～F5 之间的熔丝。查表 7.10 中的值(PROBE1 电压低于 1.19 V 不用校准，低于 1.14 V 判为失效)，若高于表中电压值，则需要根据表中数据进行熔丝烧写校准，表中“1”表示保留熔丝，“0”表示熔断熔丝。

表 7.10　SX2004 熔丝校准表

U(PROBE1)/V	F1—F2	F2—F3	F3—F4	F4—F5	F5—GND
1.19	1	1	1	1	1
1.195	1	1	1	1	0
1.2	1	1	1	0	1
1.205	1	1	1	0	1
1.21	1	1	1	0	0
1.215	1	1	0	1	1
1.22	1	1	0	1	0
1.225	1	1	0	1	0
1.23	1	1	0	0	1
1.235	1	1	0	0	0
1.24	1	0	1	1	1
1.245	1	0	1	1	0
1.25	1	0	1	1	0
1.255	1	0	1	0	1
1.26	1	0	1	0	0
1.265	1	0	0	1	1
1.27	1	0	0	1	1
1.275	1	0	0	1	0
1.28	1	0	0	0	1
1.285	1	0	0	0	0
1.29	0	1	1	1	1
1.295	0	1	1	1	1
1.3	0	1	1	1	0
1.305	0	1	1	0	1
1.31	0	1	1	0	0
1.315	0	1	0	1	1
1.32	0	1	0	1	0
1.325	0	1	0	1	0
1.33	0	1	0	0	1
1.335	0	1	0	0	0
1.34	0	0	1	1	1
1.345	0	0	1	1	1
1.35	0	0	1	1	0
1.355	0	0	1	0	1

第二步，针对 VBIAS 校准。在 PROBE1 和 VBIAS 之间有一根熔丝，如果测得 PROBE1 的电压高于 1.32 V，则需要熔断这根熔丝。

2) CON(接触测试)

(1) 测试目的：检查承载电路的插座和测试仪的 DUT 板之间的焊接是否存在开路或短路，保证以下各项目测试的顺利进行。

(2) 测试方法及条件：芯片 GND 引脚置 0.0 V，对 CS、VCC、OUT、CPC、FB、CPR、BIAS 引脚加入 -100 μA 电流，测试每个引脚的输出电压。

(3) 典型测试值为 -600 mV，测试规范：-900.0 mV～-300 mV。

3) UVLO_ON(低压锁定解除电压值测试)

(1) 测试方法及条件：OUT 端接 NPN 管的基极，NPN 管的发射极接地，集电极通过一个 200 kΩ 电阻 $R0$ 接到 VCC，CS 端接地，VFB=-0.4 V，RBIAS=200 kΩ。VCC 从 15 V 开始以 0.5 V 的步进上升，直到测试点电压变为低电平。此时的 VCC 电压即为 UVLO_ON。

(测试时可以根据实际情况调整 VCC 的初始值，减少测试时间。)连接方式如图 7.30 所示。

(2) 测试规范：17 V～21 V。

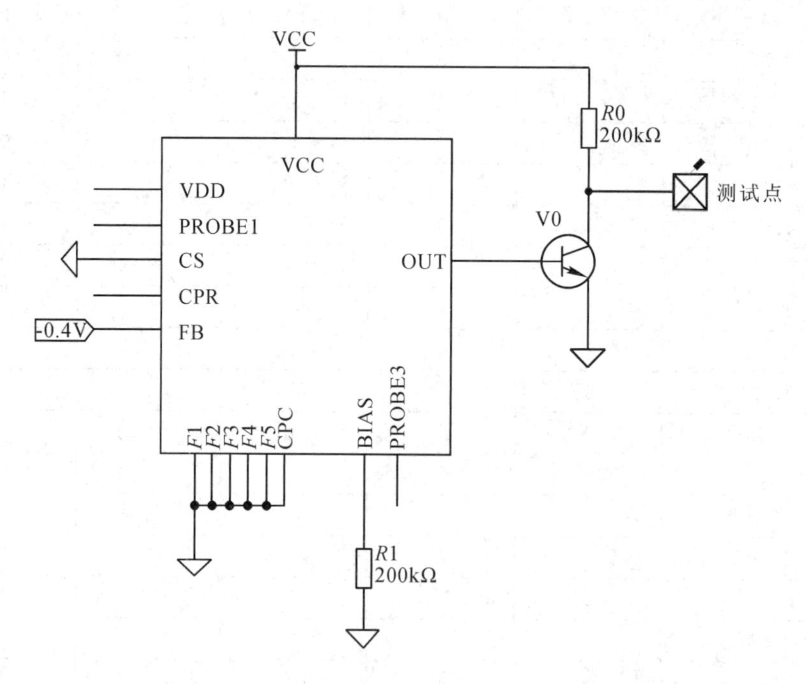

图 7.30　SX2004 中 UVLO_ON 的测试连接图

4) UVLO_OFF(低压锁定电压值测试)

(1) 测试方法及条件：OUT 端接 NPN 管的基极，NPN 管的发射极接地，集电极通过一个 200 kΩ 电阻 $R0$ 接到 VCC，CS 端接地，VFB=-0.4 V，RBIAS=200 kΩ($R1$)。VCC 加 22 V 电压，让电路开始工作，然后将 VCC 降到 12 V 后，再以 0.5 V 步进下降，直到测试点电压变为高电平。此时的 VCC 电压即为 UVLO_OFF，(测试时可以根据实际情况调整 VCC 的初始值，减少测试时间。)连接方式如图 7.31 所示。

(2) 测试规范：8.2 V～10.2 V。

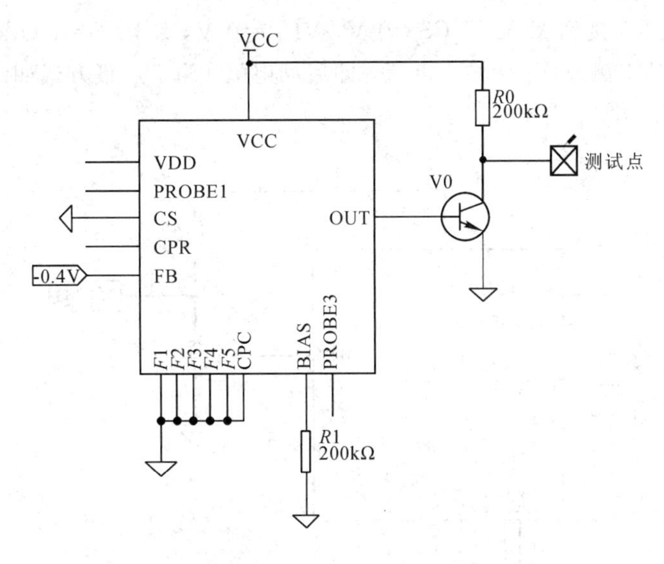

图 7.31　SX2004 UVLO_OFF 的测试连接图

5) VBIAS(偏置电压测试)

(1) 测试方法及条件：OUT 端接 NPN 管的基极，NPN 管的发射极接地，集电极通过一个 200 kΩ 电阻 $R0$ 接到 VCC，VCS=1 V，VFB=0 V，RBIAS=200 kΩ($R1$)。VCC 加 22 V 电压，然后再降到 15 V，测试 BIAS 脚的电压。测试点的测试电压即为 VBIAS。连接方式如图 7.32 所示。

(2) 测试规范：1 V～1.2 V。

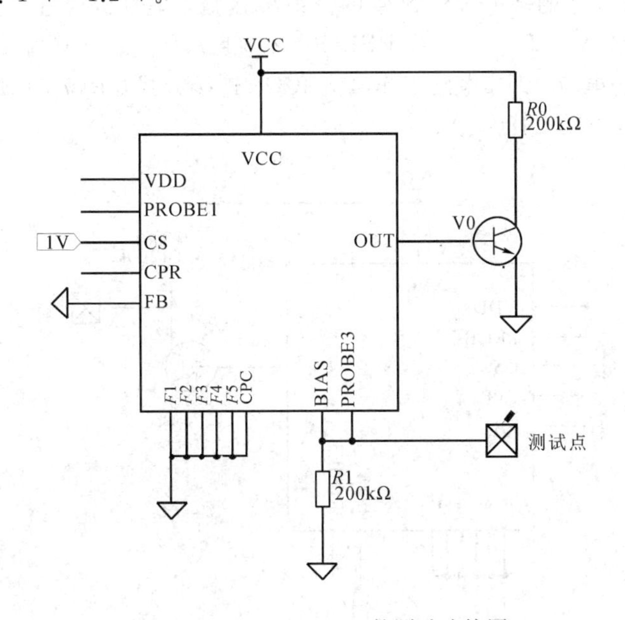

图 7.32　SX2004 VBIAS 的测试连接图

6) IST(启动电流测试)

(1) 测试方法及条件：OUT 端接 NPN 管的基极，NPN 管的发射极接地，集电极通过一个 200 kΩ 电阻 $R0$ 接到 VCC，VCS=0 V，VFB=0 V，RBIAS=200 kΩ($R1$)。VCC=UVLO_ON−0.5 V，测试 VCC 输入电流，即启动电流 IST。连接方式如图 7.33 所示。

(2) 测试规范：IST<3 μA。

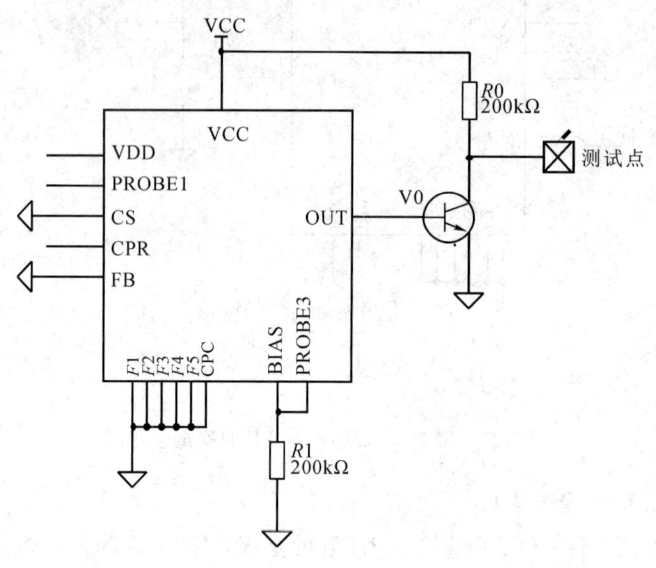

图 7.33　SX2004 IST 测试连接图

7) ICC(工作电流测试)

(1) 测试方法及条件：

OUT 端接 NPN 管的基极，NPN 管的发射极接地，集电极通过一个 200 kΩ 电阻 $R0$ 接到 VCC，VCS=0 V，VFB=0 V，RBIAS=200 kΩ($R1$)。VCC 加 22 V 电压，再降到 15 V，测试 VCC 的电流，即 I 电路工作电流 ICC。连接方式如图 7.34 所示。

(2) 测试规范：ICC<480 μA。

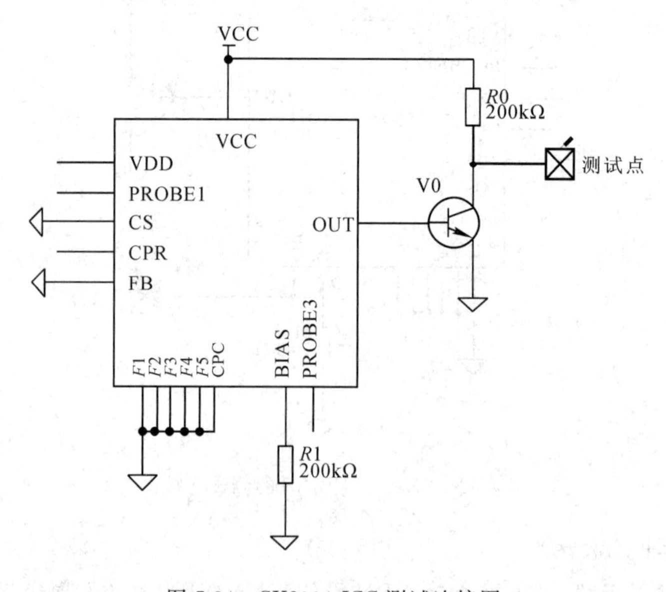

图 7.34　SX2004 ICC 测试连接图

8) IOUT(输出电流测试)

(1) 测试方法及条件：VCS=0 V，VFB=−0.4 V，RBIAS=200 kΩ。VCC 加 22 V 电压，再降到 15 V，OUT 端加 0.7 V 测试 OUT 端的电流，即 IOUT。连接方式如图 7.35 所示。

(2) 测试规范：28 mA～44 mA。

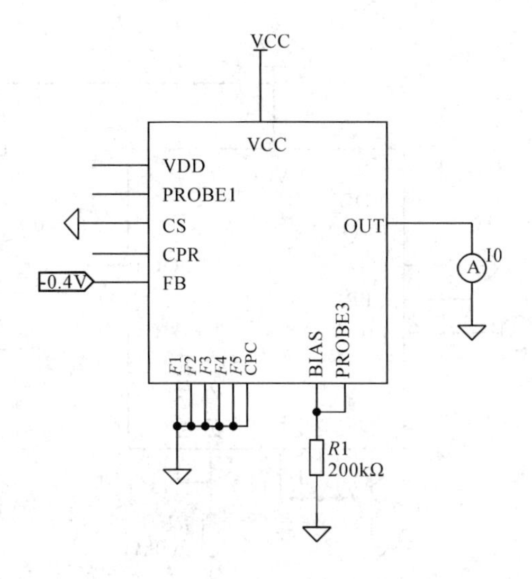

图 7.35　SX2004 IOUT 测试连接图

9) VCS(电压感应阈值测试)

(1) 测试方法及条件：OUT 端接 NPN 管的基极，NPN 管的发射极接地，集电极通过一个 200 kΩ 电阻 $R0$ 接到 VCC，VFB=−0.5 V，RBIAS=200 kΩ($R1$)。VCC 先加 22 V 电压，再降到 15 V，CS 端电压从 0.4 V 开始以 5 mV 步进上升，直到测试点电压变为高电平。此时 CS 端的电压即为 VCS。(测试时可以根据实际情况调整 CS 的步进值，减少测试时间。)连接方式如图 7.36 所示。

(2) 测试规范：490 mV～535 mV。

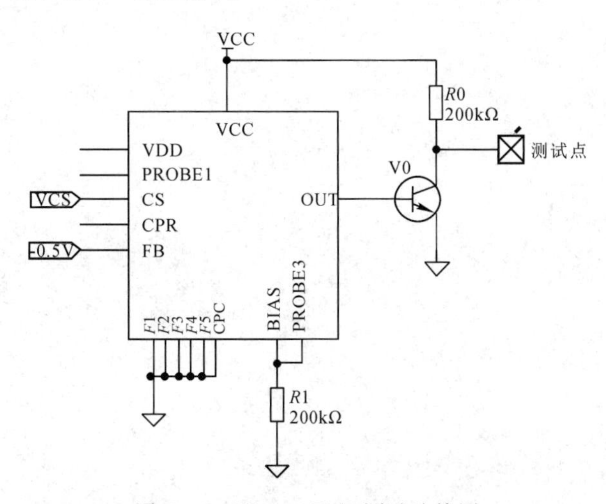

图 7.36　SX2004 VCS 测试连接图

10) IFB(FB 端输入电流测试)

(1) 测试方法及条件：OUT 端接 NPN 管的基极，NPN 管的发射极接地，集电极通过一个 200 kΩ 电阻 $R0$ 接到 VCC，VCS=0 V，RBIAS=200 kΩ($R1$)。VCC 先加 22 V 电压，再降到 15 V。FB 端加 4 V 电压测试 FB 端的输入电流，即 IFB。连接方式如图 7.37 所示。

(2) 测试规范：1.8 μA～3.0 μA。

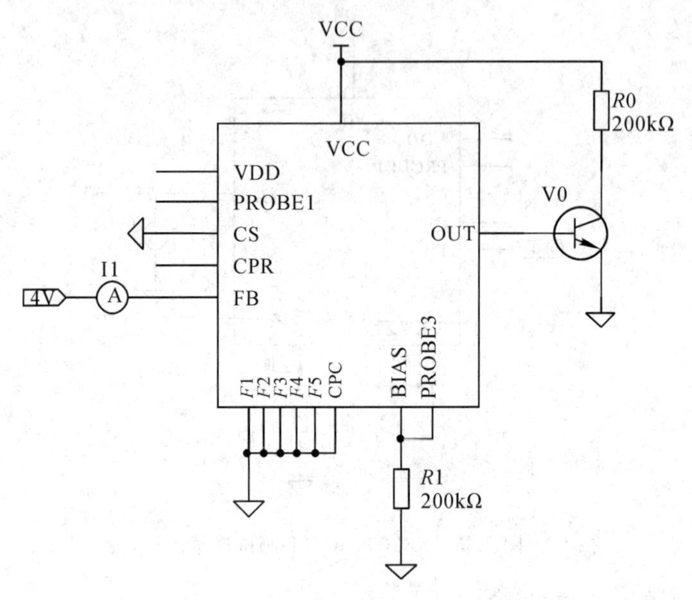

图 7.37　SX2004 IFB 测试连接图

第 8 章　集成电路晶圆测试虚拟仿真

集成电路晶圆测试的整个工艺流程需要经历晶圆扎针测试，晶圆打点以及晶圆烘烤三个步骤。由于这些工艺所需的设备例如探针台、测试机、打点机、烘箱等价格比较昂贵，在校园中开展相应工艺的实践教学所需的成本过高。为了让学生在课堂中掌握集成晶圆测试工艺必备的一些操作技能，为将来走上企业岗位打好基础，采用虚拟仿真软件替代传统的实践教学，可以最大程度的节约成本，同时让学生熟悉晶圆测试工艺的必备的操作技能。杭州朗迅科技有限公司最新推出的“IC 制造虚拟仿真教学平台”是一款虚拟仿真软件，可很好地满足集成电路晶圆测试虚拟仿真的需求。

8.1　虚拟仿真软件简介

“IC 制造虚拟仿真教学平台”致力于解决微电子技术及相关专业教学过程中课堂教学抽象、无法贴近产业、学生缺少实操机会等问题，利用语音、图片、动画、视频、虚拟交互等表现形式生动地展示集成电路制造工艺流程。仿真教学软件内包含有集成电路生产全流程的工艺教材、配套音频视频资源、学习笔记、交互仿真、考核与测评五大功能模块，内容涵盖了集成电路单晶制备、晶圆加工、晶圆检测、芯片封装、芯片测试以及净化间操作规范等，六大章节四十多个子模块。这些资源紧紧围绕教学需求和产业需求，深入企业现场采集素材，力求使学校教学和产业发展相同步，解决 IC 制造工艺技术教学的困境，助力微电子技术专业建设，使授者善教、学者乐学。

本章主要介绍“IC 制造虚拟仿真教学平台”软件中晶圆测试、晶圆打点以及晶圆烘烤工艺的交互式仿真操作。

8.2　晶圆测试工艺虚拟仿真

首先进行晶圆测试的工艺仿真，晶圆扎针工艺具体可分为导片上片、参数设置、测试运行、良率查看、故障排除等工艺步骤，接下来通过软件仿真，让学生在模拟仿真的过程中，直观形象地了解晶圆测试的工艺流程。

打开“IC 制造虚拟仿真教学平台”软件，进入晶圆测试工艺仿真模块，仿真包括两种模式，分别为流程模式与分步模式，流程模式可以对完整的晶圆测试工艺流程进行仿真，分布模式可对晶圆测试工艺中某个工艺步骤进行单独的仿真，接下来按分步模式介绍整个晶圆测试的工艺仿真流程。

8.2.1　导片上片工艺仿真

导片上片工艺中包括领料确认、导片、上片三个操作步骤。在晶圆测试工艺仿真模块中选择导片上片练习模块，如图 8.1 所示。点击“开始模拟”，开始进行工艺仿真，在模式选择中选择分步模式，进入导片上片仿真实验。

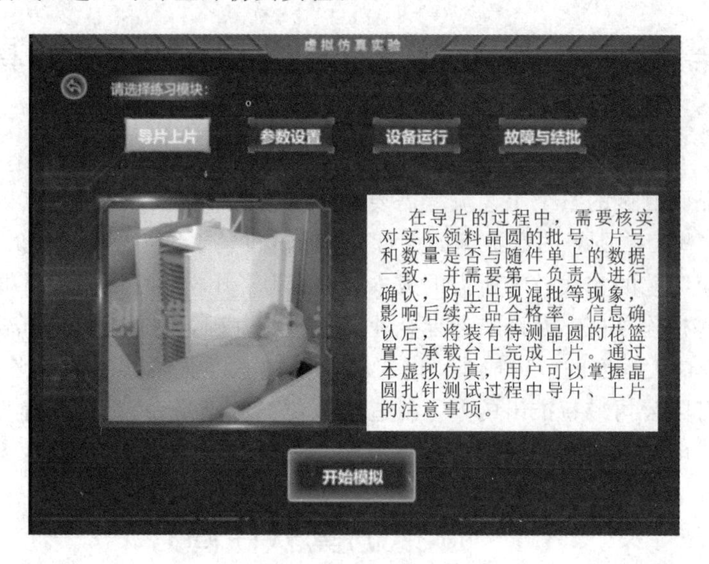

图 8.1　导片上片练习模块

1）领料确认

在实际的晶圆测试生产过程中，拿到一批晶圆后，首先需要核对实际领料晶圆的批号、片号和数量与晶圆盒随件单上的信息一致，防止出现混批现象，影响后续产品合格率。如图 8.2 所示，本次领料的待测晶圆型号为 74HC132，批号为 AD36G1.1，仔细核对晶圆底部定位边处的产品型号与批号与随件单上的信息是否一致。确认无误后在确认结果后面的空白处选择正常，在测试员后面的空白处进行签名。

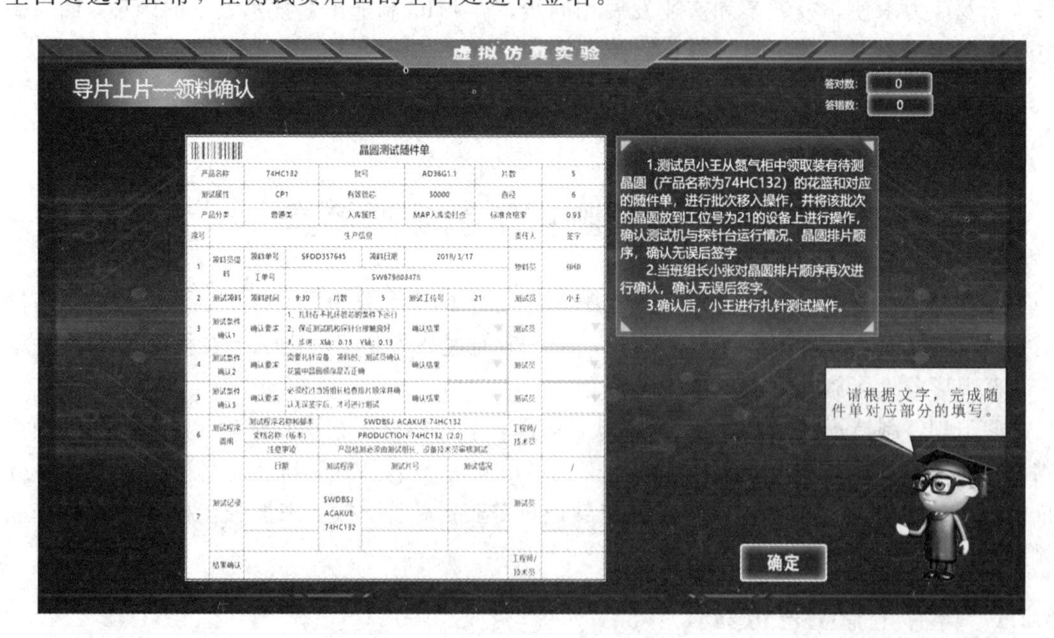

图 8.2　领料确认界面

2）导片

印章批号核对一致后，进入导片工艺仿真环节，如图 8.3 所示。在操作界面中，鼠标点击晶圆上方，依次将待测的晶圆用专用的晶圆镊子从原始的晶圆盒中转移到测试机专用的晶圆花篮中，导片过程中要注意观察晶圆的片号要与花篮两侧的数字相对应，不要放错位置。

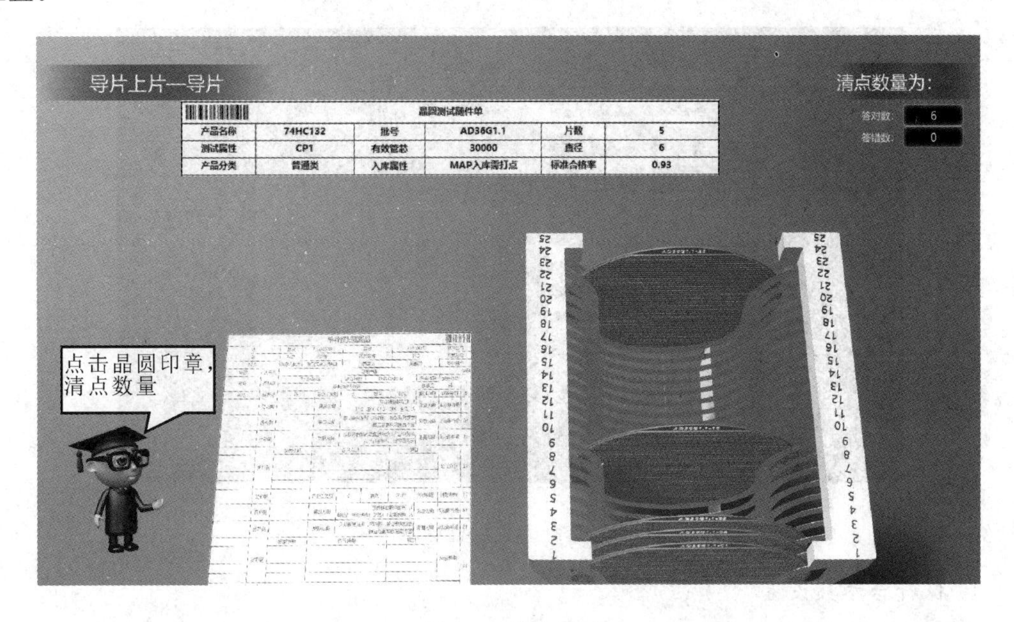

晶圆测试随件单					
产品名称	74HC132	批号	AD36G1.1	片数	5
测试属性	CP1	有效管芯	30000	直径	6
产品分类	普通类	入库属性	MAP入库需打点	标准合格率	0.93

图 8.3　导片界面

3）上片

导片工艺完成后，进入上片工艺仿真环节，如图 8.4 所示。上片时首先用鼠标点击测试机打开盖子，将导片完成后的花篮放在探针台的待测区域，花篮放置时需注意晶圆印章正面朝上，最后点击测试机上的红色按钮使花篮进入测试机内部，这样整个导片上片的工艺仿真流程就顺利完成了。

图 8.4　上片界面

8.2.2 探针台参数设置工艺仿真

接下来进行探针台参数设置工艺仿真练习。参数设置练习包括探针台参数设置、MAP信息核对、扎针调试与测试程序调用四个操作步骤。首先返回软件练习模块选择界面，如图8.5所示，选择“参数设置”模块，点击“开始模拟”按钮开始进行工艺仿真。

图 8.5　选择参数设置练习模块

1）探针台参数设置

晶圆在进行扎针测试前，需要在探针台上输入正确的晶圆参数信息，例如批次编号、晶圆ID、产品名、步进相关信息，以调取相应的测试程序和MAP图。鼠标点击探针台显示屏，出现如图8.6所示的探针台参数设置界面，点击界面右上方的“随件单”按钮，根据晶圆随件单上的信息在显示屏上依次正确填写批次编号、操作员姓名、晶圆ID、产品名信息、晶圆尺寸、步距尺寸X、步距尺寸Y，填写完成并仔细检查信息填写是否有误。

图 8.6　探针台参数设置

2）MAP 信息核对

探针台参数设置完成后点击“确定”按钮，进入如图 8.7 所示的界面。在该界面中，仔细检查随件单和探针台显示屏上的信息，确保晶圆测试随件单与 MAP 图一致。确认完毕后点击“继续”，进入扎针调试仿真环节。

图 8.7　MAP 信息核对

3）扎针调试

在扎针调试工艺仿真环节中，点击探针台上的摇杆，进入扎针调试界面，如图 8.8 所示。在扎针调试界面中，用摇杆对扎针的位置进行上下左右的调试，保证测试扎针与晶粒上 Pad 点接触良好，扎针调试完成以后点击“继续”按钮，进入测试程序调用工艺步骤的仿真。

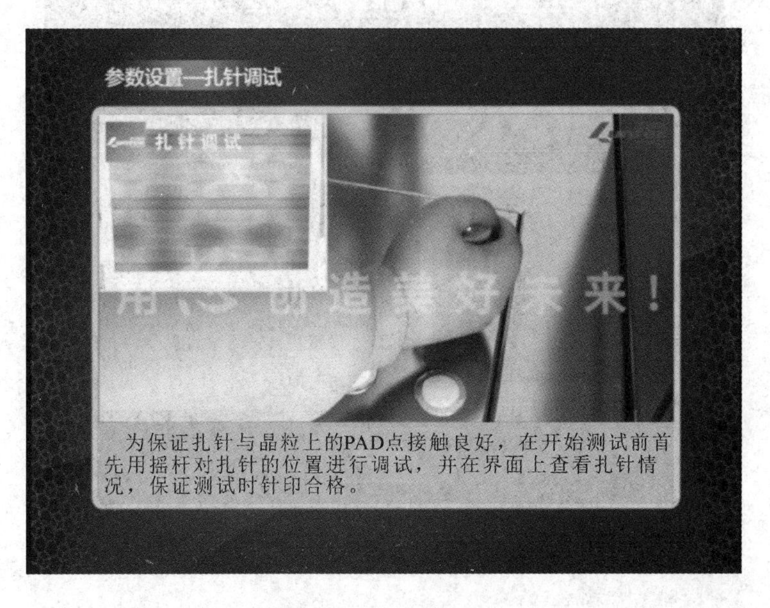

图 8.8　扎针位置调试

4）测试程序调用

在测试程序调用工艺仿真环节中，首先点击设备左边的扫码枪，扫描晶圆随件单上的二维码，该批晶圆的信息会自动进入系统界面，如图 8.9 所示，然后对照随件单，仔细核对系统界面上显示的待测晶圆信息是否正确，核对完毕后输入员工姓名和片号，点击“信息确认，开始”按钮，并在晶圆随件单上工程师/技术员一栏输入姓名，点击确定按钮，整个参数设置的工艺仿真流程就顺利完成了。

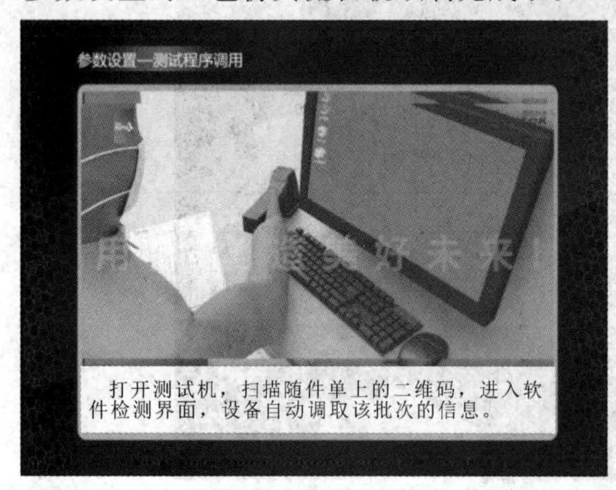

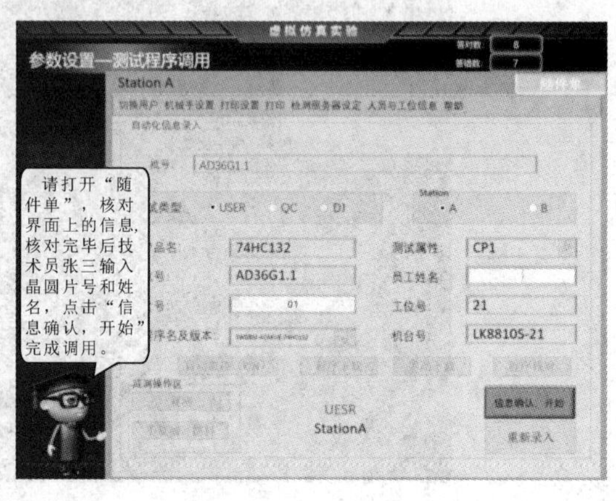

图 8.9　测试程序调用

8.2.3　探针台操作工艺仿真

探针台操作工艺仿真练习，包括设备启动、标记说明、测试及首检四个操作步骤。返回软件练习“模块选择”界面，选择“设备运行”模块，如图 8.10 所示，点击“开始模拟”按钮开始工艺仿真。

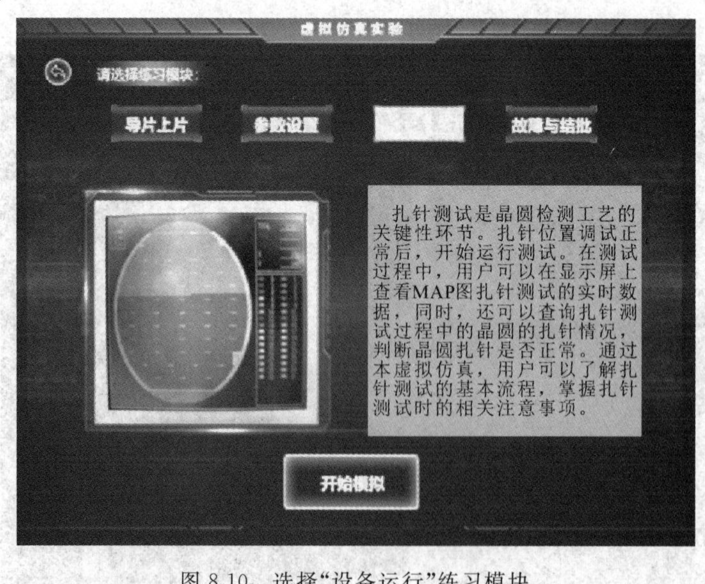

图 8.10　选择“设备运行”练习模块

1）设备启动

如图 8.11 所示，进入设备启动界面以后需观察设备统计数据是否清零，如已经清零，则点击下方“开始”按钮启动设备。

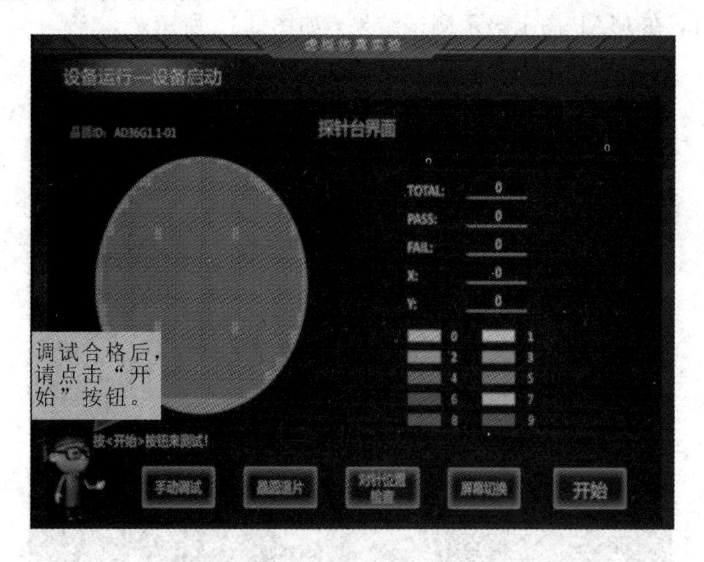

图 8.11　设备启动界面

2）标记说明

在晶圆测试过程中，探针台的 MAP 图上会出现各种不同颜色的标记，其中黄色区域为直接剔除区域，绿色区域为测试合格区域，蓝色区域为待测区域，灰色为芯片测试中，其他颜色代表不同类型的异常，如图 8.12 所示，了解各种颜色代表的不同含义之后，点击“确定”进入晶圆测试环节。

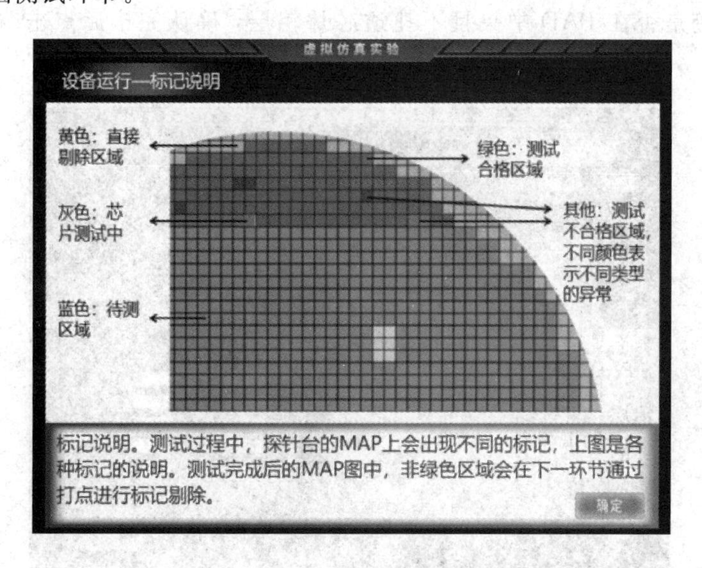

图 8.12　标记说明界面

3）晶圆测试

进入晶圆测试过程，探针台会自动从花篮中提取对应的晶圆，调整和对准晶圆方向，探针测试卡的探针接触晶粒，测试系统接收到探针台的信号后运行测试程序，并将测试结果反馈回探针台，在 MAP 图上显示测试结果，如图 8.13 所示。

图 8.13　晶圆测试界面

4）首检

为确保后续扎针的正确性，当晶圆测试到一定数量时，要检查扎针情况是否良好，如果前期数据设置有误，就能及时发现相关问题并进行相应调整，提高产品的合格率。测试到第 523 颗芯片时，暂停测试机，按照提示进入扎针检查页面，如图 8.14 所示，仔细观察芯片表面的针迹是否在 PAD 中央且不扎透芯片铝层，确认完毕后点击“确定”继续进行测试。

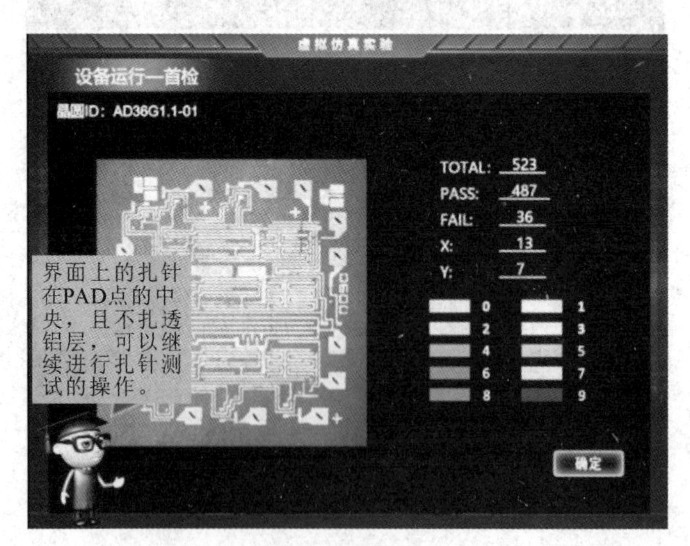

图 8.14　测试首检界面

8.2.4　故障结批

探针台操作工艺仿真练习，包括故障模拟、数据记录与结批三个操作步骤。返回软件练习模块选择界面，选择故障与结批模块，如图 8.15 所示，点击“开始模拟”按钮开始进行工艺仿真。

图 8.15　选择故障与结批界面

1）故障模拟

在晶圆测试过程中会发生两种常见的故障，分别为针印偏移以及针印过深。需要在显微镜中仔细观察芯片表面，检查是否存在上述异常，出现异常及时调整。本实验模拟晶圆测试以后的芯片表面，学生要能够通过观察正确判断芯片表面是否存在针印偏移以及针印过深的故障，如图 8.16 和图 8.17 所示。

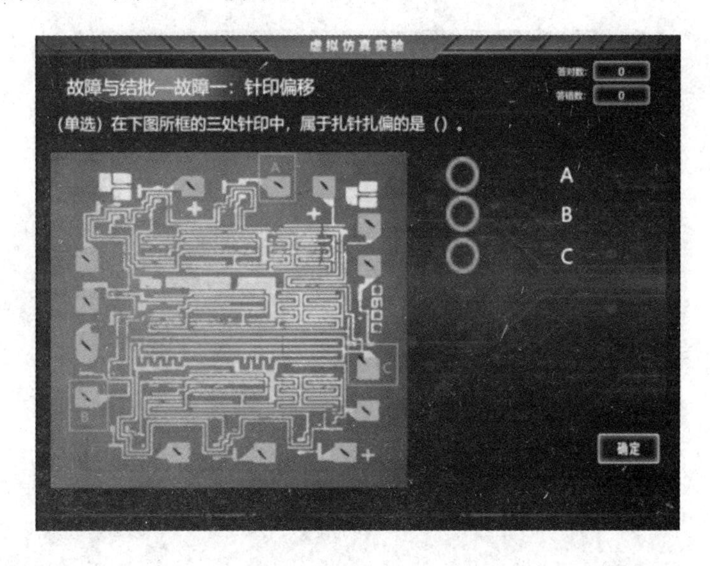

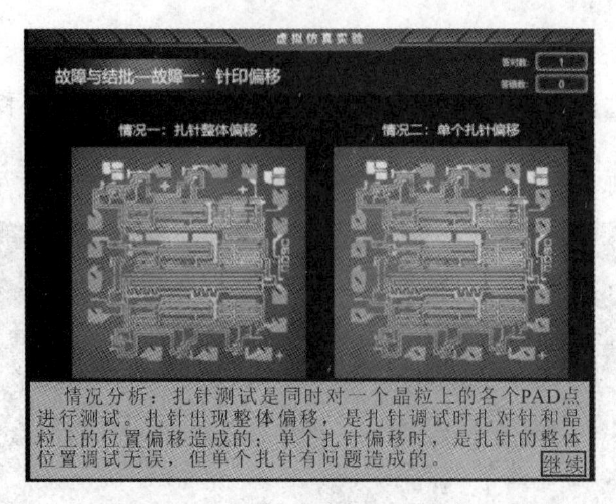

图 8.16　针印偏移故障判断

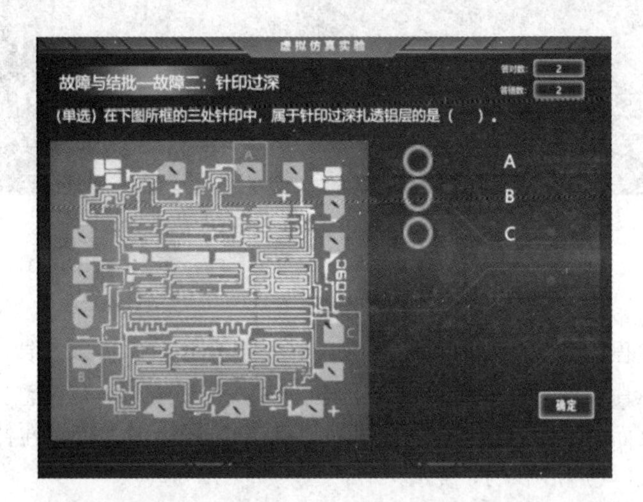

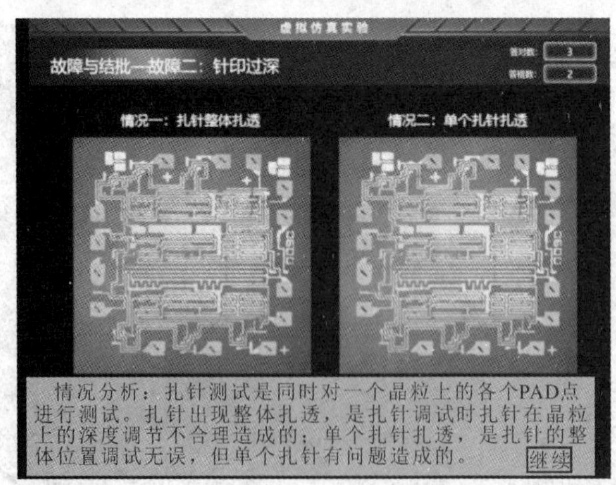

图 8.17　针印过深故障判断

2）数据记录

故障处理完毕，继续正常测试。完成扎针测试之后出现如图 8.18(a)所示的统计界面，点击右上角的打开测试记录单，在弹出如图 8.18(b)所示的晶圆测试记录单中根据统计界面中的数据，准确地填写片号、合格数、成品率数据，点击确定进行保存。

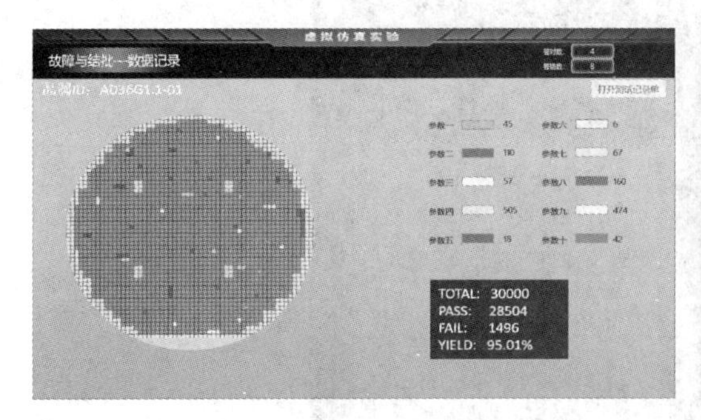

(a) 统计界面

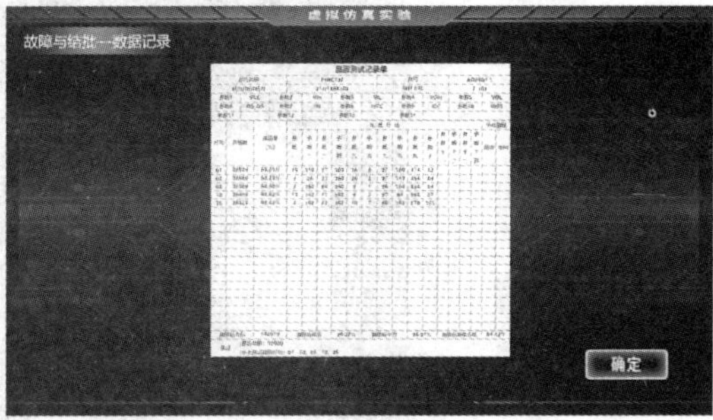

(b) 晶圆测试记录单

图 8.18　数据记录

3）结批

待花篮中所有晶圆测试完毕以后，测试员需要对测试记录进行确认，并在随件单上填写测试片号、测试情况信息，并进行签名，如图 8.19 所示。至此，晶圆测试的所有工艺步骤的仿真到此结束。

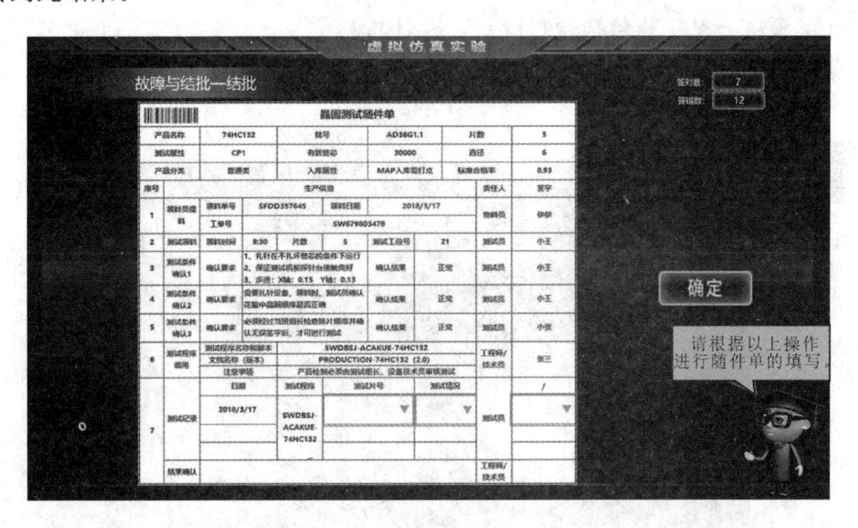

图 8.19　结批

8.3　晶圆打点工艺虚拟仿真

接下来进行晶圆打点的工艺仿真。晶圆打点工艺具体可分为领料上料、参数设置、设备运行以及故障排除等工艺步骤，接下来通过软件仿真，让学生在模拟仿真的过程中，直观形象地了解晶圆打点的工艺流程。

打开《IC 制造虚拟仿真教学平台》软件，进入晶圆打点仿真模块，如图 8.20 所示。点击模式选择按钮，选择分步模式后点击开始模拟按钮，接下来将根据分步模式介绍整个晶圆打点的工艺仿真流程。

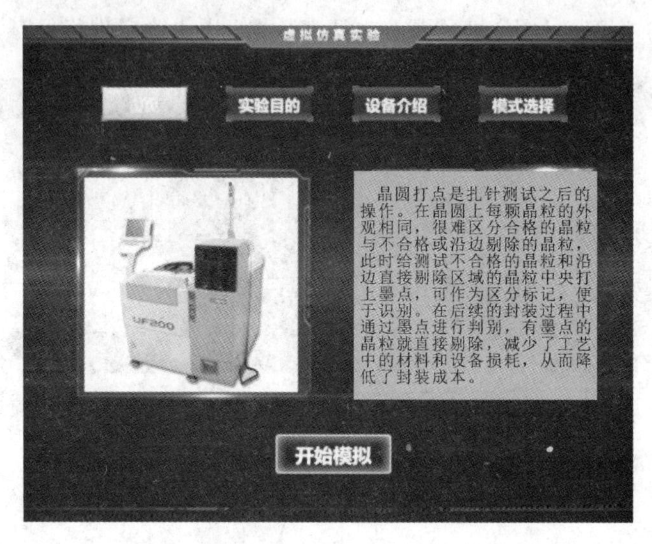

图 8.20　晶圆打点虚拟仿真主页面

8.3.1　领料上料工艺仿真

晶圆打点领料上料工艺包括领料确认、核对晶圆信息、上片操作三个工艺步骤。在晶圆打点仿真模块中选择领料上料练习模块，如图 8.21 所示，点击“开始模拟”，进入工艺仿真。

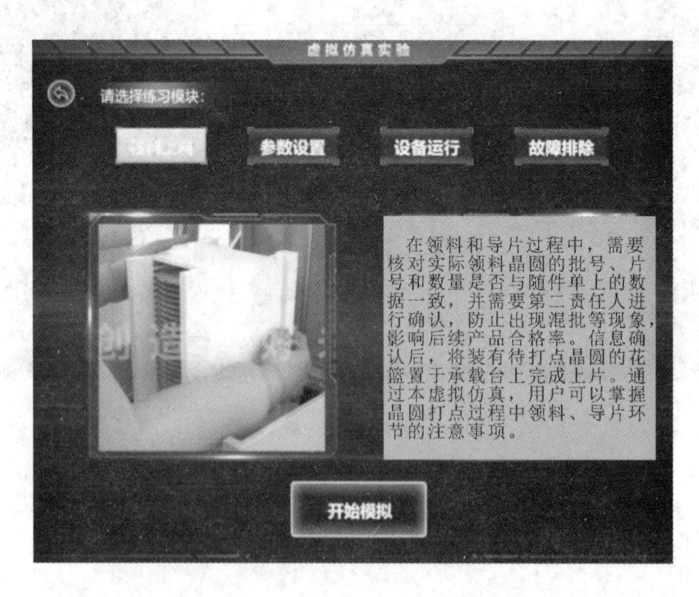

图 8.21　领料上料练习模块

1）领料确认

领料确认工艺的仿真界面如图 8.22 所示，根据系统提示框中信息，仔细核对晶圆随件单上的信息是否正确，确认无误后在随件单的确认结果处填写“正常”并签名。

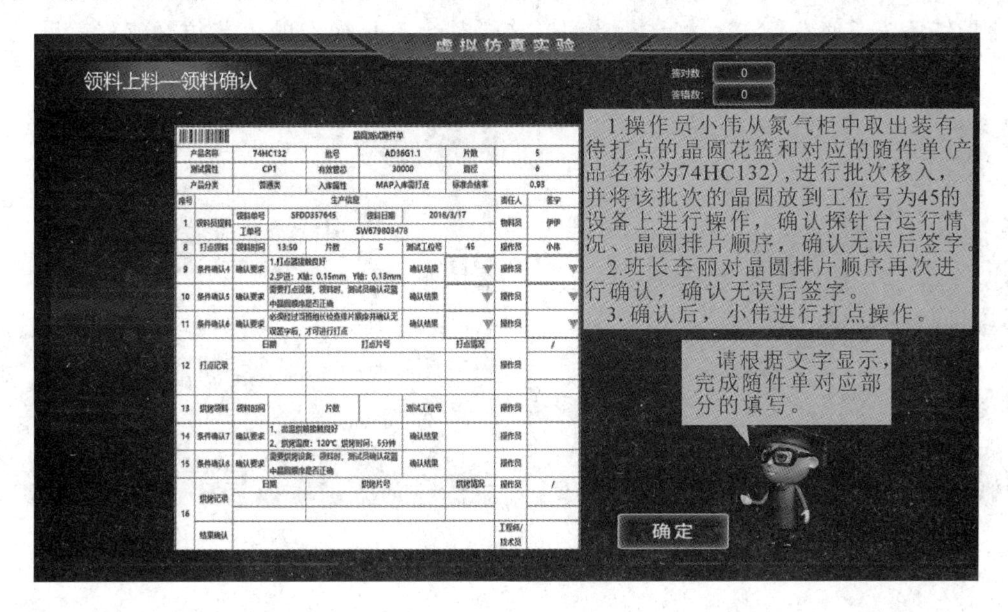

图 8.22　领料确认

2）核对晶圆信息

核对晶圆信息的仿真界面如图 8.23 所示。根据随件单上的信息，核对花篮中晶圆数量、印章批号与随件单是否一致。核对完毕后，使用晶圆镊子依次将晶圆放置到左侧花篮的晶圆槽中，要注意晶圆的片号要和高温花篮的凹槽号一一对应，等待上机打点。

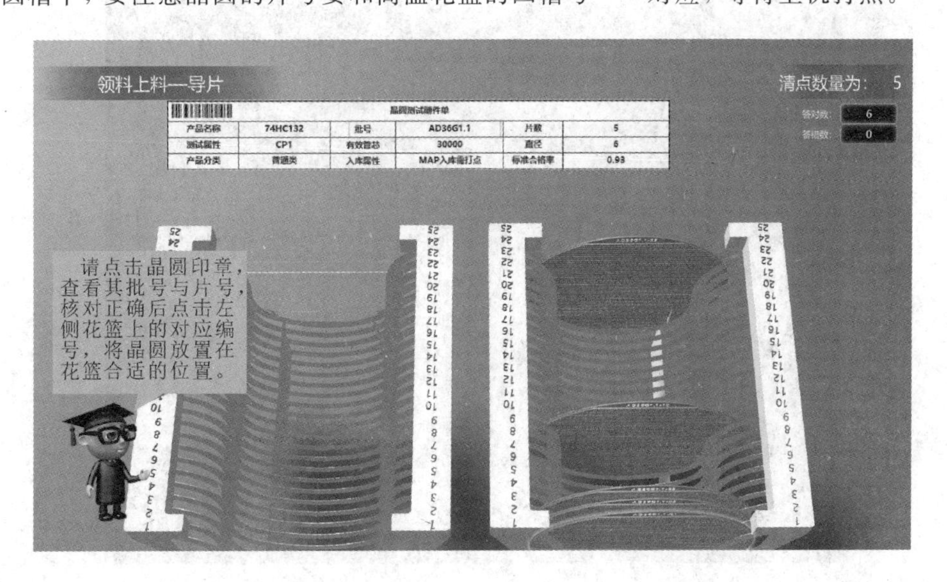

图 8.23　核对晶圆信息

3）上片

上片工艺仿真环节如图 8.24 所示。上片时首先用鼠标点击打点机打开盖子，将导片完成后的花篮放在探针台的待测区域，花篮放置时需注意晶圆印章正面朝上，最后点击打点机上的红色按钮使花篮进入测试机内部，这样整个上片操作的工艺仿真流程就顺利完成了。

图 8.24　上片操作

8.3.2　打点器参数设置工艺仿真

打点器参数设置工艺中包括设置参数、调用 MAP 图、墨管选择三个工艺步骤。在晶圆打点仿真模块中选择“参数设置”练习模块，如图 8.25 所示，点击“开始模拟”，进入工艺仿真。

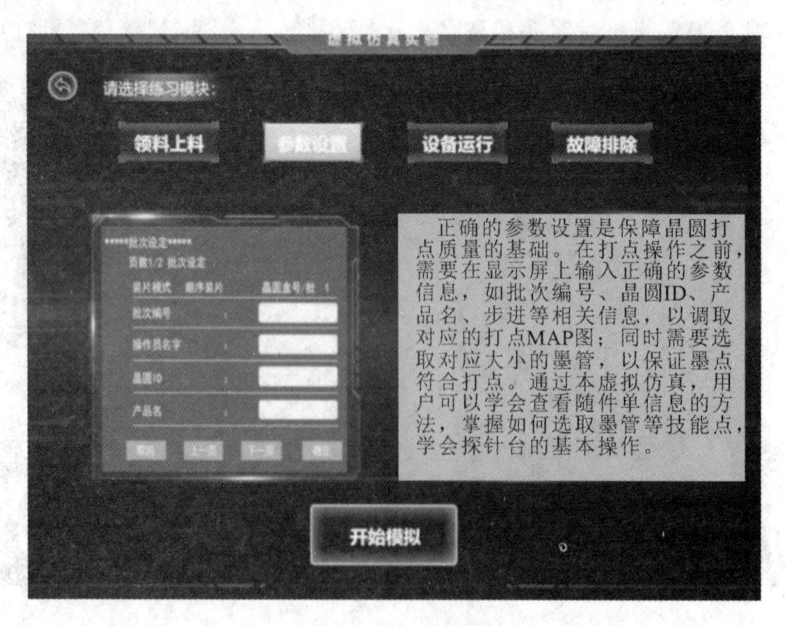

图 8.25　选择参数设置模块

1）设置参数

点击晶圆打点机的显示屏，进入参数设置操作界面，如图 8.26 所示。根据随件单上的信息，在操作界面输入本批次晶圆的批次编号、操作员名字、晶圆 ID、产品名信息、晶圆尺寸、步距尺寸 X、步距尺寸 Y，输入完成后点击确定按钮。

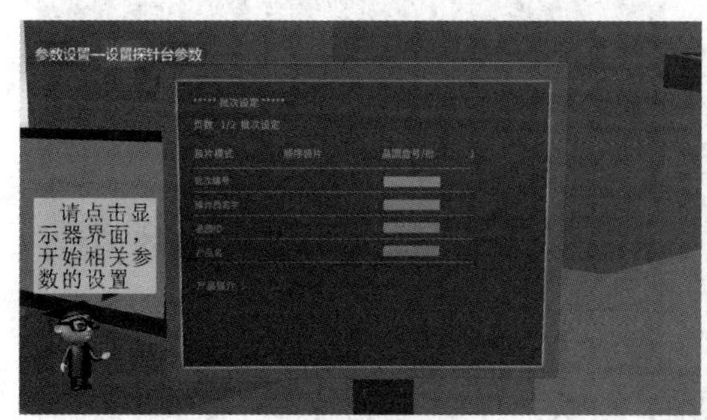

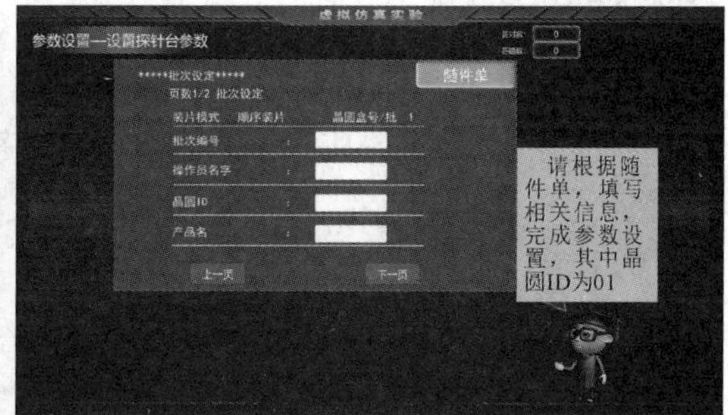

图 8.26　输入参数

2）调用 MAP 图、核对信息

在如图 8.27 所示的 MAP 图界面中仔细核对晶圆 ID、产品名称、批号、合格数信息与随件单上的信息是否一致，确认无误后点击开始按钮，进入下一环节。

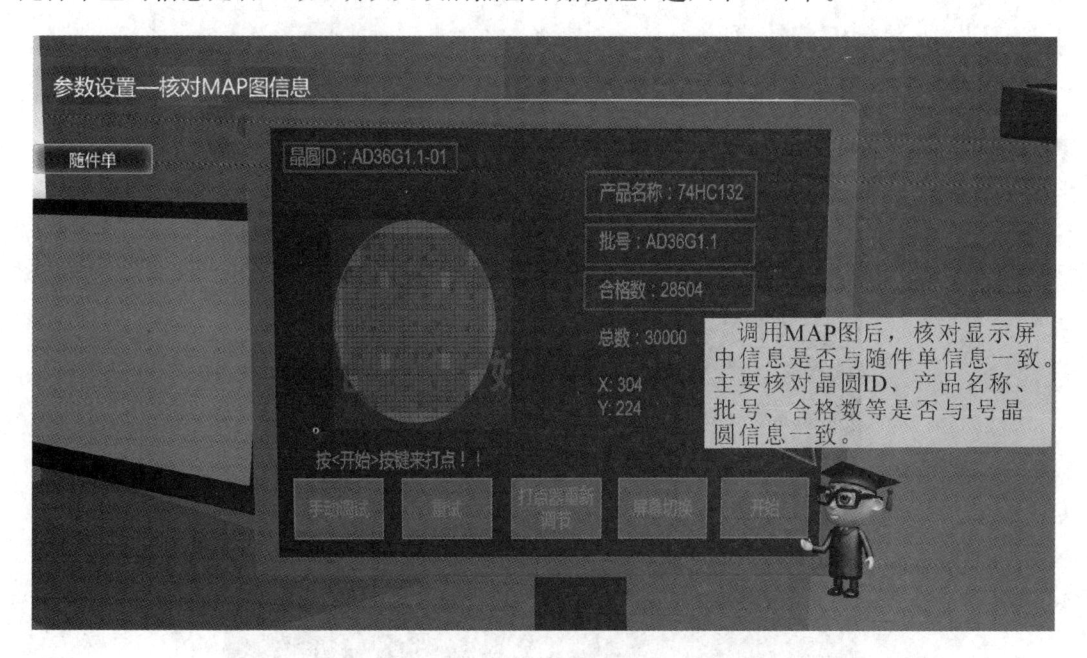

图 8.27　核对参数

3）墨管选择

在如图 8.28 所示墨管选择界面，根据随件单上的晶圆尺寸勾选正确的打点墨管，点击确定按钮。

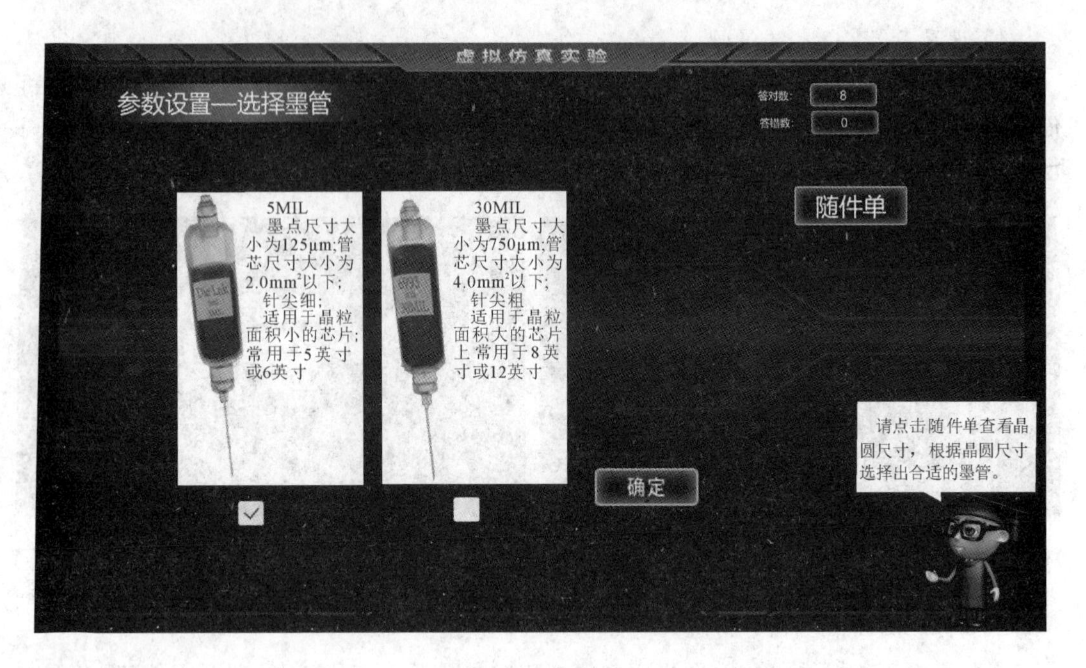

图 8.28　墨管选择

8.3.3　设备运行工艺仿真

设备运行工艺中包括设备启动和首检两个步骤。在晶圆打点仿真模块中选择设备运行练习模块，如图 8.29 所示，点击“开始模拟”，进入工艺仿真。

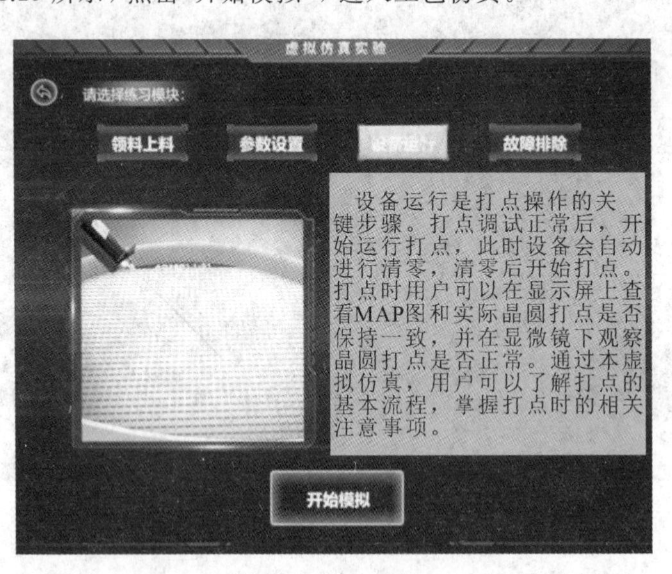

图 8.29　打点设备运行

1）设备启动——按钮控制

在如图 8.30 所示的界面中，点击开始按钮，打点机开始对晶圆表面异常芯片进行打点，打点开始后打点设备自动对焦，并进行清零。

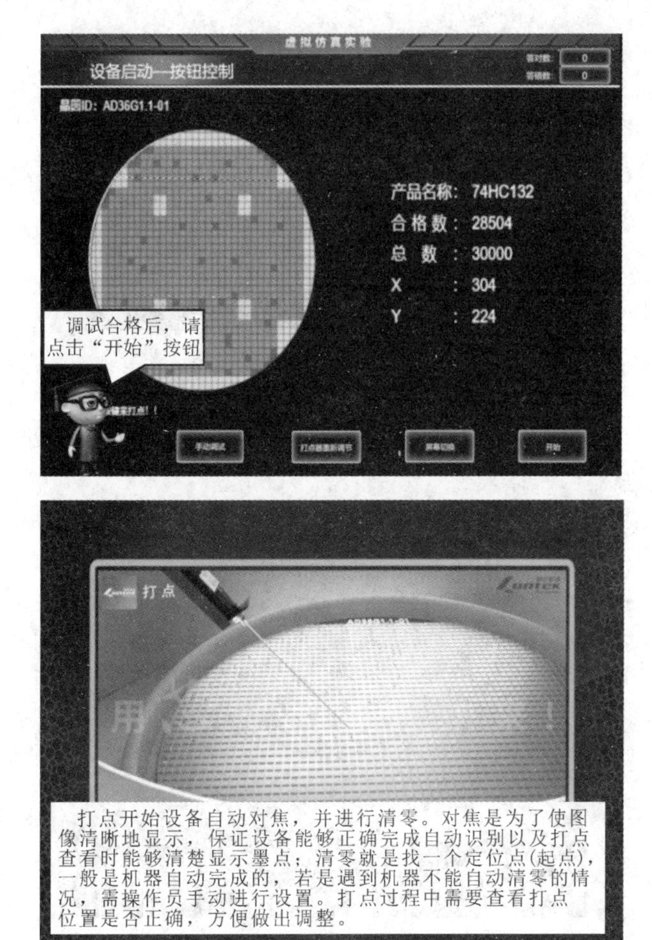

图 8.30　晶圆打点过程

2）首检

打点开始后，需要定期检查打点情况，及时发现问题进行相应调整，保证后续打点的正确性。如图 8.31 所示，点击打点机屏幕，然后点击 MAP 图将晶圆放大，进行首检。

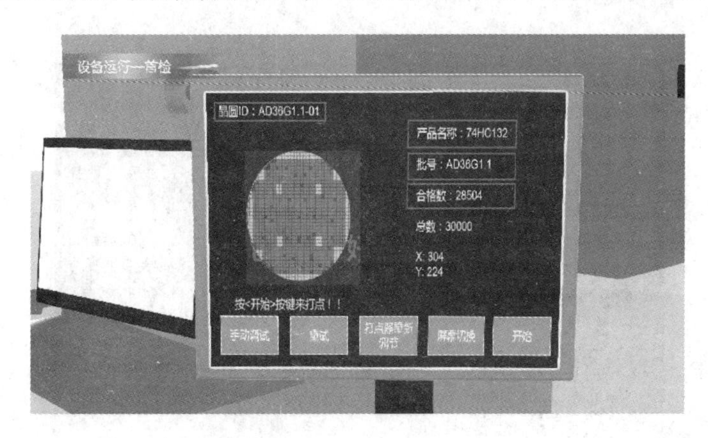

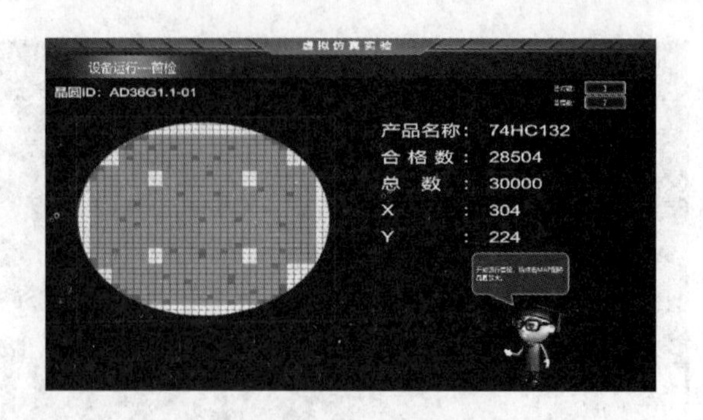

图 8.31　进入首检

如图 8.32 所示，仔细观察界面上的墨点是否在晶粒中央，墨点大小是否合适，若都符合要求，点击继续进入下一步。

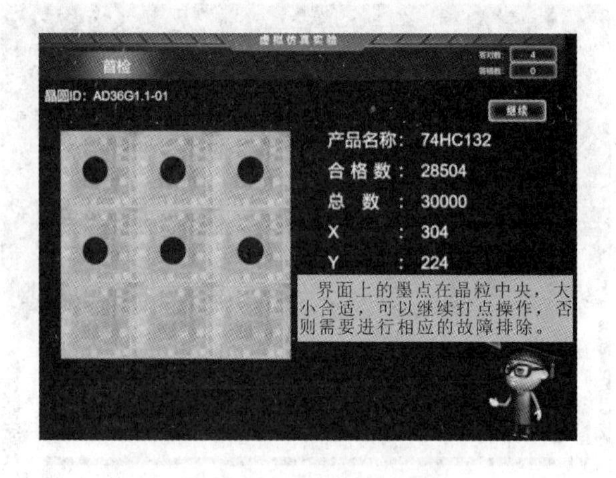

图 8.32　观察墨点情况

8.3.4　故障排除

在晶圆打点仿真模块中选择故障排除练习模块，如图 8.33 所示，点击“开始模拟”，进入工艺仿真。

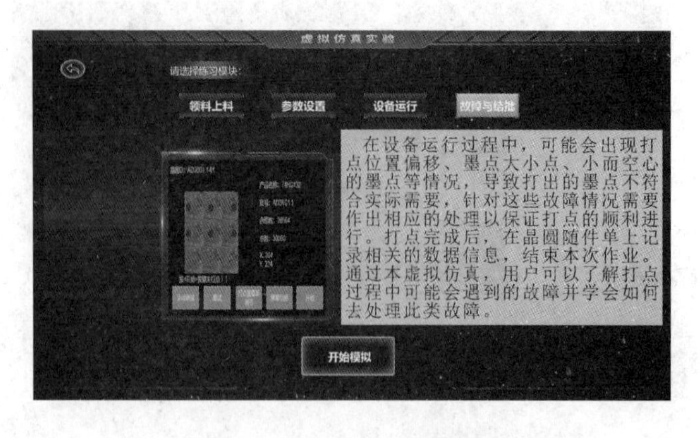

图 8.33　选择故障排除模块

本次实验模拟了 3 种故障类型：

故障一：墨点位置偏移且偏移位置一致，如图 8.34 所示，所有晶粒上的墨点均偏向右下方，这是由于打点器的针尖位置偏移所导致的异常。当出现这种异常时，需要调节打点器的位置。

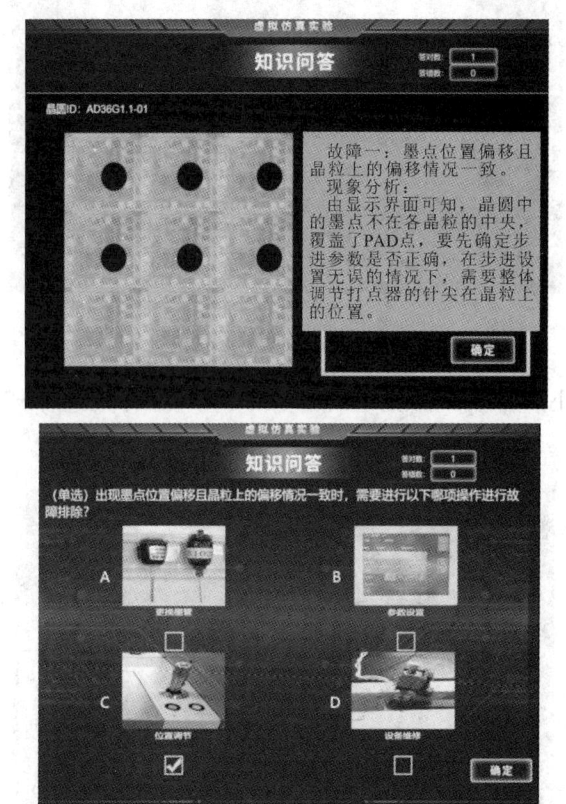

图 8.34　墨点位置偏移且偏移位置一致

故障二：墨点位置偏移但偏移位置不一致，如图 8.35 所示，晶粒上的墨点位置偏移且偏移情况的不一致，这是由于步进设置不合理所导致的异常。当出现这种异常时，需要重新设置打点器的参数。

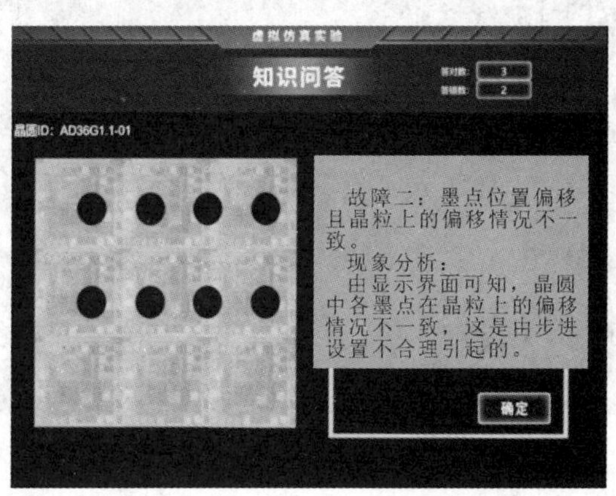

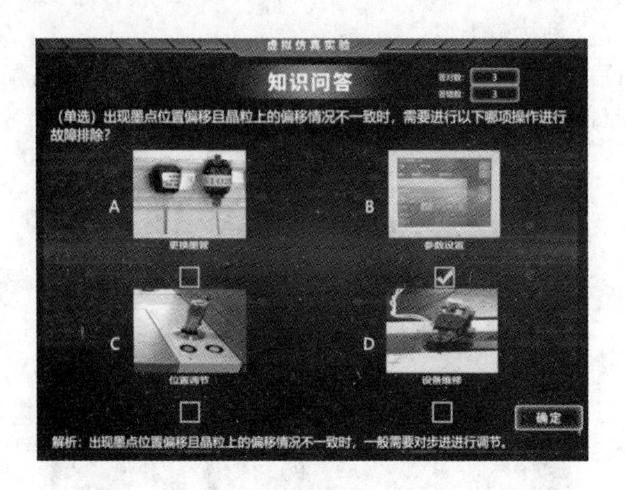

图 8.35　墨点位置偏移但偏移位置不一致

故障三：墨点大小点、小而空心的墨点，如图 8.36 所示，这种异常是由于墨管针尖出墨异常引起的。当出现这种异常时，需要更换墨管。

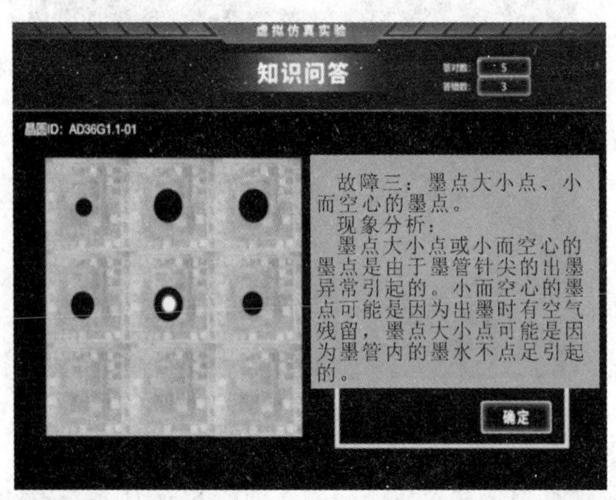

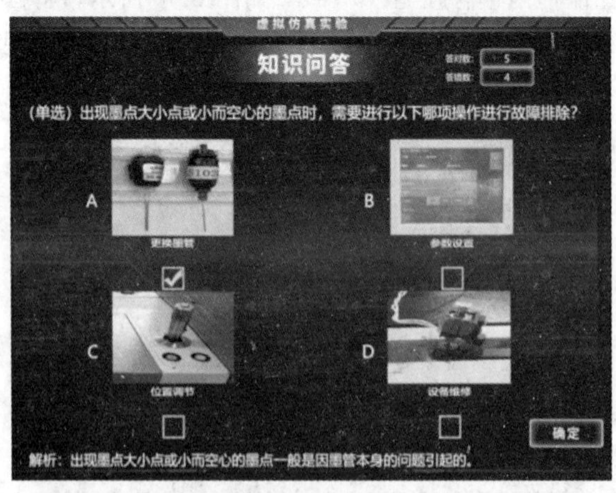

图 8.36　墨点大小点

8.4　晶圆烘烤工艺虚拟仿真

最后进行晶圆烘烤的工艺仿真，接下来通过软件仿真，让学生在模拟仿真的过程中，直观形象地了解晶圆烘烤的工艺流程。

打开《IC 制造虚拟仿真教学平台》软件，进入晶圆烘烤仿真模块，如图 8.37 所示。点击模式选择按钮，选择分步模式后点击开始模拟按钮，接下来将根据分步模式介绍整个晶圆烘烤的工艺仿真流程。

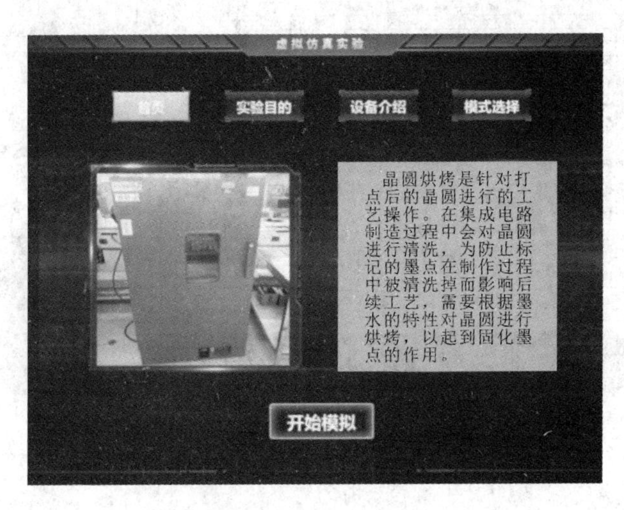

图 8.37　晶圆烘烤虚拟仿真主页面

8.4.1　领料导片工艺仿真

晶圆烘烤领料导片工艺中包括领料确认及核对晶圆信息两个工艺步骤。在晶圆烘烤仿真模块中选择领料导片练习模块，如图 8.38 所示，点击“开始模拟”，进入工艺仿真。

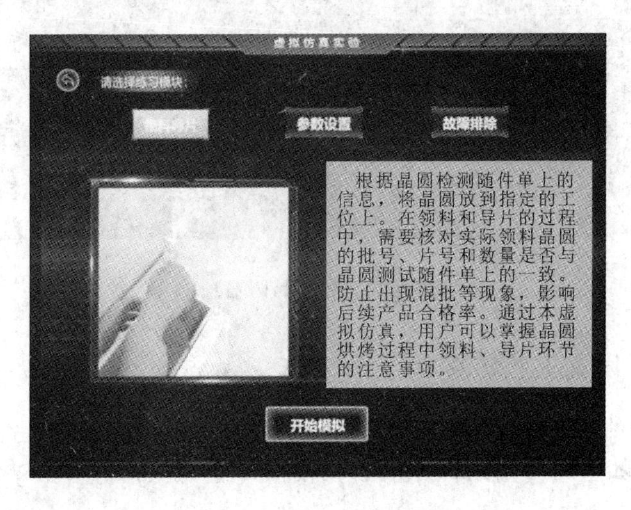

图 8.38　领料导片练习模块

1）领料确认

领料确认工艺的仿真界面如图 8.39 所示，根据系统提示框中信息，仔细核对晶圆随件单上的信息是否正确，同时检查高温烘箱运行情况、晶圆排片顺序，确认无误后在随件单上的相应位置记录确认结果并签字。

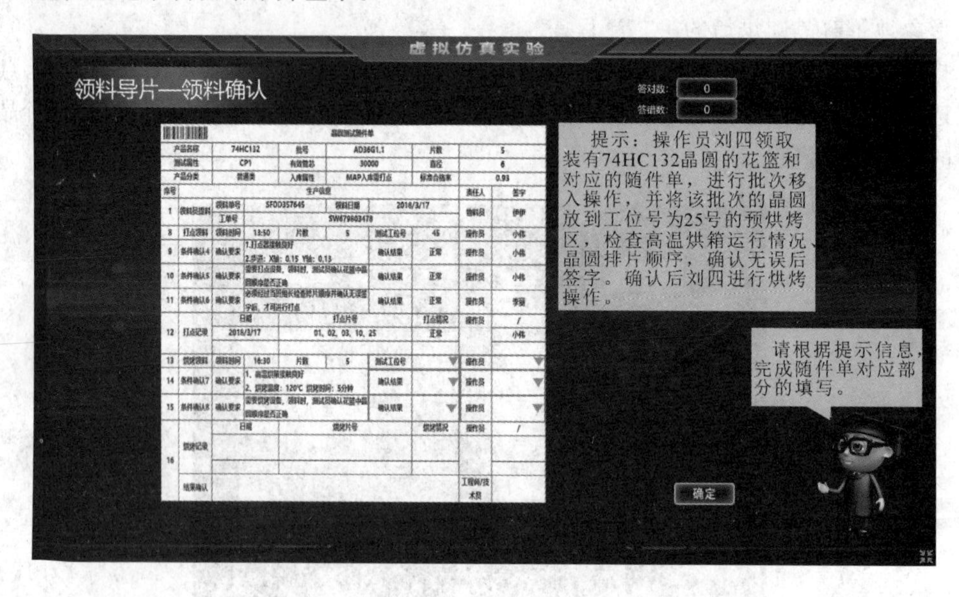

图 8.39　领料确认

2）核对晶圆信息

核对晶圆信息的仿真界面如图 8.40 所示，根据随件单上的信息，核对花篮中晶圆的数量及印章批号与随件单是否一致。核对完毕后，使用晶圆镊子依次将晶圆放置到对应高温花篮的晶圆槽中，要注意晶圆的片号要和高温花篮的凹槽号一一对应，等待上片烘烤。

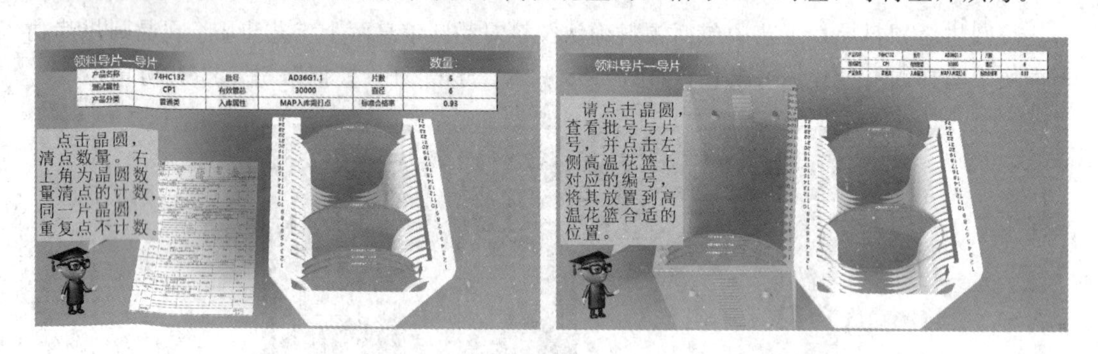

图 8.40　核对晶圆信息

8.4.2　烘箱参数设置工艺仿真

正确设置烘箱的工艺参数是保证晶圆烘烤质量的基础。在晶圆烘烤仿真模块中选择参数设置练习模块，如图 8.41 所示，点击“开始模拟”，进入工艺仿真。

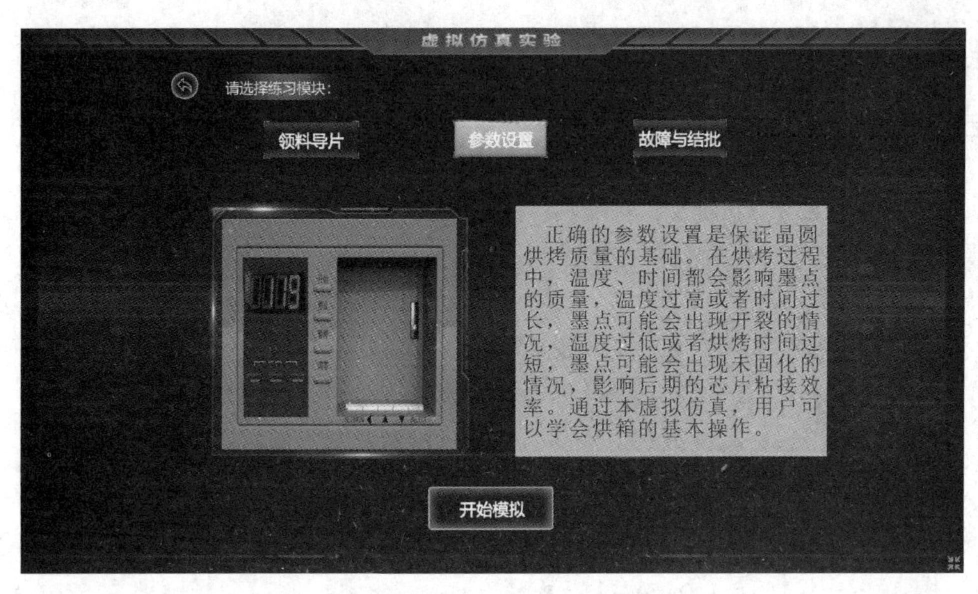

图 8.41 选择参数设置模块

烘箱参数设置的界面如图 8.42 所示，点击右上方的随件单按钮，根据随件单中的烘烤温度、烘烤时间要求，点击控制面板上的按钮来设置烘箱温度和烘烤时间，点击 SET/MON 按钮保存设置并推出编辑模式，最后点击开始按钮启动烘箱，开始对晶圆进行烘烤。

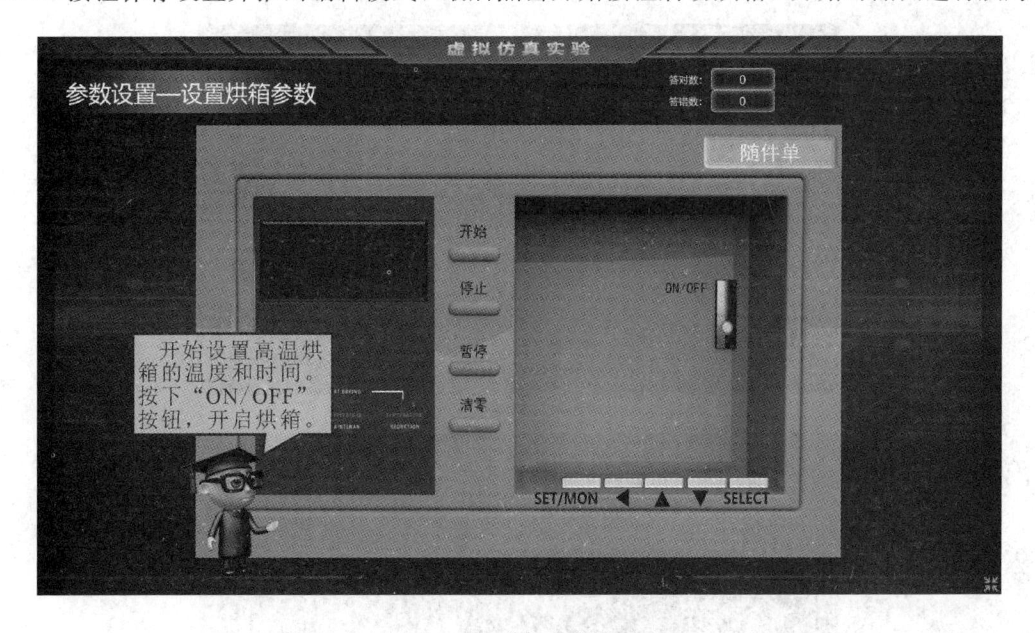

图 8.42 烘箱参数设置

8.4.3 故障排除

故障排除工艺中包括故障问答和数据记录两个工艺步骤。在晶圆烘烤仿真模块中选择“故障排除”练习模块，如图 8.43 所示，点击“开始模拟”，进入工艺仿真。

图 8.43　选择故障排除模块

1）故障问答

在晶圆烘烤工艺过程中，可能会出现墨点开裂、墨点未固化、烘箱故障等异常现象，作业员要能够准确鉴别这些故障并针对这些故障情况进行相应的处理。图 8.44 中 B 选项为墨点开裂异常，一般是由于烘箱温度过高或烘烤时间过长所导致。选项 C 为墨点未固化异常，一般是由于烘箱温度过低或烘烤时间过短所导致。

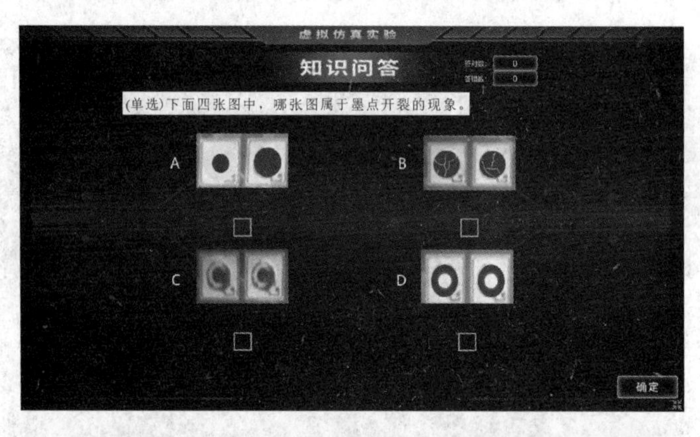

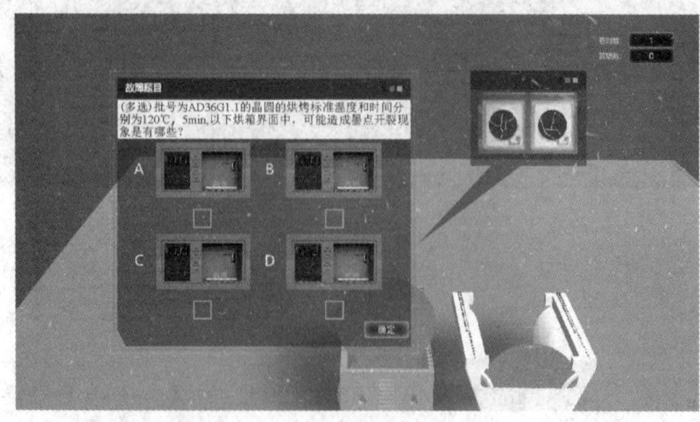

图 8.44　故障处理

2）数据记录

晶圆烘烤完成后，操作员用晶圆镊子将烘烤完成的晶圆放回常温花篮对应位置，在此过程中检查烘烤情况，确认无异常后在如图 8.45 所示的随件单上填写烘烤片号、烘烤情况并签名。至此，整个晶圆烘烤工艺的工艺仿真顺利完成。

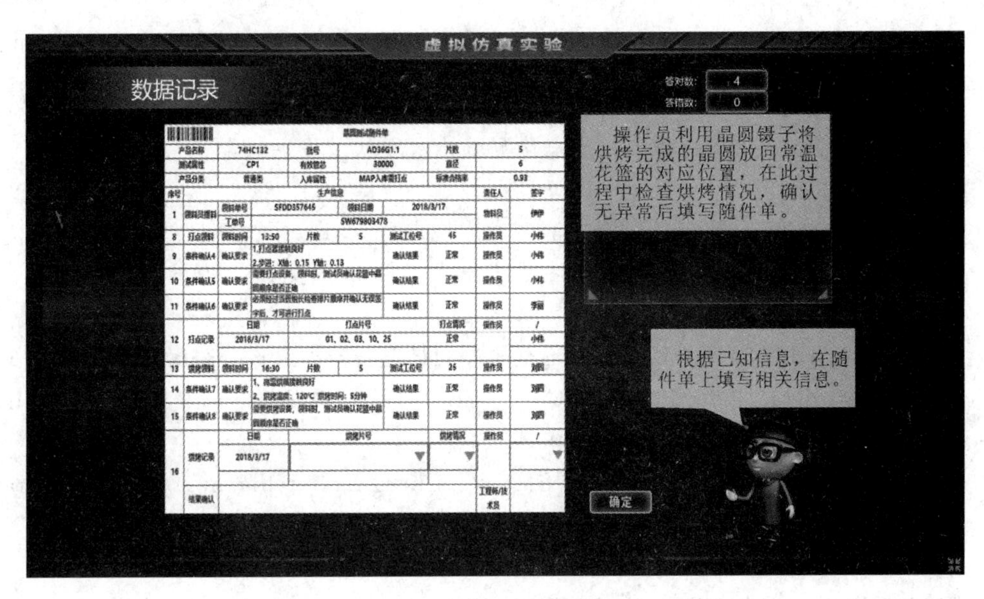

图 8.45　数据记录

参 考 文 献

[1] 雷绍充，邵志标，梁峰. 超大规模集成电路测试[M]. 北京：电子工业出版社，2008.

[2] 俞建峰，陈翔，杨雪瑛. 我国集成电路测试技术现状及发展策略[J]. 中国测试，2009(03)：1-5.

[3] 张必超，于鹏. 组合数字集成电路测试生成技术研究[J]. 中国测试技术，2007.

[4] 朱莉，林其伟. 超大规模集成电路测试技术[J]. 中国测试，2006，032(006)：117-120.

[5] MRUGALSKI G，RAJSKI J，TYSZER J. High speed ring generators and compactors of test data [logic IC test][C].// VLSI Test Symposium，2003. Proceedings. 21st. IEEE Computer Society，2003.

[6] SUN Yuning，WANG Xiaoming，SHI WanChun. An intelligent software-integrated environment of IC test[J]. 1994.

[7] 艾伦，冯军. CMOS模拟集成电路设计[M]. 北京：电子工业出版社，2005.

[8] RABAEY J，ANANTHA C，BORIVOJE N，et al. 数字集成电路：电路系统与设计[M]. 北京：电子工业出版社，2010.

[9] 于云华，石寅. 数字集成电路故障测试策略和技术的研究进展[J]. 电路与系统学报，2004(03)：83-91.

[10] 曹菲，缪栋，杨小冈，等. 一种通用数字集成电路自动测试系统的设计与实现[J]. 计算机工程与设计，2004，25(10)：1710-1712.

[11] 施敏. 半导体器件物理与工艺[M]. 北京：科学出版社，1992.

[12] 乔爱民，王艳春，戴敏等. 半导体分立器件测试系统研制[J]. 工业控制计算机，2008(02)：28-30.

[13] 杜欣慧. 集成运放自动测试系统[J]. 太原：太原工业大学学报，1996，027(002)：5-10.

[14] 严士农. 常用比较器和运放电路测试器[J]. 电子制作，2004(09)：52-54.

[15] JI B L，PEARSON D J，LAUER I，et al. Operational Amplifier Based Test Structure for Quantifying Transistor Threshold Voltage Variation [J]. IEEE Transactions on Semiconductor Manufacturing，2009，22(1)：51-58.